中国科协学科发展预测与技术路线图系列报告

中国科学技术协会　主编

水土保持与荒漠化防治

学科技术路线图

中国水土保持学会◎编著

中国科学技术出版社

·北　京·

图书在版编目（CIP）数据

水土保持与荒漠化防治学科技术路线图 / 中国科学技术
协会主编；中国水土保持学会编著 . -- 北京：中国科学技
术出版社，2020.12

（中国科协学科发展预测与技术路线图系列报告）

ISBN 978-7-5046-8721-0

I. ①水… Ⅱ. ①中… ②中… Ⅲ. ①水土保持—技
术发展—研究报告—中国 ②沙漠化—防治—技术发展—研
究报告—中国 Ⅳ. ①S157 ②P942.073

中国版本图书馆 CIP 数据核字（2020）第 124759 号

策划编辑	秦德继　　许　慧
责任编辑	李双北
装帧设计	中文天地
责任校对	张晓莉
责任印制	李晓霖

出　　版	中国科学技术出版社
发　　行	中国科学技术出版社有限公司发行部
地　　址	北京市海淀区中关村南大街 16 号
邮　　编	100081
发行电话	010-62173865
传　　真	010-62173081
网　　址	http://www.cspbooks.com.cn

开　　本	787mm×1092mm　1/16
字　　数	255 千字
印　　张	14.25
版　　次	2020 年 12 月第 1 版
印　　次	2020 年 12 月第 1 次印刷
印　　刷	河北鑫兆源印刷有限公司
书　　号	ISBN 978-7-5046-8721-0 / S・773
定　　价	68.00 元

本书编委会

主　编：张志强

副主编：王玉杰　崔　鹏　刘国彬　丁立建　王云琦

委　员：（按姓氏笔画排序）

丁国栋　马　岚　马　超　马祥庆　王礼先　刘　霞

刘宝元　张金池　陈立欣　陈利顶　周金星　侯晓龙

秦富仓　曹文洪　程　云　程金花　蔡崇法

前　言

一、编制背景

本书是由中国水土保持学会依据中国科学技术协会相关项目的工作指导，于2018—2019年组织行业专家进行编制的。几十年来，水土保持学科致力于解决我国水土资源保护、改良和合理利用所提出的关键理论与技术问题，紧盯国际学科发展前沿，结合国民经济发展需求，在相关领域展开研究，已取得诸多成果，并且在水土流失治理、流域综合治理、城市水土保持、土壤侵蚀宏观区域分异规律和侵蚀分类、侵蚀环境演变、侵蚀研究方法与技术、侵蚀综合防治等方面已达到或接近世界先进水平。但由于土壤侵蚀物理过程、生态修复、城市水土保持等方面不断有新的前沿问题出现，尚存在一些学术难点有待破解，包括水－土和风－土界面复杂力学关系、水蚀和风蚀动力学过程及其机制、水蚀和风蚀预测预报、多尺度水蚀和风蚀预报模型、大尺度水土流失与水土保持的格局与规律、水土流失与水土保持环境效应评价、重大工程及全球变化对侵蚀环境的影响、侵蚀灾害预警等。因此，有必要针对学科科技前沿热点进行追踪，开展相关研究，在此基础上破解学术难点，促进学科全面发展。

目前，我国已建立具有中国特色的水土保持科学技术体系，通过大量径流小区、坡面、小流域等尺度水土保持监测与实验，结合黄河中游、长江中上游等地区水土保持科考，以及全国及重点地区水土流失遥感普查，初步摸清了中国土壤侵蚀类型和分布规律，建立了不同区域土壤侵蚀影响因子与侵蚀量关系，形成了一支多层次的水土保持科技队伍，建设了一批综合治理实验示范基地，这些为本项目开展提供了必要的内部条件。水土保持学科坚持产学研结合的方针，具有国际水平的先进实验仪器设备作支撑，取得多项教学科研成果，并多次获国家及省部级科研及教学奖励，在国内起带头和示范作用，在国外有较广的影响辐射范围，这为本项目开展提供了有利的外部环境。《水土保持法》《关于全国水土保持规划（2015—2030年）的批复》等的印发，中共十九大将"生态建设"提到空前高度，提出"统筹山水林田湖草系统治理"的理念，为本项目研究提供了政策保障。因此，总体而言，基于本项目开展相关研究具有充分的可行性。

二、总体设计

在研究总结水土保持与荒漠化防治学科以及国家创新驱动发展战略需求的基础上，总结学科领域前沿热点进展，为水土保持与荒漠化防治学科的近期和中长期发展指明方向，谋划布局，为促进相关产业发展和民生建设提出建议。本书对水土保持与荒漠化防治领域进行分类梳理，共分为七章：第一章对水土保持与荒漠化防治学科的发展趋势分析；第二章至第七章分别介绍土壤侵蚀学、荒漠化防治工程学、石漠化防治工程学、山地灾害防治工程学、林草生态工程学、流域综合管理学的最新研究进展、国内外对比分析、应用前瞻、热点问题及未来预测。

三、特色与展望

本书的编制充分体现了本学会"专家服务行业"的公益精神。自2018年10月启动编写工作开始，本学会共召开四次编写工作会，先确定编写工作负责人，后成立完备的编写委员会。全书以七章框架为编写方向，经过多次修改，并在每次工作会时就稿件涉及问题中长期规划作充分讨论并征求意见。本书力争对水土保持与荒漠化防治学科及行业发展具有科学性、前瞻性、预测性和战略指导意义。明确了水土保持与荒漠化防治学科的基本范畴、主要分支和关键性议题；调研了本学科及其主要分支的国内外发展现状，评估国内与国际的差距；预测了本学科的未来发展方向；制定了学科发展的路线图；同时预测了该领域的创新发展方向，制定发展规划路线图。本书是我们未来发展探讨的起步与开始。再次感谢参与编写工作的全体成员和学术界同仁给予的鼎力支持！

中国水土保持学会

2019年10月

目　录

第一章 水土保持与荒漠化防治学科的发展现状和趋势

第一节 国内外发展现状

一、国内发展现状与趋势

随着我国经济发展，环境问题日益突出。中共十八大以来，习近平总书记从生态文明建设的宏观视野提出山水林田湖草是一个生命共同体的理念，在《关于〈中共中央关于全面深化改革若干重大问题的决定〉的说明》中强调："人的命脉在田，田的命脉在水，水的命脉在山，山的命脉在土，土的命脉在树。用途管制和生态修复必须遵循自然规律""对山水林田湖进行统一保护、统一修复是十分必要的"[1]。水土保持与荒漠化防治专业是我国的"特色王牌"专业之一，肩负着为全国培养防沙治沙、水土保持科技人才的责任[2]。因此，不断完善水土保持与荒漠化防治学科教学体系、巩固和发展水土保持与荒漠化防治学科建设及人才培养制度是具有重要意义的。

（一）进展与成就

随着国家对生态文明建设的重视，水土保持与荒漠化防治学科的地位得到不断的巩固。北京林业大学 1962 年起开始招收水土保持学科研究生，1981 年批准为全国第一个水土保持学科硕士点，1984 年批准为全国第一个水土保持学科博士点。目前，我国有 24 所高校招收水土保持与荒漠化防治学科本科生（表 1-1）。45 所高校招收研究生，14 所高校设有学科博士点（表 1-2），水土保持与荒漠化防治高等教育逐渐趋于完善。

表 1-1 我国本科院校开设水土保持与荒漠化防治专业情况

年代	高校名称	"211"工程	"985"工程	一流学科	一流大学	专业成立年份
20世纪50年代（1所）	北京林业大学	√		√		1958
20世纪80年代（4所）	内蒙古农业大学					1983
	西北农林科技大学	√	√		√	1984
	福建农林大学					1988
	山西农业大学					1989

续表

年代	高校名称	"211"工程	"985"工程	一流学科	一流大学	专业成立年份
20世纪90年代（5所）	山东农业大学					1991
	西南大学	√				1994
	甘肃农业大学					1997
	华北水利水电学院					1998
	贵州大学	√				1999
21世纪10年代（12所）	吉林农业大学					2000
	西南林业大学					2000
	南京林业大学					2001
	沈阳农业大学					2002
	四川农业大学	√				2003
	黑龙江大学					2003
	西藏农牧学院					2003
	辽宁工程技术大学					2003
	云南农业大学					2003
	新疆农业大学					2003
	南昌工程学院					2004
	黑龙江八一农垦大学					2007
21世纪20年代（2所）	安顺学院					2011
	中南林业科技大学					2014

注：黑龙江大学已于2015年取消水土保持与荒漠化防治专业的本科招生。

表1-2 我国高等院校、科研院所建立水土保持与荒漠化防治专业硕士和博士点情况

序号	高等院校和科研机构名称	博士点学科建立年份	硕士点学科建立年份
1	北京林业大学	1984	1981
2	内蒙古农业大学	2001	1984
3	西北农林科技大学	2000	1986
4	中国科学院水利部水土保持研究所	—	1990
5	东北林业大学	2001	1997
6	南京林业大学	1998	1998
7	福建农林大学	2006	1999
8	湖南师范大学	—	2000
9	山西农业大学	—	2000
10	四川农业大学	—	2000

续表

序号	高等院校和科研机构名称	博士点学科建立年份	硕士点学科建立年份
11	山东农业大学	—	2001
12	中国科学院新疆生态与地理研究所	—	2002
13	中国农业大学	2006	2002
14	中南林业科技大学	2006	2003
15	甘肃农业大学	2006	2000
16	沈阳农业大学	2013	2003
17	中国林业科学研究院	2004	2003
18	北京师范大学	—	2003
19	陕西师范大学	—	2003
20	四川大学	—	2003
21	西南大学	—	2004
22	中国科学院南京土壤研究所	—	2004
23	长安大学	—	2005
24	河北农业大学	—	2005
25	兰州交通大学	—	2006
26	西安理工大学	—	2006
27	贵州大学	—	2006
28	华中农业大学	—	2006
29	西南林业大学	2011	2006
30	辽宁工程技术大学	—	2006
31	华北水利水电大学	—	2006
32	云南农业大学	—	2006
33	福建师范大学	2011	2006
34	长安大学	—	2006
35	兰州交通大学	—	2006
36	华中农业大学	—	2006
37	云南农业大学	—	2006
38	山西大学	—	2007
39	新疆农业大学	—	2008
40	西藏农牧学院	—	2011
41	浙江农林大学	—	2011
42	江西农业大学	2013	2011
43	湖北民族学院	—	2011
44	西华师范大学	—	2011
45	仲恺农业工程学院	—	2013

注：北京师范大学已于 2018 年取消水土保持与荒漠化防治专业的硕士研究生招生。

大部分院校水土保持与荒漠化防治学科以水土保持学、水土保持工程学、荒漠化防治工程学、林业生态工程学等课程为核心，以土壤学、水文学、生态学、气象学等课程为支撑，根据社会需要及就业形势的变化，依据地方特色以及本校师资结构及办学理念，形成一套以课程课时为课程设置基本单元的授课体系。随着2011年《中华人民共和国水土保持法》的正式实施，水土保持与荒漠化防治学科有了重要的政策支撑。

同时，我国水土保持学科也取得了巨大成就。

以北京林业大学为例，其在世界上首次确立了以小流域治理为核心的水土保持理论与技术体系。在中华人民共和国成立初期即形成了小流域综合治理理念，首次将小流域土地资源进行信息化，建立了世界最早的小流域资源信息库，形成的"小流域土地资源信息库在水土保持规划中的应用"成果获得1985年国家科技进步奖二等奖。建立了我国最早的泥石流综合防治措施体系，形成的"泥石流预测预报及其综合治理的研究"成果获得1978年国家科学大会奖。在黄土高原水土流失综合治理理论和技术均形成了丰硕成果，研究成果"宁夏西吉黄土高原水土流失综合治理"获得1988年国家科技进步奖二等奖，"黄土高原综合治理定位实验研究"获得1993年国家科技进步奖一等奖。20世纪90年代初，出版了世界上第一部关于小流域综合治理的书籍《小流域综合治理理论与技术》，而美国出版相关书籍均在2000年以后。

21世纪之后，北京林业大学将小流域治理继续深入和拓展，在我国率先提出了生态清洁小流域治理理念和技术体系，并在全国进行应用，创新了小流域规划设计方法，开发了专业化水土保持GIS工具Region Manager，实现了措施空间配置、措施典型设计以及投资概算自动化，建立了我国第一个水土保持信息库。形成了《生态清洁小流域建设导则》等多项国家和地方标准，推动了水土保持信息化的发展，极大地提升了我国水土保持治理质量和效益。

北京林业大学同时在流域水文过程方面进行深入理论研究，揭示了大尺度流域土地利用/覆被变化以及气候变化对流域水文的影响；构建了统筹考虑"坡面－小流域－大流域/区域"为一体的华北地区森林植被水资源调控技术体系，获得教育部自然科学奖二等奖一项、教育部科学技术奖二等奖一项。

（二）演化与趋势

水土保持与荒漠化防治学科始建于1958年，由周恩来总理提议，国务院批准创建。1958年，林业大专院校专业委员会成立了水土保持专业委员会，关君蔚作为主任委员，主持研究并制定了专业课程设置和教学大纲等，并主持了全国林业大专院校水土保持专业教材编审委员会的工作。同年，全国第二次水土保持会议决定，在高校设立水土保持专业，北京林学院承担了这个创建任务。关君蔚带领森林改良土壤学教研室同事们克服重重困难，培养了我国第一代水土保持专业大学毕业生。他于1961年组织编写了我国第一部《水土保持学》统编教材，确定了水土保持学科的知识体系，培养了我国农林院校的第一批水土保持课程的主讲教师。在我国林业教育史上，建立了水土保持专业与学科。北京林学院1980年成立水土保持系，1981年建立全国第一个水土保持硕士点，1984年建立全国唯一的水土保持博士点。1989年，北京林业大学水土保持与荒漠化防治学科被国家教委确定为第一批国家级重点学科。

1992年，北京林业大学建立了国际上第一所水土保持学院，关君蔚担任了第一任水土保持专业负责人、第一任水土保持系主任，创立了我国首个水土保持学科博士授予点。关君蔚也成为我国水土保持学科的第一位博士生导师。由关君蔚编写的第一部《水土保持学》教材，确定了水土保持学科的知识体系[4]。

1994年，国家高等院校专业调整后将"水土保持与荒漠化防治"确定为国家重点学科，包含水土保持与荒漠化防治两方面的内容，是一个覆盖全部陆地国土的完整的应用基础学科。水土保持与荒漠化防治学科也是多学科结合的交叉性学科，属农学门类中的环境生态类专业，是我国目前仅有的三个环境生态类专业之一，与国家环境建设、生态安全和国土资源保护密切相关。2013年，教育部高等学校自然保护与环境生态类专业教学指导委员会制定了《高等学校水土保持与荒漠化防治本科专业教学质量国家标准》，进一步规范专业设置，形成了鲜明的专业特色。

由于水土保持与荒漠化防治学科是一个涉及农、林、牧、水、土等众多领域的交叉学科，再加上各个省份、各个地区对水土保持的理解不同，各个院校对水土保持与荒漠化防治学科的培养方案并不相同。依据本地区需求及办学条件，各院校水土保持学科大体呈现以下三种类型。

第一种以北京林业大学为代表。此类院校办学时间早，科研和师资力量雄厚，在林业生态工程、荒漠化防治等领域都形成了较强的科研队伍。此类院校在注重学生理论学习的同时，不断加强课程实践，注重理论与实践相结合，培养复合应用型人才。

第二种以沈阳农业大学、吉林农业大学、甘肃农业大学为代表。由于地理位置特殊，此类院校主要根据当地就业需求，培养大量具有扎实林业生态工程建设和荒漠化防治工程建设知识的应用型人才，此类院校在课程设置时注重实践，强调理论与实践相结合。

第三种以南昌工程学院为代表。此类院校工程方面师资力量较强，学生毕业后所从事的工作以具体的水土保持与荒漠化防治工程技术管理为主，因此在教学改革中，以工程应用型人才的培养为主。

由于各地区师资力量及当地实际需求的差异，水土保持与荒漠化防治学科将在很长一段时间内呈现多元化的局面，这对发展和完善水土保持与荒漠化防治学科体系有着重要的意义。

（三）问题与挑战

随着我国生态环境问题日益突出，水土保持与荒漠化防治学科如何在建设美丽中国的过程中传承和发扬学科优势，如何更好地满足国家发展需求及人民需要成为一个亟待解决的重要问题，这一问题关乎着水土保持与荒漠化防治学科未来的发展前途与命运。

1.本学科存在的问题

学科设置不合理。长期以来，水土保持与荒漠化防治学科是属于林学一级学科下设的二级学科。由于水土保持与荒漠化防治学科是一个涉及农、林、牧、水、土等众多领域的交叉学科，更加注重水土保持与生态文明建设与社会发展实际需要的耦合，现有的学科体系不能反映学科实际需求，限制了学科的发展。

课程体系设置不合理。科学技术是第一生产力，创新是引领发展的第一动力。学科发展要与社会需求与实际环境相结合。目前我国仍有部分高校在水土保持与荒漠化防治学科培养过程中，单纯地注重水土保持工程学、林业生态工程学等理论部分教学，缺乏对环境监测、规划治理等方面能力的培养，课程体系设置过于单一。同时过度重视理论学习，缺乏理论与实践相结合，导致学生缺乏最基本的动手能力及创新思维，学生分析问题和思考问题的角度过于片面。

实验设备不足及老化问题突出。由于实验室经费有限，部分高校缺乏实验器材或实验器材老化严重，实验室面积也十分有限。在课程实验过程中仍需学生分批次进行实验，由于部分实验仪器和材料较为昂贵，实验仅由教师进行操作演示，大部分学生没有动手操作的机会，这大大限制了对学生动手能力和实践能力的培养。

实践基地匮乏、实践形式单一。水土保持与荒漠化防治学科的性质决定着学生的实习地点应在环境较为恶劣的偏远地区。但由于各高校实习经费的限制，同时从学生安全角度着想，大多数学校选择以参观实验基地、观看录像、参观当地事业机关及水土保持方案编制企业来完成学生课程实践环节，由于建设与维护实践基地需要大量的资金投入，国内水土保持与荒漠化防治学科课程实践基地数量极度匮乏。

教学内容陈旧、考核方式不合理。学生获得的知识大多数是以教师课堂上教授为主。但由于科研压力及其他因素的影响，部分教师在授课时使用的课件和教材多年不更新，教师备课内容与多年前毫无变动。课堂上主要以课件为主，缺乏与学生互动，学生无法对所得知识进行思考，更无法将所学知识与理论实践相结合。久而久之，学生变会产生厌学的想法，缺乏对学科学习的兴趣。同时，大部分课程的考核方式为结课考试，部分教师考虑到学生情绪及及格率等问题，往往会在考试前为学生划重点，这导致大部分学生对课程理解往往只停留在书本上的内容，缺乏对实际现象的理解和分析能力。

毕业生质量下降。由于课程设置不合理、课程实习实践缺乏，毕业生对学科理解能力较差。在撰写毕业论文时，往往不经过实地考察，仅利用导师所给的数据，甚至抄袭或者编造数据以完成毕业论文，完全不考虑论文中实验设计是否合理、数据运用是否恰当以及论文格式是否规范。部分教师对本科生毕业论文并不上心，有的教师让研究生代为修改，更有甚者对自己所带本科生的毕业论文不予指导，只要求学生论文查重率低于学校要求。毕业生质量下降导致社会对水土保持与荒漠化防治学科建设产生偏见，致使大部分学校水土保持与荒漠化防治学科录取分数较低，生源质量较差。久而久之，生源质量与毕业生质量形成恶性循环，这对水土保持与荒漠化防治学科的建设与发展是非常不利的。

2.水土保持与荒漠化防治学科面临的挑战

科技创新不足。近年来，水土保持与荒漠化防治学科在科研领域取得了重大成就，但理论与实践相结合的水平不足，科研技术推广不够，学科发展无法与快速发展的信息技术相结合，学科理念滞后于社会发展需求与人民实际需要，实验数据难以共享等问题仍普遍存在。

经济发展带来的水土保持问题仍然严峻。由于经济发展和我国的基本国情，随着城市化和工业化的不断发展，大规模的工业开发对环境会产生难以估计的破坏，如何实现经济与环境协同发展成为一个不可避免的问题。

民众意识较差，立法执法仍需完善。人民对水土保持意识较差，对水土保持知识的了解较为匮乏。部分地区仍以破坏环境为代价发展当地经济，生产结构极不合理。同时，水土保持与荒漠化防治法律体系建设并不完善，在偏远地区水土保持政策落实并不到位，缺乏行之有效的监管机构。

高层次学术带头人偏少，高层次国际合作不足。据统计，我国现有水土保持高等教育专任教师407人，教授占29%，副教授占36%，讲师占22%，其他占13%，其中院士三名。学科对青年人才的培养和扶持不足，培养体系并不完善，很难吸引、留住人才。同时，我国水土保持与荒漠化防治学科与国际一流大学和学术机构交流较少，尚未建成有效的信息沟通及交流渠道，对国外优秀的教育经验及高水平的科研成果学习不足。

（四）对策与措施

1.优化学科课程设置，完善课程培养体系

水土保持与荒漠化防治学科是我国仅有的三个环境生态类专业之一。为了满足国家发展需要及人民需求、适应社会经济的发展，水土保持与荒漠化防治学科在培养过程中应注重理论与实践相结合、社会需求与课程设置相结合，完善课程实践体系，让学生在实践的过程中学习新知识、得到新想法、发现新需求。从而培养适应社会经济发展及水土保持学科发展需要，掌握水土保持与荒漠化防治的基本理论、基本知识和基本技能，具备德智体全面发展素养和求实创新能力，可在林业、水利、农业、公路、铁路、采矿、环境保护、国土资源等行业从事教学、科研、规划、设计、施工、监测、资源开发、工程管理等工作的复合型专业人才。同时，应继续推动产学研相结合。以流域治理和生态建设相关产业需求对接人才培育模式改革，以人才培育改革对接相关产业需求，提升科技创新能力，激发学科活力，提升满足社会需求的德才能兼备的人才质量。

2.加大资金投入，完善基础设施建设

随着社会经济的发展，社会企业对水土保持与荒漠化防治学科毕业生在理论知识的掌握方面有较高的要求，毕业生的实践能力同样得到重视。在新的时代背景下，各高校应加大对水土保持与荒漠化防治学科的投入，提高实验硬件水平，完善科研实验条件，为学生提供良好的实验实习环境，与社会发展和社会需求接轨。对于对科研方面有浓厚兴趣的学生，教师可进行针对性培养，让更多的本科生参与到科学研究之中。

3.注重教师队伍建设，改进教学方法

教师授课的课件应与时俱进、紧抓社会需求，杜绝同一课件使用多年的情况。应采用"一主两翼三位一体"的人才培养模式，即以教师传授知识、学生自学获取知识为主线，能力培养、素质培养为两翼，知识、能力、素质协调发展为准则，课堂教学、课堂实验、实践教学、毕业论文、大学生素质拓展计划等多种培养环节相结合，在培养过程中充分发挥学生的主动性和自觉性，更多地采用启发式和研讨式的教学方法，加强学生的自学能力、动手能力、表达能力和写作能力的训练与培养[5]。在教学过程中注重互联网信息的应用，将国内外先进科研成果第一时间传授给学生。

优化青年教师成长发展的制度环境，推行青年教师导师制，参与课程建设；掌握现代教学技能，参加现代教学技能培训（二级教学软件的使用、三级相关程序的开发），积极学习并探索新型教学模式（微课、远程教学、慕课、雨课堂），以教学基本功比赛为平台，全方位提高教学基本功；实施"青年教师职业发展专项计划"；建立并完善以教学为目的的出国研修计划；以学生为出发点，加强师风师德修养。

优化教师多通道发展机制，学科自主设置岗位，科学配置人力资源。完善教师专业技术职务聘用制度。构建教师考核与岗位聘用相结合的考评体系，实行分类、分级评价。构建团队考核评价机制，实行团队整体绩效考核。建立健全绩效评价机制，更加突出绩效导向。在相对稳定支持的基础上，根据建设情况，动态调整支持力度，增强建设的有效性。强化年收入概念，探索规范化的收入分配模式。落实养老保险制度改革，完善福利保障体系。

4.完善课程考核机制

传统的课程考核方式通常考验的是学生对课本知识的记忆，但缺乏学生对所学知识的理解和思考的考察。在课程考核体系中，应包括平时成绩与最后考核成绩。平时成绩应由课前抽查学生预习程度所得分数、课堂中学生参与讨论互动所得分数以及平时课程作业等部分组成，这样既提高学生对所学知识的思考能力，又避免部分平时认真学习的学生因最终考核时发挥失常而导致成绩不公。

5.实现信息共享，促进教育公平

各地高校由于建立学科时间长短不一，师资力量及教学资源分配并不平均。以往的科技水平限制了各学校之间的沟通与交流，各地方院校与研究所的教学和科研成果无法共享。随着科学技术的发展，各地方院校之间应建立有效的沟通体系，实现资源互通、资源共享。

6.严抓毕业质量，加强校企合作

毕业论文是学生走向社会前的最后一关，因此毕业论文在培养方案中应占据极其重要的地位。学生在撰写毕业论文时，应积极参与导师课题项目，落实严格导师负责制，杜绝出现未参与实验直接撰写论文、论文数据造假、论文抄袭等现象。同时，应根据社会需求，合理安排课程，与社会企业签订合作协议，让学生进入当地企业进行长时间实习，有针对性地培养人才，促进学生理论与实践相结合。

二、国际发展现状与趋势

（一）演化与趋势

在欧洲文艺复兴后，阿尔卑斯山区森林的破坏，导致山洪泥石流灾害严重，因此，1884 年在奥地利维也纳农业大学林学系建立起荒溪治理学科（Wildbachverbaoung）。日本早在 7 世纪就通过遣唐僧人带回了我国"治水在治山"的观念；明治维新后，日本曾向欧洲学习，建立起森林理水砂防工学，并成为农林、水利等高等院校必修课程。在美洲，美国立国后肆意开垦西部各州土地，导致 1934 年爆发了举世震惊的"黑尘暴"（Black Duster），于是与水土保持有关的生态环境建设逐渐被重视。

以水土保持基础理论研究为基础，随着水土保持监测技术、土壤侵蚀模拟以及计算机、遥感技术的发展，采用土壤侵蚀预报模型为防治水土流失，保护、改良、利用水土资源提供科学依据，是水土流失规律研究的重要内容。

国外对土壤侵蚀预报模型的研究可以认为是从 1877 年德国土壤学家 Ewald Wollny

进行定量化的土壤侵蚀统计模型研究开始，到 1965 年 Wischmeier 和 Smith[14] 在对美国东部地区 30 个州 10000 多个径流小区近 30 年的观测资料进行系统分析的基础上提出的美国通用土壤流失方程（Universal Soil Loss Equation，USLE），再到 1997 年根据细沟间侵蚀和细沟侵蚀的原理及泥沙输移的动力机制，建立的修正通用土壤流失预报方程（Revised Universal Soil Loss Equation，RUSLE）[15]。USLE 形式简单，使用方便，但该模型所使用的数据主要来自美国洛基山山脉以东地区，仅适用于平缓坡地，使其推广应用受到限制。另外，由于该模型只是一个经验模型，缺乏对侵蚀过程及其机理的深入剖析，如仅考虑了降雨侵蚀力因子，而不考虑与侵蚀密切相关的径流因子，坡长与降雨、坡度与降雨等有关因子交互作用也被忽略。RUSLE 的结构与 USLE 相同，但对各因子的含义和算法做了必要的修正，同时引入了土壤侵蚀过程的概念，如考虑了土壤分离过程等。与 USLE 相比，RUSLE 所使用的数据更广、资料的需求量也有较大提高，同时增强了模型的灵活性，可用于不同系统的模拟。从 1985 年开始，美国农业部投入大量的人力物力进行水蚀预报模型（Water Erosion Prediction Project，WEPP）的研究。WEPP 模型是新一代水蚀预报技术开发的计算机土壤侵蚀模型，是基于物理过程模型开发的计算机模型，可以模拟侵蚀过程，描述侵蚀的动态变化，估算土壤侵蚀时空分布，是指导水土保持措施优化配置、水土资源保护与持续利用的有效工具。在完善开发 WEPP 模型同时，美国农业部农业研究局和自然资源保护局共同研究开发了浅沟侵蚀预报模型（Ephemeral Gully Erosion Model，EGEM），可用于预报单条浅沟的平均土壤侵蚀量[19]。随着土壤侵蚀理论模型的应用，土壤侵蚀机理研究仍在继续。20 世纪 80 年代后，欧洲的 EUROSEM、LISEM 及澳大利亚的 GUEST 等土壤侵蚀理论模型相继问世。

（二）进展与成就

1.发展现状

由于世界各国的科技、文化发展水平不均衡以及水土流失危害特点存在差异，各国建立了具有本国特点的水土保持与荒漠化防治研究领域的科研单位和高等学校（表1–3）。美国普渡大学、北卡罗来纳州立大学、加利福尼亚大学伯克利分校等均设有与水土保持相关的学科。主攻领域为土壤侵蚀和流域管理。在欧洲，德国的慕尼黑大学、哥廷根大学及奥地利维也纳农业大学的荒溪治理学科是中欧地区的代表性学科，专长于应用生物与工程措施防治山洪与泥石流。俄罗斯的莫斯科大学和圣彼得堡大学设有水利改良土壤和森林改良土壤等与水土保持相关的专业及学科。在亚洲，日本的东京大学、京都大学、北海道大学开设了砂防工程学科和专业。总之，经过 100 多年的发展，国外水土保持学形成了以欧洲荒溪治理学、日本砂防工程学和防灾林学、美国土壤保持学等为特色的水土保持学科体系。

国别	水土保持学科体系	相关高等学校	研究方向
美国	水土资源保护、土壤保持、流域管理和复合农林	普渡大学	土壤保持
		加州大学、北卡罗来纳州立大学、杜克大学、俄勒冈州立大学	水文
		林肯大学	土壤侵蚀
		依阿华州立大学	林业生态
		加利福尼亚大学伯克利分校	区域规划
加拿大	土壤侵蚀	新布伦瑞克大学	土壤侵蚀
		萨斯喀彻温大学、曼尼托巴大学	土壤
日本	砂防工程学、防灾林学	东京大学	森林水文
		京都大学	环境科学
欧洲国家	荒溪治理、河流土壤侵蚀、水土工程	慕尼黑大学	水土工程
		芬兰赫尔辛基大学	水文
		维也纳农业大学	荒溪治理
		哥廷根大学	林业生态
澳大利亚	水土资源保护	阿德雷德大学	水土资源保护
俄罗斯	水利改良土壤、森林改良土壤	莫斯科大学、圣彼得堡大学	土壤改良

表 1-3　国外高校开设相关水土保持专业情况

　　另外，为适应学科发展及行业成熟发展的需要，世界水土保持协会于 1983 年在美国夏威夷成立，设立目的在于为世界各国从事水土保持及其相关学科研究的专家、学者提供一个交流的平台，推动世界水土保持，保护水土资源。随后，在 2003 年，世界水土保持协会在北京设立秘书处。截至目前，协会会员从 2002 年的 600 多名发展到 1125 名，所覆盖的国家与地区从 60 多个发展至 82 个。

　　2.科学研究进展

　　（1）水力侵蚀

　　Wischmeier 和 Smith 提出了一个由坡长、坡度、作物轮作、土壤类型、土壤保持措施等因子组成的土壤侵蚀预报方程，但该方程并未独立考虑降雨的影响[22]。Wischmeier 和 Smith 分析雨滴末速度报告，提出描述一次暴雨动能回归方程，表明暴雨时土壤流失量与总动能和最大 30min 雨强的乘积之间有很强相关性，并将其定义为降雨侵蚀力。随后，Wischmeier 和 Smith 与其他学者提出通用土壤流失方程，该模型用 6 个因子（降雨和径流侵蚀力、土壤可蚀性、坡长、坡度、作物管理以及水土保持措施）乘积量化土壤侵蚀量。通用方程是迄今运用最为广泛的土壤侵蚀预测模型。根据细沟间侵蚀及细沟侵蚀的原理及泥沙输移的动力机制，建立了修正的通用土壤流失预报方程，即 RUSLE。Toy 等将 RUSLE 应用到估计一些特殊条件下（如矿山等开发建设项目）的土壤侵蚀量。

在通用方程研究基础上，美国农业部进行水蚀预报模型（WEPP）的研究。WEPP模型基于新一代水蚀预报技术，是迄今描述水蚀相关物理过程参数最多的模型。在完善开发 WEPP 模型的同时，美国农业部农业研究局和自然资源保护局共同研究开发了浅沟侵蚀预报模型（EGEM），该模型可用于预报单浅沟年平均土壤侵蚀量。

坡面径流侵蚀及输沙取决于坡面径流水力学特征。由于坡面径流形成的复杂性、运动的非限定性、非均匀性、流态沿程的易变性、边界条件的特殊性等，无法对坡面径流的水力学特性进行详细描述，从而影响坡面径流侵蚀及输沙力学机理的研究。Forster 和 Meyer 提出用径流有效剪切力的概念表达径流的侵蚀力。Finskner 等的研究认为，坡面径流的侵蚀力与坡面比降和用于分散土壤颗粒的那部分径流总水力深度有关。坡面径流具有分散土壤颗粒和输移侵蚀土壤颗粒两方面的作用。一般认为，当坡面径流侵蚀力大于土壤颗粒分散临界剪切力时，土壤就会发生分散。Foster 和 Nearing等指出，只有在径流中的含沙量小于径流输沙能力的条件下，分散才会发生。大量实验结果表明，坡面径流的输沙能力和坡面坡度成正相关，与植被呈负相关。坡面径流的输移能力是径流动力因子、边界条件的水力因子（包括雨滴打击的作用）及泥沙本身特性的函数。

（2）流域管理

当前，流域管理日益被认为是水资源进行有效管理的重要方式之一。流域管理的优势在于：一是便于规定河流所经地区的用水定额，保证下游有足够、可用的水资源，实现资源共享，同时为生态环境保留必需的流量；二是便于规定各地的污染物排放总量定额，避免上游排污、下游承受的现状，确保下游的水质质量和用水安全；三是便于实施水资源用水补偿制度。

国外流域管理经验表明，流域管理需要采用国营或以国营为主的方式，需要政府的大力支持，同时要对水资源进行综合规划和按流域综合管理，并且要重视公众参与。Muste 等[30]提出综合规划和利益相关者参与方法，用于流域管理规划中，并在爱荷华州东部河流流域实践，实现了流域水土保持和流域农业生产规模经济效益。Mohammad 等[31]运用场景开发框架模型，开发和应用在美国亚利桑那州佛得角河流域，提出保持当地水资源的可持续是改变水的消费习惯和行为模式，并指出利益相关者参与是建立模型的关键。

（3）重力侵蚀

从目前的研究状况来看，社会对重力侵蚀的关注主要集中于产生土石量较大的重力侵蚀如滑坡、崩塌以及泥石流等。这类重力侵蚀的发生往往造成较严重的灾害。在此方面，最早系统开展研究的是瑞士学者 Heim。1932 年，他描述了瑞士的 Elm 滑坡中岩崩 – 碎屑流的运动学现象。Hsu 为 Elm 滑坡再次撰文，认为碎屑流机制是解释该滑坡的最好理论。Sassa[34] 提出沟谷中饱水的滑坡物质由于受到来自斜坡上方失稳块体的荷载，在不排水条件下发生液化的启动机理。此后，各国学者对岩土体的失稳、解体、运动机理等方面开展了一系列的研究，对影响岩土体稳定性的各种因素的变化和相互作用有一定的了解，并在滑坡、崩塌的观测记录、室内外实验等方面做了大量工作。

已有成果为揭示重力侵蚀的发生机理、预报和防治地质灾害作出了贡献，同时为开展土壤侵蚀过程模拟研究时，对重力侵蚀这一子过程进行进一步的研究打下一定的基础。但由于所针对的对象不同，局部的滑坡、崩塌、泥石流等远小于流域土壤侵蚀的范围，相关研究成果很难直接用于流域土壤侵蚀的计算。

（4）风力侵蚀

国外关于土壤风蚀理论的研究，到目前为止大致可以划分为四个阶段。

第一阶段：20 世纪 30 年代以前。该阶段是土壤风蚀感性认识的阶段，多是通过考察或是探险而逐渐积累起来的，虽然这一阶段的风蚀观察或是研究相对简单，研究工作具有很大的描述性，研究缺乏系统性，但为进一步的研究提供和积累了原始素材。Ehrenberg 在 1847 年描述了从非洲输送到欧洲的大气粉尘；Blake 在 1855 年认识到荒漠区风沙流的磨蚀作用；奥布鲁切夫 1895 年分析了中亚地区的风化和吹扬作用，注意到了风沙对岩石的磨蚀作用。探险家 Hedin 在 1903 年用"雅丹"一词来描述垄脊等风蚀地形；Berkey 和 Frederick 在 1927 年不仅提出了"戈壁侵蚀面"的概念，而且认为风力是地形变化的动因。Free 在 1911 年研究了风使土壤移动的问题，他用"跃移"与"悬移"两词来表征土壤颗粒的移动特征。

第二阶段：20 世纪 30—50 年代。这一阶段是风蚀研究从感性向理性发展与转化的阶段，风蚀研究先后在风沙搬运机制等许多方面取得了重要进展。Bagnold 开辟了风沙研究的新纪元，他应用当时已经建立的现代流体力学原理，通过他的研究工作，建立了"风沙和荒漠沙丘物理学"的理论体系，成为此后风力侵蚀 – 搬运 – 沉积过程和风沙形态发育研究的重要理论基础，从而使得风蚀研究进入了动力学研究的新领域。

第三阶段：20 世纪 60—70 年代。这一阶段在广度上继续进行了土壤风蚀的研究，Chepil 与 Woodruff 在 1963 年研究了田间第一次风蚀的磨蚀量与风速之间的定量关系，还研究了植被覆盖与土壤风蚀之间的关系，同时还探讨了植被对风蚀的屏障作用。在进行上述研究的同时，此阶段最为重要的事件就是在总结以往研究成果的基础上集成并提出来的著名的土壤风蚀方程，这可以称得上是土壤风蚀研究历史上具有里程碑意义的重要事件，这一风蚀方程的提出从而成为风蚀研究实现从现状研究向预测研究、从理论研究向实践应用转变的重大标志。

进入 20 世纪 60 年代，土壤风蚀研究逐渐从理论研究向应用研究转变，Chepil 与 Woodruff 总结了 20 多年来在美国大平原地区的研究成果，在此基础上 Woodruff 和 Siddoway 建立了世界上第一个通用风蚀方程（WEQ），该方程可用于计算在当地气候条件下任一田块的潜在风蚀量。

第四阶段：20 世纪 80 年代以来。在广度与深度上继续进行了土壤风蚀的研究工作。在进行上述研究工作的同时，关于土壤风蚀预报模型问题的研究则是本阶段的一个重心。WEQ 模型的建立虽然具有重要的意义并被广泛地应用，但是随着时间的推移这一模型的局限性也是客观存在的，其他研究者们或是出于对该模型应用过程中利弊的考虑，或是出于自身的研究视角，在 20 世纪 80 年代以来，构建了其他一些土壤风蚀预报模型和预测系统，从而使得 20 世纪 80 年代以来成为土壤风蚀预报模型和预测系统相对快速发展的时期。此期间比较有影响的模型和预测系统主要有：①美国农业部推动建立的风蚀预报系统（WEPS）。WEPS 是一个以过程为基础的运用最基本风蚀原则的计算机模拟模型，其目标是不仅只适用于农田。WEPS 总结了已有的研究成果，是目前为止风蚀预报中最完整、技术手段最先进的模型系统。②修正风蚀方程（RWEQ）。鉴于 WEQ 在气候等方面的局限性，修正 WEQ 成为必然的趋势，由此就导致了 RWEQ 的产生。RWEQ 的设计目的是想通过简单的变量输入来计算农田的风蚀量。③得克萨斯侵蚀分析模型（TEAM）。TEAM 模型理论分析与实地观测相结合，开辟了理论模型与经验模型相结合的新思路，但总体而言该模型过于简单，而自然界中实际存在着的风蚀过程又是那样的复杂，简单的线性模型并不能表达出自然界中客观存在着的复杂非线性过程。④除上述一些模型外，此期间还产生了其他一些风蚀预报模型，例如苏联的 Bocharov 在 20 世纪 80 年代初提出的 Bocharov 模型，该模型将在现代风蚀过程中扮演着十分重要角色的人类活动因素考虑在内，虽然该模型没有给出人类活动因素的定量描述，但是却为风蚀预报模型的建立提供了创新性的思路。以上通过对国外风蚀研究进展的划分，大致勾勒出了国外土壤风蚀研究由最初的感性认识到理性认识（定量研究）再由现状研究到预报研究的主线，概括而言，土壤风蚀科学已经在风蚀动力学、风蚀影响因子、风蚀测定、预报与评估模型、土壤风蚀强度分级以及风蚀防治技术等多个角度进行了大量的卓有成效的研究工作。

（5）城市水土保持

城市水土保持（Urban Soil and Water Conservation）是在 20 世纪 90 年代伴随着城市水土流失问题的日益严峻而被提出的，是水土保持学科的一个新分支。城市水土流失，实际上是城市化过程中因城市建设等人为活动而产生的规划区范围内的水土流失现象。城市化水土流失，可以理解为当建设规模或开发建设活动扰动土（岩）体超越城市的承载力和管理水平时，在自然外营力（降雨、重力、径流冲刷）的作用下，造成的水土资源的损失和生态景观的破坏。

城市水土保持的主要理论基础依然是传统水土保持学。因此，研究者特别注重比较城市水土保持与传统水土保持的异同，以开辟借鉴传统经验解决城市问题的途径。普遍认为，最显著的差异在于城市水土保持是以城市建设服务为中心目标的水土资源保护，它主要考虑生态和社会效益。现有研究成果主要从治理原则与方向、效益、内涵、治理模式四个方面进行了探讨。

城市生态学理论原理：以城市生态与人类之间关系的相互转化和影响，利用自然科学的方法，对人类的社会生活进行改造和优化，这就是城市生态学。城市生态学的重大发展阶段在 20 世纪 60 年代后，由于第二次世界大战结束后人口剧增，世界上资源和粮食的需求告急，对自然环境的破坏变得严重，促使保护大自然意识的产生，城市生态学的研究与应用逐渐深入。

城市水土保持理论原理：城市的水土保持工作要合理安排，需要进行水土保持工作的城市一般面积广阔，适合从城市边缘处的空旷地段开始进行改造。按照城市景观学的理念，这样的安排可以在城市的外围形成一个大的生态改造圈，是改造城市水土情况的基础，是城市生态系统建设中的重要部分。通过城市生态学对城市内的自然环境情况进行把握，使城市形成立体环绕的生态系统，利用自然的循环恢复能力，改造城市水土。

科学发展观的理论原理：在一般的城市规划中，城市功能区被大致分为工业区、商业区与居民生活区，其中居民生活区占绝大部分城市面积。在城市水土改造中，城市生态学的理念是合理调节各功能分区与改造土壤和植物的配比，促进城市环境与周边生态景观共同可持续发展。根据城市生态学，在居民生活区的绿地景观要着重规划。有研究表明在居民生活区的水土流失程度最大，因此要着重改造居民生活区的水土情况，以达到改善居民生活质量的目的。对于居民喜欢去的公园、广场等休闲场所，水土保持系统要形成一个完整的系统。商业区内的改造植物分布不会像居民区那样多，但是必须要有。商业区是一个城市的心脏，往往存在于城市的中心，是进行水土保持改造的次重要地区。

（三）问题与挑战

水土保持与荒漠化防治的实质是生态系统的维护和退化问题，如何解决全球生态环境问题和实现可持续发展，是目前国际政治和国际关系探讨的热点问题。世界观察研究所所长莱斯特·布朗说："今后几十年，在世界新秩序中，发挥领导作用的很可能是建立在保护环境基础上能持久发展的经验，而不是军事上的强大。"他认为，谁抓住世界新秩序的旗号，谁在生态环境问题上主动采取行动，谁就能在今后的国际舞台上起到领导作用。基于对环境问题的新认识，荒漠化防治成为全球环境科技研究热点，得到世界许多国家的重视。

（四）对策与措施

随着科技发展以及对防治荒漠化认识的提高，水土保持与荒漠化防治科学技术应从如下几个方面进行发展：

1）在研究思路上，重视多学科交叉，研究手段重视利用最新其他学科研究技术以获得更能揭示荒漠化过程及规律的数据。宏观上与全球变化相结合，甚至向空间领域发展；微观上向分子、基因水平方向发展。

2）在研究策略上，走环境保护与发展相结合、以发展带动环境保护的道路。从景观生态系统入手，着重于环境的保护、植被的重建和提高，以及合理开发利用荒漠化地区资源，实现生态、经济、环境和人口的持续发展。

3）在防治技术上，更加注重以生物技术为主，机械措施为辅，做到更新利用资源，尽量避免用化学物质或工业废物防治荒漠化和水土流失，以免各种残毒物质带来新的环境问题。

4）特别强调荒漠化地区可持续发展。荒漠化地区环境极为脆弱，即使在采用生物技术措施防治荒漠化过程中，如不考虑荒漠化地区可持续发展问题，也会带来新的环境问题，达不到防治荒漠化的目的。

5）治理与利用荒漠化土地相结合。荒漠化地区热能、光能资源丰富等优势容易被人们认识，但是沙土的高产特性则难以被人们接受和付诸生产实践。将沙害之源的沙子作为宝贵资源开发利用实为实验研究的趋势之一。荒漠化地区农业生产潜力较大，作为农业的六大趋势（生态农业、电子化农业、有机农业、工业化农业、立体农业、沙漠农业）之一的沙漠农业方兴未艾，有关沙漠农业的节水技术、集水技术、高矿化度水利用技术及治沙防沙技术的研究将是沙漠农业的研究趋势。

第二节　发展方向预测与展望

目前全球越来越多的地区开始重视水土保持工作，世界水土保持协会于1983年在美国夏威夷成立，协会会员从2002年的600多名发展到2019年的1125名，所覆盖的国家与地区从60多个发展至82个。世界观察研究所所长莱斯特·布朗说："在未来的十几年中，拥有在保护环境的基础上可持续发展的经验的国家很有可能领导世界新秩序，而不再是那些军事上强大的国家。"水土保持与荒漠化防治问题已然成为全球环境科技的研究热点。本节将重点阐述本学科在国际上未来的发展方向与重点。

一、主要发展方向

（一）学科综合性提升，进一步体现学科交叉

基于 SCIE、SSCI、CPCI-S、CPCI-SSH 四个国际通用引文数据库的数据进行统计分析得出，2006—2015 年十年间全球水土保持文献的研究内容主要集中在环境科学与生态学、农业、水资源、地质学、工程和自然地理六个研究领域。21 世纪以来，为应对全球变暖带来的生态环境与社会问题，亟需多学科交叉，探讨生态环境与社会系统中的互动耦合关系。学科交叉又是培养拔尖创新人才过程中不可缺少的环节，新的学术成果通常产生在多学科的交叉点，并且在学术上具有突出贡献的学者大多具有多学科的知识背景，学科建设是一个整体，统筹协调发展、相互支撑、相互影响。将水土保持理念运用于生态农业发展、水利工程安全、地质灾害防治、区域环境整治、河流健康维护等领域，促进学科交叉，确定水土保持的综合服务功能。在水土保持研究领域，需要组织实施学科交叉大项目。从坡地产沙、土壤退化、沟道汇水、河道淤积、水体污染等过程，进行综合、深入的研究，同时考虑社会经济因素。为解决国土资源和国民经济发展所面临的水土保持措施提供科学依据，同时推动学科的发展。宏观上与全球变化相结合，甚至向空间领域发展；微观上向分子、基因水平方向发展，只有与其他学科结合，充分利用其他学科的研究手段，才能更科学地揭示水土流失与荒漠化的规律并提出更加完善的治理措施。

（二）建立并完善水土保持数据库，关注水土保持与资源保育的时空格局优化

目前国际上有许多关于"4R"理念的农田施肥管理与土壤营养配置举措和实践案例，"4R"即为正确的资源、正确的地点、恰当的时间、合适的比率，意味着需要综合考虑具体的立地条件、土壤属性、植物需求、管理方式等内容。当前，基于此理念，美国农业部自然资源保持局在全美主要流域中开展保持效率评估计划，为筛选最佳管理途径提供依据。这一思路对于其他地区的水土保持工作具有指导意义。目前来看，监测工作和信息化手段尚不能及时准确地掌握全国及各行政区水土流失动态变化等水土保持监测指标数据，学科发展严重滞后于行业的发展。如何应用新技术来获得连续、准确、全面的数据是水土保持信息化工作的一大重点。这些数据整理入库，并建立较为统一的评价体系对提高水土保持工作的效率意义重大。充分利用现代科技，通过比较筛选，科学合理地实现水土资源最佳利用、遏制土地退化势头、提升区域生态服务功能，从时空格局对水土保持工作进行优化将是日后本学科的一大方向。

（三）利用现代化技术与设备

目前遥感监测方法已成为发展监测系统的一个重要选择，这有助于今后基于植被指数等数据评估土地退化和荒漠化程度。研究人员可以通过卫星提供的空间数据来

进行区域尺度的水侵蚀评估及卫星影像判读，基于 MODIS 卫星影像的荒漠化模糊数学模型评价与监测土地覆被变化。应用地理信息系统（GIS），或者综合运用 RUSLE、GIS 和 RS 技术，可以对浅层滑坡、泥石流敏感性进行评价或对流域丘陵区的土壤侵蚀进行评估。放射性核素（FRNs）Cs-137、Pb-210（ex）和 Be-7 正越来越多地被用作获取农林业景观内土壤侵蚀和沉积物再分配速率定量信息的一种手段。基于放射性核素技术评估土壤保护措施对侵蚀控制和土壤质量的影响，是评价土壤侵蚀沉积在不同时空尺度范围内的有效工具。利用现代化技术与设备对水土流失与荒漠化情况进行评估与监测将是本学科以后的重点发展方向。

二、重点发展领域

结合目前国际上将会持续存在的环境问题与近十年本学科研究热点，我们对学科重点发展领域做出以下预测。

（一）荒漠化防治

全球干旱区面积约占陆地总面积的 41.3%，约有 21 亿人生活在干旱地区，在干旱半干旱地区，超过 70% 的区域发生着不同程度的土地荒漠化。荒漠化严重破坏生态环境，威胁人居安全，是制约自然和人类社会经济可持续发展的重要生态环境问题之一。《二十一世纪议程》（*Agenda 21*）将荒漠化与气候变化、生物多样性并列为全球三大优先行动领域。

在全球环境和气候多变的背景下，全球人口、自然资源、植被格局、土壤理化性质、农业生产与生态系统必然受到影响并逐渐发生一系列适应性改变。气候变化对荒漠化的影响体现在多个方面：干旱加剧使荒漠化的脆弱性日益严重；气候变化可能会加速沿海地区的沙漠化，增加潜在的侵蚀率并使农业生产力下降 10%～20%（极端情况下更多）；导致某些地区温度升高，蒸散和降水减少，使地下水水位下降。这些都会对荒漠化防治的理念与策略提出挑战。

人类不合理的生产活动会进一步加剧荒漠化，造林是人类活动在地球上最普遍的生态工程，但是盲目的植树造林并不能有效解决荒漠化问题，有研究认为造林的低存活率实际上加剧了干旱和半干旱地区的环境退化，生态系统恶化。研究气候变化与人类活动在荒漠化中的共同影响与作用，并进而研究荒漠化动态及其驱动机制、荒漠化的潜在逆转、生态影响、管理措施和治理方法是当前研究的热点，也将会是以后学科发展的重点领域。

荒漠化的修复是一项十分困难的工作，美国 20 世纪 30 年代出现"黑风暴"之后，实施了一系列重大的政策干预措施，比如对最脆弱的地区实行分区管制、收购不适宜开发的私有土地、对休耕土地进行现金补偿、对政府批准的土地利用方式提供农业贷款等。但是，这些经济改革政策以及 20 世纪 40—70 年代实施的 100 万人大移民，仍然未能防止 20 世纪 50 年代和 70 年代两次"黑风暴"的再度袭击。荒漠化修复这一重大任务仍需研究人员不断努力攻克。

（二）土壤侵蚀建模及土壤侵蚀造成的生态与环境影响评估

目前全球范围内约有 1642 万 km^2 土地遭受土壤侵蚀的危害，其中水蚀面积 1094 万 km^2，风蚀面积 578 万 km^2。土壤侵蚀会降低土壤生产力，造成土壤退化，甚至彻底破坏土地资源。此外，径流泥沙及其挟带的污染物对水体质量和河道运行安全也造成严重威胁。20 世纪 80 年代以来，以预测预报模型研究带动侵蚀机理、过程研究逐渐成为研究土壤侵蚀的主要方法，且在研究过程中愈加重视土壤侵蚀和水土保持的环境与经济效应，其中主要研究进展为：①修正完善通用土壤流失方程式（RUSLE2.0）；②深化风蚀和水蚀过程研究，强化研究成果的集成，研发水蚀预报的物理模型（如WEPP、EUROSEM、LISEM）和风蚀预报模型（RWEQ、WEPS）；③强化对土壤侵蚀环境效应评价研究，建立评价模型，包括土壤侵蚀与土壤生产力模型如 EPIC、SWAT和非点源污染模型 AGNPS、ANSWER、CREAMS；④坡面水土保持措施研究注重水土保持措施与现代机械化耕作相结合，深化研究少耕、免耕、残茬覆盖等水土保持措施的作用机理，强化植物根系层提高土壤抗侵蚀能力的研究；⑤土壤侵蚀与水土保持与生态经济交叉与结合的研究也日趋活跃。目前主要采用的有 RUSLE、WEPP、分布式、二维模型方法及多模型结合等，有经验模型也有物理模型。相对而言，与气候、水力、风成、泥石流、植被覆盖相关的模型又是土壤侵蚀建模的主要研究模型。虽然各国学者对土壤侵蚀机理与建模做了大量研究，但是各地区不同的自然条件以及土壤侵蚀错综复杂的成因使目前大多数土壤侵蚀模型的普适性不足，土壤侵蚀建模方面的工作仍需不断完善。

基于土壤侵蚀治理进行环境与生态影响评估，有利于科学、有针对性地开展水土保持工作，因此土壤侵蚀造成的生态与环境影响评估也是学科以后发展的重点。目前常用的评估方法有基于模型与指标的评估方法、基于现代化技术与设备的评估方法以及早期预警系统（Early Warning Systems，EWS）等其他评估方法。

（三）城市水土保持

城市水土保持是在 20 世纪 90 年代伴随着城市水土流失问题的日益严峻而被提出的，是水土保持学科的一个新分支。城市水土流失，实际上是城市化过程中因城市建设等人为活动而产生的规划区范围内的水土流失现象。城市化水土流失，可以理解为当建设规模或开发建设活动扰动土（岩）体超越城市的承载力和管理水平时，在自然外营力（降雨、重力、径流冲刷）的作用下，造成的水土资源的损失和生态景观的破坏。

城市水土保持的主要理论基础依然是传统水土保持学。因此，研究者特别注重比较城市水土保持与传统水土保持的异同，以开辟借鉴传统经验解决城市问题的途径。现有研究成果主要基于城市生态学理论原理、城市水土保持理论原理与科学发展观的理论原理对方向、效益、内涵、治理模式四个方面进行探讨。普遍认为，最显著的差异在于城市水土保持是以城市建设服务为中心目标的水土资源保护，它主要考虑生态和社会效益。目前全球城市化进程将保持持续、快速增长的势头；大都市超常发展，大中城市继续增加；城市化从集中走向分散。这一趋势对城市水土保持提出了更高的要求。

（四）流域管理

流域作为天然的集水单元，属于大自然的产物。流域不仅是一个从源头到河口的完整、独立的集水单元，而且其所在的自然区域是人类经济、文化等一切活动的重要社会场所。以河流流域作为一个水文单元，按流域进行管理是各国经过长期摸索最终采取的有效方式。国外（主要是欧美国家以及日本）流域治理的研究已经比较深入，有许多流域管理成功的案例。这些案例存在以下几点共同经验：流域管理的实施必须以法律作为保障；建立有力的流域管理机构；协调和完善流域统一管理与行政区域管理相结合的管理体制；流域管理的实行，必须要有国家在政策上的支持和资金上的保障；在流域管理过程中进行科学论证并强调公众参与等。美国的田纳西河流域治理的成功就是一个典型的例子，《田纳西河流域管理局法》以及基于该法案成立的田纳西河流域管理局（TVA）在治理过程中起到了领导、决策与组织的作用。在法国，《水法》《民法》《刑法》《公共卫生法》《国家财产法》《公共水道与内陆通航法》都有涉及流域管理的条款与规定，并且还设立了流域委员会、水管理局等机构。日、英、澳等发达国家也有各自的法律法规以及专门的管理机构。近年来，由于全球人口增多，土地退化，山洪及泥石流灾害日益加剧，人们越加重视以流域为单元，采取综合措施治理山地。同时，不断增长的对水资源的需求，山区自然资源多目标利用，以及山区农业的发展，也要求人们重视山区自然资源的保护，特别是水土资源的保护、改良和合理应用。把系统科学理论、生态经济理论和可持续发展理论及3S技术应用到小流域的治理当中，力求实现小流域经济和区域经济的可持续发展，是世界各国小流域治理发展的方向也是水土保持学科的重点研究领域。

（五）岩溶石漠化防治

岩溶又称喀斯特，指水对可溶性岩石化学溶蚀作用为主，流水的冲蚀、潜蚀和崩塌等机械作用为辅的地质作用。在生态环境脆弱的喀斯特区，人类不合理的生产活动会造成石漠化，石漠化是自然因素与人为因素共同作用的结果。

岩溶作用对全球环境有着重大的影响，此外岩溶地区的环境演变也反映着全球气候变化。将岩溶研究从传统的地质、地貌学科领域，纳入影响区域经济社会发展的、综合的地球系统科学轨道，其发展过程大致经历三个阶段：1990—1999 年，从全球视野提出地球系统科学的岩溶观，并提出岩溶动力系统的概念；2000—2009 年，明确岩溶动力系统的定义并深入研究发展了岩溶水文地球化学；2010 年至今，在全球气候变化的大背景下解决岩溶生态环境恢复、生态功能提升等问题。地球关键带是美国国家研究委员会提出的 21 世纪最重要的地球科学基础研究方向，岩溶是深入研究地球关键带、可望取得突破成果的重要地质体。2016 年 11 月，中国地质调查局联合美国、奥地利、巴西、柬埔寨、印度尼西亚、波兰、塞尔维亚、南非、斯洛文尼亚、泰国共 11 个国家启动了国际岩溶科学研究计划"全球岩溶动力系统资源环境效应"。这一计划将为不同类型石漠化地区的修复与治理提供科学的指导，为岩溶地区可持续发展提供科学依据。

（六）山地灾害

从全球范围来看，较为活跃的山地灾害主要沿阿尔卑斯 – 喜马拉雅山系、环太平洋山系、欧亚大陆内部的一些褶皱山脉以及斯堪的纳维亚山脉分布，70 多个国家受到山地灾害不同程度的威胁与危害。

自 20 世纪 80 年代末联合国"国际减轻自然灾害十年"计划启动以来，全球范围内减灾工作虽有成效，但随着全球气候与环境的剧烈变化，自然灾害事件日益频繁，各国民众和资产受灾风险的增长速率高于脆弱性的减少速率，灾害不断造成严重损失。由多个国家基金委组成的贝尔蒙特论坛指出，山地是全球变化的敏感区，2014 年提出"山地——全球变化的前哨"（Mountains as Sentinels of Change）国际合作研究计划，把山地气候变化的灾害效应与山区抗风险能力建设作为主要研究内容。科学技术的迅猛发展，系统论、信息论、控制论、耗散结构和突变论等新兴科学理论与遥感、遥测、物理模拟与数学模拟等新兴技术不断涌现，如何在气候与环境变化的大背景下，结合这些新理论、新技术，提高山地灾害防治工作的精准度、可靠性以及综合效益，是以后山地灾害发展的重点。

（七）采用水土保持措施减缓和适应全球气候变化

气候变化对全球粮食生产的诸多要素产生了严重影响，并且危及对人类和粮食生产至关重要的土壤资源。同时，水土流失，森林砍伐，土地荒漠化和盐渍化，以及水资源枯竭，都威胁着未来的粮食安全。大量的实践和研究都证明，在水土流失地区，水土保持措施可以有效保护水土资源，在减少农业温室气体排放和适应季节性降水和温度的变化方面发挥着十分重要的作用。水土保持措施能够使农业生产力持续增长，可以满足 21 世纪中叶世界对粮食的需求。为了建设和保持一个可持续和富有成效的农业生态系统，许多国家已将水土保持作为应对气候变化影响，保持社会稳定和粮食安全的关键措施。世界水土保持学会（World Association of Soil and Water Conservation，WASWAC）在 2015 年巴黎世界气候大会召开之际就应用水土保持原理与措施减缓和适应全球气候变化，保证人类持续的生存与发展提出了一系列倡议，其中最重要的为以下四点：

1）要制订和实施水土保持战略规划应对气候变化的不利影响。制定和执行改善土壤管理的政策，减少土壤流失，改善土壤健康状况和维护土地安全，提高土地生产力。

2）充分认识水土保持在缓解农业温室气体排放和适应季节性降水和温度变化中的重要作用，建立水土保持项目与土地管理者、社会公众间的沟通机制，通过举办会议和培训班等方式，强化教育和技术传播，充分发挥其社会效益和影响。

3）采用自然或半自然的理念和方法，如湿地、森林、健康的土壤，生态自我修复、清洁小流域等。通过种植多年生植物，应用农林复合系统，增强应对极端气候事件的能力。

4）加大对水土保持科技的投入，从大尺度、长周期和非线性层面观察和探索水、土、气、生等生态要素对气候变化的响应规律与调控途径；不断完善环境评价基准和标准体系，全面创新土壤生态修复的理论和方法；不断深化人类活动造成的环境变化对生态系统稳定性影响的研究；坚持长期研究、数据采集和研发能够适应温度、湿度等环境变化的新技术，以应对未来气候变化给农业生产带来的挑战。

三、主要发展趋势

1.水土保持与生态修复相结合

生态修复（Ecological Remediation）是在生态学原理指导下，以生物修复为基础，结合各种物理修复、化学修复以及工程技术措施，通过优化组合，使之达到最佳效果和最低耗费的一种综合的修复污染环境的方法。生态修复是对现有土壤侵蚀和生态受损进行人工辅佐修复的主要路径，将生态修复与水土保持工作相结合，可以使水土保持工作获得更大的社会、生态、经济效益。

2.水土保持与城市化建设相结合

虽然发达地区的城市化速度逐渐放慢，但从全球范围来看城市化进程保持持续、快速增长；大都市超常发展，大中城市继续增加；城市化从集中走向分散是目前的趋势。随着越来越多的国家开始重视环境问题，相应地对城市水土保持工作的要求也更高更严了。在城市人口不断增长，城市化进程不断深入的情况下，如何尽量阻止城市水土流失、最大限度地减少对生态环境的破坏，构建人与自然和谐相处的环境，是水土保持与荒漠化防治学科需要关注的重要问题。因此，将水土保持与城市化建设结合起来，能够更加全面、有效地改善国际水土流失的现状，也能顺应时代、经济的发展要求。

3.水土保持与经济发展结合

将水土保持与经济发展建设协调发展的基础上相结合，应从水土保持能带来的经济效益着眼，进一步加强水土保持与荒漠化防治学科关于经济发展的理论和技术。水土保持的经济效益包括直接经济效益和间接经济效益。直接经济效益，包括各项水土保持措施实施后所增产的粮食、果品、木材、饲草、药材和枝条等直接作为商品出售，或转化成商品出售产生的经济效益。间接经济效益，包括增加的各类产品就地加工增值和各项措施节约的土地、劳力等折算的经济效益。因此在探索学科理论技术发展的同时，应该注重水土保持能够带来的经济效益（例如水土保持经济林），做到真正的防治水土流失，利国利民。

4.水土保持与信息技术结合

卫星遥感技术的应用使得研究人员可以通过卫星提供的空间数据来进行区域尺度的水力侵蚀评估、荒漠化评价以及监测土地覆被变化。综合运用 RUSLE、GIS 和 RS 技术，可以对浅层滑坡/泥石流敏感性进行评价或对流域丘陵区的土壤侵蚀进行评估研究。此外遥感卫星在水土保持领域的使用，还实现了水土保持全天候动态监测，保证了水土保持信息化数据的时效性。使用无人机监测是对水土保持监测技术方法和手段的创新，不仅减轻对大面积或线型工程监测时的外业工作量，轻松获取人员及车辆难以甚至无法到达的区域清晰的航拍影像，还能更真实、更直观地反映工程建设期所造成的水土流失状况、强度及分布情况，在水土保持研究工作中具有很大的潜力。

此外将水土保持工作与互联网相结合可以更加全面的获取水土流失现状，更加便捷的获得水土流失数据，更加科学合理地管理生产建设项目，从而在流域大尺度全面、动态地对水土保持进行监测和评价，共同做好水土流失预防和治理工作。基础数据的连续与全面也将进一步推动学科的发展。

四、关键发展路径

1.强调荒漠化地区可持续发展，治理与利用相结合

荒漠化地区环境极为脆弱，即使在采用生物技术措施防治荒漠化过程中，如不考虑荒漠化地区可持续发展问题，也会带来新的环境问题，达不到防治荒漠化的目的。荒漠化地区热能、光能资源丰富等优势容易被人们认识，但是沙土的高产特性则难以被人们接受和付诸生产实践。将沙害之源的沙子作为宝贵资源开发利用实为实验研究的趋势之一。荒漠化地区农业生产潜力较大，作为农业的六大趋势（生态农业、电子化农业、有机农业、工业化农业、立体农业、沙漠农业）之一的沙漠农业方兴未艾，

有关沙漠农业的节水技术、集水技术、高矿化度水利用技术及治沙防沙技术的研究将是沙漠农业的研究趋势，也是荒漠化治理的关键路径。

2.加强对信息化手段的利用

目前学科发展严重滞后于行业的发展，监测工作和信息化手段尚不能及时准确地掌握全国及各行政区水土流失动态变化等水土保持监测指标数据，以及生态损害责任追究不到位和相关的技术方法相对落后等制约了行业发展。因此，水土保持必须紧跟形势进一步推动改革发展，从传统粗放式管理向现代精细化管理转变，推动信息技术与水土保持深度融合，及时、准确地掌握所需水土保持信息数据并实现各级共享，提高管理能力与水平，从而更好地为政府决策、经济社会发展和社会公众进行服务。健全水土保持监测运行机制；完善信息化标准体系建设，扩大标准体系建设队伍；融合与利用新技术，推动信息系统研发；加快水土保持信息化复合型人才培养等措施是加强水土保持信息化的关键措施。

3.建立与完善统一的评价体系与实验方法

水土保持工作的展开需要科学理论与当地实际情况相结合，各国根据自身水土流失危害特点以及科技文化发展情况、社会环境等因素，建立了各具特色的学科体系。但是百花齐放的同时也存在着一些问题，各国研究的方法与评价体系存在着一定的差异，建立一个统一的标准将更有利于国际上学科的交流与发展。目前国际上已有许多资源共享的平台，但是实验数据获得方法的不同以及不同的评价体系仍会阻碍学科上进一步的交流。

4.加强宣传，动员群众参与水土保持工作

美国水土保持学会国际学术年会认为农民是生态系统管理和资源保持的潜在力量，应该成为保障粮食安全、减缓气候变化的主力军，该学术年会几乎每年都有涉及农民技术培训的类似报告，并要求对农民进行科学技术和相关专业背景的培训教育。在我国有首都圈（鹫峰）、延庆上辛庄水土保持科技示范园、山西吉县、宁夏盐池、重庆缙云山、陕西吴起、青海大通、山西方山等多个教学科研实习基地，年均接待近2000人次的参观访问，开展各种形式的科普宣讲活动30余次，参与公众人次近千。此外，我国自2010年起积极开展小学生水土保持科普教育实践活动，培养小学生"保持水土，从我做起，从现在做起"的自觉性。"荒漠化及防治"科普课程进入了小学课堂，提高了青少年环保意识。此外，先后组织了"情系母亲河""梦想起航，绿色奉献""绿色心愿"水土保持法宣传等专业科普实践活动。面向公众普及水土保持科学技术知识，促进公众对水土保持科技和生态安全、生态文明的关注、理解和参与，进一步提高公众的水土保持意识是顺利开展水土保持工作的基石。目前来看，民众参与意识不够。民众对防治水土流失的长期性、艰巨性和重要性认识还不到位，防治水

土流失的责任感、紧迫感尚待加强，落后的农牧业生产方式和陈旧的观念仍需改变。

5.加强政府部门、科研机构与企业的联系，多方面合作

水土保持是一门需要在实践中发展的学科，只有在实践中不断对比调整才能找到环境问题的最优解。政府部门把控全局，进行科学的决策与监管，科研机构进行新技术的开发研究，企业对新技术进行实践应用，三者之间有机结合、相互促进是解决荒漠化与水土流失问题的关键路径。美国水土保持学会会员的分布涉及政府部门人员、企业人员与学者，这有助于产学研的衔接，并为水土保持从业者提供了更为广阔的市场平台与人脉网络。这一模式值得世界各国与地区学习。此外，将科研成果与生产实践对接有助于公众保护水土资源的意识的提升。

6.注重人才培养，加强国际间学术交流

要解决当前世界面临的诸多环境问题，人才的培养是必不可少的一环。由于世界各国发展程度、科技水平、社会环境以及水土流失危害特点存在差异，各国建立了具有本国特点的水土保持与荒漠化防治研究领域的科研单位和高等学校。目前来看，欧洲以荒溪治理学、日本以砂防工程学和防灾林学、美国以土壤保持学等为特色的水土保持学科体系较为突出。虽然各地区水土保持学科各具特色，但是基本理念与原理相差不大，加强国际间学术交流有助于水土保持事业在全球范围内迅速发展。联合培养、公派交换生、国际科技合作等项目与政策不仅提高了国际化人才培养水平，也增进了国际间的学术交流，世界水土保持协会、国际水土保持青年论坛等组织与学术论坛也将进一步推动国际间的学术交流。

7.提高各国政府对水土保持工作的重视

水土保持与荒漠化防治事关全人类的发展，但就全球范围来看，仍有许多国家对水土保持工作不够重视。只有政府重视起来，以法律作为保障，建立有利的管理机构并提供政策和资金上的支持，水土保持学科以及水土保持建设工作才能顺利展开。国际组织应该呼吁各国政府重视环境问题，使其充分认识水土流失以及荒漠化问题的严重性。

第三节　发展路线分析

一、主要目标

面向国际科学前沿，面向国家重大战略，面向国民经济发展主战场，面向国际未来发展趋势，面向一流水平，加强各个学科方向建设，保持学科特色和优势。积极拓宽研究领域，加强高精尖新兴学科和专业建设，形成完善、科学、合理的学科体系，

增强学科合力，培养高层次复合创新人才，在我国国民经济发展和生态环境建设主战场中发挥重要的科技和人才支撑作用，学科整体达到国际一流水平。在林草生态工程体系建设、沙漠化防治技术等领域处于国际领先地位。

将学科建设成为我国生态环境建设水土保持高层次基础理论与高新技术研究中心、高层次水土保持与荒漠化防治人才培养中心、高水平科研成果集成转化和示范推广中心、本学科的国内外学术交流合作中心。

二、主要任务

（一）学科方向及学术团队建设

1.学科主要方向

学科基础理论与应用技术研究紧密结合，针对我国生态环境建设的重大需要，发挥自身特色和优势，并在与国内外同类学科的相互协作、相互学习、取长补短的过程中，围绕流域综合治理、水土保持工程、林业生态工程、荒漠化防治四个主要方向开展研究生教学和科学研究工作，稳步向前发展。

流域治理方向：以基础研究与应用基础研究并重，面向山区丘陵区的水土流失问题，立足于黄土高原、华北土石山区、西南紫色土区，并逐渐向南方红壤区、西南喀斯特地区、青藏高原拓展，重点研究土壤侵蚀机制、流域水文过程、水土流失预测预报、面源污染及其控制、流域综合治理规划设计、流域生态经济、流域信息化管理技术等。力争在土壤侵蚀机理、流域水文过程方面取得突破。

林业生态工程方向：以应用基础研究与应用研究并重，主要以我国山区水土保持林（水源涵养林）、平原农区农田防护林及困难立地为对象，研究林业生态工程构建及生态修复技术，我国主要林业生态工程效益评价技术、复合农林经营系统构建及评估技术、缓冲带土壤生物工程技术、水土保持经济植物开发与利用等。力争在水源涵养林空间配置及困难立地生态恢复技术方面取得突破。

水土保持工程方向：以应用研究为主，面向主要大江大河流域生态区和生产建设区，开展水土保持工程措施规划设计、生产建设项目水土流失防治、工程绿化、山地灾害防治、城市水土保持等方面的技术研究。力争在工程绿化新材料、新技术、新装备，山地灾害预测预警方面取得突破。

荒漠化防治方向：以基础研究、应用基础研究与应用研究并重，立足我国北方农牧交错地区和风蚀荒漠化地区，并逐步向"一带一路"沿线有关国家拓展，主要开展风沙运动过程与机制、风沙地貌形成与演变、荒漠生态系统水文及植被生态过程、风沙灾害监测与风险评估、生物固沙原理与技术、工程治沙原理与技术、土壤风蚀及其调控机制、沙区资源合理开发利用等研究。力争在沙漠化防治技术、荒漠生态系统植被生态与水文过程、沙区资源合理开发利用等方面取得突破。

2.学术团队建设

学术团队是学科成立、立足和发展的根本，是学科强弱的重要标志。总体而言，我国水土保持与荒漠化防治学术团队实力还不够强大，领军人才偏少，院士只有3位，人员结构组成不尽合理，具有国际知名度的学者和中青年拔尖人才匮缺。以北京林业大学水土保持与荒漠化防治学科为例，目前团队有教师53人，其中教授26人，副教授14人，讲师13人，95%以上具有博士学位，80%以上具有留学和进修的经历；有国家"百千万人才"2名，省部级学术与技术带头人2名，全国优秀教师1名，北京市教学名师5名，国家级有突出贡献专家5名，中国青年科技奖获得者2名。但缺少领军型人才，中层拔尖创新人才和学术骨干偏低，学术梯队有待优化。

未来，需实施"杰出人才建设工程"，加强学科队伍建设，不断优化总体结构，花大力气培养中青年学科带头人和学术带头人，为中青年人才的成长创造各种优惠和宽松的环境。对现有空缺岗位通过国内外招聘，引进高水平人才，邀请国内外本研究领域或交叉领域的著名专家到本学科讲学或合作研究，提高学术队伍的整体素质，在现有基础上建立一支学术水平高、学风严谨、年龄结构合理、具有较大国际影响的学术梯队。2020—2035年，本学科力争产生院士3~5名，培养50~100位国际知名学者。

北京林业大学水土保持与荒漠化防治学科，计划培养5~7名在国际上有相当影响的教授（包括院士1~2名）、20名左右在国内有颇高影响力的专家，力争培养长江学者1~2名、杰出青年2~3名、优秀青年3~5名。从国内外引进边缘和交叉学科博士后、博士人才50名以上。利用引智计划、梁希学者计划等渠道，拟聘请国内杰青及以上客座/兼职教授10名左右，国外著名大学或研究机构教授4~5名。

（二）教学科研基础条件建设

水土保持与荒漠化防治学科是一个综合性和实践性较强的学科，教学科研基础条件的好坏直接影响科学研究的水平和人才培养的质量。但我国大部分高校水土保持与荒漠化防治学科教学科研基础条件相对较差，仪器设备不足，甚至落后，缺少野外综合性实践基地。只有北京林业大学和西北农林科技大学等个别院校相对好些。就北京林业大学而言，自本学科诞生之初，就非常重视科研基础条件的建设，经过几代科技工作者的不懈努力，目前已在我国黄土高原、北方风沙区、长江中上游地区、北方土石山区、西南石漠化地区等生态脆弱区，建立了5个国家级野外平台，在青海大通、青海香日德、陕西吴起、山西方山、河北丰宁、河北南堡、北京延庆、北京密云、北京房山建立了9处各具特色的野外实验基地；设有国家林业局水土保持重点开放实验室、林业生态工程教育部工程研究中心、北京市水土保持工程技术研究中心3个省部级重点实验室（中心），拥有野外监测和实验室分析大型仪器设备 150 余套，实验条件初步达国内领先水平。

　　未来，应本着"有所为有所不为"的原则，推进实验室建设工程和产学研基地建设工程。重点加强 5 个在国家级野外平台建设，力争在 2035 年达到国内一流或国际先进水平；积极创造条件，向其他生态类型区拓展，在南方红壤区、青藏高原地区、东北黑土区进行科研布局，新建或从已经有一定前期基础的野外实验基地中筛选，通过勠力建设与提升，在 2030 年形成 2～3 个新的国家级野外台站。使野外教学科研实验基地在全国范围内布局合理、重点突出、数量适宜。加强水、土、气、生分析中心的建设，购置具有国际先进水平的综合配套仪器设备，着力推进大型高精度称量式林木、树木蒸渗仪系统，大型可移动式人工降雨模拟系统，固定式径流泥沙实验系统，大型智能低速风洞实验系统，山地和生态灾害监测预警预报系统，水土保持与荒漠化防治大数据系统的建设，力争在 5 年内建成。本着"开放、竞争、流动、联合"的方针，强化水土保持与荒漠化防治科研基础平台的管理，提高仪器利用率，使外业和内业工作协调有序进行。

（三）人才培养

　　人才培养既是学科的根本任务，也是学科可持续发展的手段和条件。纵观近些年水土保持与荒漠化防治学科人才培养情况，虽然整体质量还可以，但是出类拔萃的比例不高，拔尖型人才产出偏少，主要表现为理论根基不扎实、实践动手能力弱、缺少创新思维。

　　未来，需进一步加强教学体系建设，深化教学内容和教学方法改革。建立"研究生培养建设工程"和"培训中心建设工程"，加强高层次人才培养。大幅增加进站博士后、博士生和硕士生的招生数量，改革考试制度，提高相关交叉学科和非本校研究生入学率。以北京林业大学为例，计划 2020—2035 年每年招收 5 名以上博士后进站，招收 30～40 名博士生，180～200 名硕士生（目前我院每年水土保持学科的招生已超过 170 人，其中学术型硕士每年为 80 人左右，专业型硕士为 90 人左右），为我国的水土保持与荒漠化防治建设培养更多优秀人才。在提高招生数量的同时，重点加强培养质量，提出新的研究生培养方案和培养模式。以国内外联合培养等多种形式，加强博士研究生培养质量，将博士研究生论文与生产科研紧密结合，学以致用，用有所长。在"研究生培养建设工程"预留专款为博士研究生培养基金，为博士研究生论文撰写提供科研资助。每年开展 10 次以上专题研讨会及学术交流会，要求博士研究生课程中必须安排 30% 以上的学术研讨，为博士研究生互相交流学习、互通有无创造条件。本科生教学中，在加强本科生基础教学和专业基础教学的基础上，广开与本专业有关的边缘学科教学，扩大学生的知识面；对部分主干课程开展双语教学。重点建设附属于本学科的中国荒漠化防治培训中心和水土保持技术培训中心在原有建设规模的基础上，为地区经济发展培训水土保持与荒漠化防治方面的高层次人才。加强学科网络建设和图书收集工作，方便本学科学生获取专业文献资料；在教材建设中，在现有的已出版的教材的基础上，计划 2020—2035 年，出版 20 部以上研究生骨干课和本科专业课教材。

（四）科学研究

科学研究既是推动学科发展的动力，也是服务国家重大战略和推动社会经济发展的途径。本学科近些年承担了大量的科研任务，做了大量富有成效工作。但标志性成果偏少，服务国家战略的力度还不够，理论上缺少突破，技术方面的实用性和先进性有待提高，成果转化困难。

为了全面提升学科科学研究的综合实力，应实施"科研创新工程"，加强基础理论和应用技术研究，在流域综合管理、林业生态工程、水土保持工程和荒漠化防治领域取得突破性进展，构建水土保持与荒漠化防治科学技术创新基地。优先保障学科发展前沿，对新生长点、学科交叉点萌生的新课题力争连续性资助。北京林业大学，2020—2035 年，争取国家级科研奖励 3～5 项，省部级科研奖励 20～30 项，每年发表 SCI/EI 论文 100 篇以上，其中二区以上 SCI 论文占 50% 以上。主持国家重点研发 / 行业重点项目 15～20 项，重点基金 5～7 项，每年获国家自然科学基金资助 10～15 项。每年组织举办国际学术会议 1～2 次，选派 2 人次以上赴国外访问、进修和研究。

我国的水土保持与荒漠化防治学科的建设发展过程是一个逐步提高的渐进的发展过程，经过几代人的共同努力，已有长足的发展，并在国家生态环境建设发展过程中逐渐显示出其巨大的重要性。

三、关键问题与难点

虽然学科建设已经取得较大的进步，但是仍存在一些不足：

缺乏青年拔尖型人才、领军人物。40 岁以下教授仅 2 人，需要通过各种机制的完善和创新，创造条件，尽快鼓励和促进青年教师脱颖而出，同时要积极引进国内外高层次专业人才，进一步补充学科领军人物。

水土保持与荒漠化防治数据信息网络化建设有待提高。及时准确地获得地面的真实信息，客观评估治理程度和效益，需要采用高新技术来监测监控和预报水土流失消长过程，以便及时准确为政府控制水土流失决策提供科学依据。管理要逐步实现现代化，建立各类数据库，充分利用网络，建立水土保持网络系统，加快水土保持系统信息传递。抓好宏观调控，组织和协调综合治理开发、规划、预防保护与监督执法、监测预报、培养人才，为各级政府当好参谋。

教学实习实验基地建设及运行管理亟待完善。当前，实验室部分仪器设备较为陈旧，在一定程度上影响了专业教学的进一步发展。亟需经费补充，对仪器更新换代和补充完善，同时需补充部分运行管理经费，使教学实习实验基地良性运行。

原创性高水平成果及社会影响力不够。

四、解决方案

1.体制机制保障

水土保持与荒漠化防治学科是北京林业大学传统特色学科，与其他新兴学科相比，存在人员结构老化，年龄断层严重，引进招聘人才困难，成果产出周期长等问题，学校在资源配置、人才引进、绩效评估、职称评定等方面，应充分考虑学院存在的问题和科研特点，给予一定的倾斜并进行个性化管理，以保障学科主要科研方向的顺利发展。

学院设立研究所/中心等研究单元，专职进行科学研究，有利于形成紧密的科研团队，是增强科研竞争力的有效手段，但目前对科研人员的教师管理体制，影响科研产出，不利于团队的形成，建议建立分类管理体制，允许一部分科研人员专职从事科研工作，在职称评定、绩效考核等方面，建立分类管理、分类考核的体制。

2.积极争取政策及资金扶持

给予传统学科更为灵活的人才引进政策，积极引进高层次人才。一是提高引进人才待遇标准，缩短审批周期；二是继续加大对青年团队的支持力度，提升科研创新水平。

提供实验室、野外台站的运行经费与编制保障。

加大对建设人才培养基地的支持力度，对各类本科、研究生教学科研基地的维护运行提供资金保障。

第四节　技术路线图

	2030 年	2050 年
需求	巩固水土保持与荒漠化防治学科，向一级学科进行发展和提升	巩固和发展水土保持与荒漠化防治学科一级学科地位，形成我国生态环境建设水土保持高层次基础理论与高新技术研究中心、人才培养中心、高水平科研成果集成转化和示范推广中心和国内外学术交流合作中心

续图

		2030 年	2050 年
	总体目标	完善水土保持与荒漠化防治学科教学体系、巩固和发展水土保持与荒漠化防治学科建设及人才培养制度	形成完善、科学、合理的学科体系，增强学科合力，培养高层次复合创新人才，学科整体达到国际一流水平。在林草生态工程体系建设、沙漠化防治技术等领域处于国际领先地位
目标	目标 1	围绕流域综合治理、水土保持工程、林业生态工程、荒漠化防治等四个学科主要方向稳步发展，加强学科队伍建设，不断优化总体结构	学科主要方向持续发展，学科基础理论与应用技术研究紧密结合，解决我国生态环境建设的重大需要
	目标 2	教学科研基础条件改善	推进"实验室建设工程"和"产学研基地建设工程"，达到国内一流或国际先进水平
	目标 3	加强教学体系建设，深化教学内容和教学方法改革	进一步加强高层次人才培养
	目标 4	总结提炼标志性成果，取得理论上的突破	理论与技术紧密结合，大幅提高服务国家重大战略和推动社会经济发展力度
	关键技术	学科建设、教学科研基础条件建设、人才培养、科学研究相融合与互相促进	以人才培养为主线，加强和促进学科整体发展
发展重点	重点 1	完善和创新机制，创造条件，鼓励和促进青年教师发展，培养青年拔尖型人才、领军人物	积极引进国内外高层次专业人才，进一步补充学科领军人物
	重点 2	水土保持与荒漠化防治数据信息网络化的构架与布局	水土保持与荒漠化防治数据的高效信息传递与利用
	重点 3	教学实习实验仪器更新换代和补充完善	完善教学实习实验基地建设及运行管理制度，争取长期稳定足额经费支持

续图

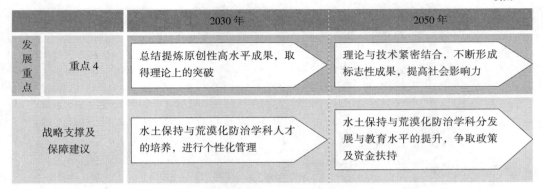

图 1-1　水土保持与荒漠化防治学科技术路线图

参考文献

[1] 王夏晖，何军，饶胜，等.山水林田湖草生态保护修复思路与实践[J].环境保护，2018，46（Z1）：17-20.

[2] 李绍广，陈猛.习近平关于社会主义生态文明建设的重要论述探析[J].沈阳工业大学学报（社会科学版），2020，13（3）：274-279.

[3] 刘芳.习近平关于社会主义生态文明建设的重要论断[J].中国井冈山干部学院学报，2017，10（4）：28-34.

[4] 高永，张武文，王健.水土保持与荒漠化防治专业实践教学改革探讨[J].内蒙古农业大学学报（社会科学版），2007（3）：215-216.

[5] 党晓宏，高永，蒙仲举，等.水土保持与荒漠化防治专业教学改革探讨[J].中国林业教育，2018，36（1）：17-19.

[6] 刘士余，王嵘，胡根华，等.水土保持专业职业教育发展探析[J].中国水土保持，2017（3）：66-68.

[7] 张洪江，崔鹏.关君蔚先生水土保持科学思想回顾[J].中国水土保持科学，2018，16（1）：1-8.

[8] 关君蔚院士生平简介[J].中国水土保持科学，2018，16（1）：2.

[9] 王云琦，王玉杰，程雨萌."双一流"建设背景下水土保持与荒漠化防治学科发展与建设的思考[J].中国林业教育，2019，37（5）：47-50.

[10] 齐实，张洪江，孙保平.水土保持与荒漠化防治专业的现状和发展对策[J].北京林业大学学报（社会科学版），2005（4）：74-77.

[11] 马明国，薛智敏，张学铭，等.高等院校林产化工专业人才培养的改革——以北京林业大学为例[J].中国林业教育，2017，35（4）：23-26.

［12］中华人民共和国水利部. 第一次全国水利普查公报［J］. 水利信息化，2013（2）：64.

［13］Meyer L D. Evaluation of the universal soil loss equation［J］. Journal of Soil and Water Conservation，1984（39）：99–104.

［14］Wischmeier W H，Smith D D . Predicting rainfall–erosion losses from cropland east of the Rocky Mountains［J］. Agricultural Handbook，1965（1）：282.

［15］Renard K G，Foster G R，Weesies G A，et al. Predicting soil erosion by water：a guide to conservation planning with the Revised Universal Soil Loss Equation（RUSLE）［J］. USDA Agricultural Handbook，1997（703）：1–367.

［16］张光辉. 土壤水蚀预报模型研究进展［J］. 地理研究，2001，20（3）：274–281.

［17］史婉丽，杨勤科，张光辉. WEPP 模型的最新研究进展［J］. 干旱地区农业研究，2006，24（6）：173–177.

［18］Nearing M A, Lane L J, Alberts E E, et al. Prediction technology for soil erosion by water：status and research needs［J］. Soil ence Society of America Journal，1990，54（6）：1702–1711.

［19］Merkel W H, Woodward D E, Clarke C D. Ephemeral gully erosion model（EGEM）in modelling agricultural，forest，and rangeland hydrology［M］. Michigan：ASAE Publ，1988，315–323.

［20］Morgan R P C, Rickson R J. The European soil erosion model：an update on its structure and research base［C］// Conserving Soil Resources：European Perspectives Selected Papers from the First International Congress of the European Society for Soil Conservation，1994.

［21］Wesseling C G，Ritsema C J. LISEM：a single–event physically based hydrological and soil erosion model for drainage basins［J］. Hydrological Processes，2015，10（8）：1107–1117.

［22］Wischmeier W H, Smith D D. Rainfall energy and its relationship to soil loss［J］. Transactions American Geophysical Union，1958，39（2）：285–291.

［23］雷阿林，史衍玺. 土壤侵蚀模型实验中的土壤相似性问题［J］. 科学通报（中文版），1996，41（19）：1801–1804.

［24］郝芳华，陈利群，刘昌明，等. 土地利用变化对产流和产沙的影响分析［J］. 水土保持学报，2004，18（3）：5–8.

［25］王文龙，雷阿林，李占斌，等. 黄土丘陵区坡面薄层水流侵蚀动力机制实验研究［J］. 水利学报，2003，34（9）：66–70.

［26］肖培青，郑粉莉. 上方来水来沙对细沟侵蚀泥沙颗粒组成的影响［J］. 泥沙研究，2003，12（5）：64–68.

［27］郑良勇，李占斌，李鹏. 黄土区陡坡侵蚀过程试验研究［J］. 生态环境学报，2002，11（4）：356–359.

［28］王红鹰. 关于水资源管理的思考［C］// 中国水利学会 2002 学术年会论文集，2002.

［29］席西民，刘静静，曾宪聚，等. 国外流域管理的成功经验对雅砻江流域管理的启示［J］. 长江流域资源与环境，2009，18（7）：635–640.

［30］Muste M V, Bennett D A, Secchi S, et al. End–to–End cyberinfrastructure for decision–making support in watershed management［J］. Journal of Water Resources Planning & Management，2013，139（5）：

565–573.

[31] Mahmoud M I, Gupta H V, Rajagopal S. Scenario development for water resources planning and watershed management: Methodology and semi-arid region case study [J]. Environmental Modelling & Software, 2011, 26 (7): 873–885.

[32] 殷坤龙. 瑞士滑坡及其研究概况 [J]. 中国地质灾害与防治学报, 1999 (4): 104–107.

[33] Kenneth J. Catastrophic debris streams (sturzstroms) generated by rockfalls [J]. GSA Bulletin, 1975, 86 (1): 129–140.

[34] Sassa K. Special lecture: geotechnical model for the motion of landslides [J]. International Journal of Rock Mechanics & Mining Sciences & Geomechanics Abstracts, 1989, 26 (2): 88.

[35] 屠志方, 李梦先, 孙涛. 第五次全国荒漠化和沙化监测结果及分析 [J]. 林业资源管理, 2016 (1): 1–5.

[36] 郭瑞霞, 管晓丹, 张艳婷. 我国荒漠化主要研究进展 [J]. 干旱气象, 2015, 33 (3): 505–513.

[37] 祁有祥, 赵廷宁. 我国防沙治沙综述 [J]. 北京林业大学学报 (社会科学版), 2006, 5 (S1): 51–58.

[38] 周颖, 杨秀春, 金云翔, 等. 中国北方沙漠化治理模式分类 [J]. 中国沙漠, 2020, 40 (3): 106–114.

[39] 李文彦. 基于大数据的荒漠化治理对策研究 [J]. 甘肃科技, 2016, 32 (15): 38–40.

[40] 田娜玲. 黄土区草地坡面溅蚀片蚀动力学过程试验研究 [D]. 咸阳: 西北农林科技大学, 2019.

[41] 张旭. 植被条件下坡面水流特性实验研究 [D]. 郑州: 华北水利水电大学, 2019.

[42] 马良, 左长清, 邱国玉. 气候变化情景下未来赣北第四纪红壤坡面土壤侵蚀的预估 [J]. 农业工程学报, 2012, 28 (21): 105–112.

[43] 赖格英, 吴敦银, 钟业喜, 等. SWAT 模型的开发与应用进展 [J]. 河海大学学报 (自然科学版), 2012, 40 (3): 243–250.

[44] 陆银梅. 红壤坡地水力侵蚀下土壤有机碳迁移分布规律及流失过程模拟研究 [D]. 长沙: 湖南大学, 2015.

[45] Beasley D B, Huggins L F, Monke E J. ANSWERS: A model for watershed planning [J]. Transactions of the American Society of Agricultural Engineers, 1980, 23 (4): 938–944.

[46] 刘纪辉, 赖格英. 农业非点源污染研究进展 [J]. 水资源与水工程学报, 2007, 18 (1): 29–32.

[47] 尹健. 城市化背景下城市水土保持技术研究 [J]. 中国资源综合利用, 2019, 37 (5): 151–153.

[48] 马雪华. 森林水文学 [M]. 北京: 中国林业出版社, 1993.

[49] 杨朝晖, 褚俊英, 陈宁, 等. 国外典型流域水资源综合管理的经验与启示 [J]. 水资源保护, 2016, 32 (3): 33–37.

[50] 袁道先, 蔡桂鸿. 岩溶环境学 [M]. 重庆: 重庆出版社, 1988.

[51] 袁道先. 现代岩溶学 [M]. 北京：科学出版社，2016.

[52] 崔鹏. 中国山地灾害研究进展与未来应关注的科学问题 [J]. 地理科学进展，2014，33（2）：145-152.

[53] 刘国彬，杨勤科，陈云明，等. 水土保持生态修复的若干科学问题 [J]. 水土保持学报，2005，19（6）：126-130.

撰　稿　人　张志强　王玉杰　丁立建　丁国栋　程金花　马岚　陈立欣　高广磊　于明含

第二章　土壤侵蚀学

第一节　多尺度水力侵蚀动力学过程与模拟

一、最新研究进展评述

水力侵蚀形式可分为溅蚀、面蚀、沟蚀、山洪侵蚀、湖岸及库岸浪蚀。田娜玲[1]采用草地小区人工模拟降雨实验方法，在不同降雨强度及不同坡度完全组合条件下，针对黄土高原低覆盖度草地，开展黄土区草地坡面溅蚀片蚀动力学过程研究，可深入认识草地坡面溅蚀片蚀过程机理，深刻理解草被对溅蚀片蚀过程的调控作用。

影响水力侵蚀的因素主要有气候、地形、土壤、植被、人为因素。张旭[2]采用模拟实验和数据分析的方法分析了植被对坡面水流的影响。实验数据分为室内实验和野外实验，其中室内实验分为3个坡度、7个流量及9个植被覆盖度的清水实验和1个坡度、3个植被覆盖度及5个不同含沙量的含沙水实验；野外实验分为1个坡度、6个流量和6个植被覆盖度，总计240多组实验。分别对不同组合情况下的数据进行处理分析对比，运用水力学及河流动力学的理论基础去讨论植被覆盖度对于坡面水流特性的影响。

申震洲[3]采用室外定位动态监测、室内人工模拟实验和理论分析相结合的研究方法，研究了汛期天然降雨及模拟降雨的降雨特征、雨滴谱特性、不同降雨动力条件下的侵蚀产沙及运动相似条件，并对坡面放水冲刷条件下的坡面水动力特性及其与天然降雨条件下坡面侵蚀产沙进行对比，初步探索不同水动力作用条件下侵蚀产沙差异的形成机制，以期为建立适合黄土高原区域特性的土壤流失预报模型提供理论依据。

张洋[4]从风蚀提供侵蚀物质，水蚀提供入河动力的研究思路入手，建立野外风蚀—水蚀动态监测系统，系统分析了风力—水力复合侵蚀动力特征与风沙输移沉积过程，以风沙沉积坡面为研究对象，结合放水冲刷实验，阐明了风沙沉积坡面水沙输移规律，揭示了覆沙黄土坡面水蚀动力过程，建立了覆沙黄土坡面微地貌与侵蚀产沙的响应关系。

二、国内外对比分析

（一）水力侵蚀动力学过程与模拟国外研究现状

水力侵蚀通过流域的水沙变化、模拟冲刷实验和降雨实验对流域、坡面侵蚀产沙过程进行研究。自从 1895 年 Wallya 在德国首先开展坡面冲刷过程的野外模型研究以来，不同学科的学者进行了数以千计的模型实验。美国于 1915 年在犹他州布设了第一个观测小区，开始收集坡面径流量和坡面土壤流失量。美国土壤保持局归纳得到通用土壤流失方程 USLE 及修正的土壤流失方程 RUSLE 就是根据大量的小区实验得到的。Laws 和 Parsons 对天然降雨雨滴粒径与雨强关系等实验成果为室内降雨模拟操作提供了参考依据。从 1985 年开始研究 WEPP 模型，替代 USLE 更进一步的土壤侵蚀预测模型。美国近些年主要致力于研究综合利用水肥土气等的研究为主，也包括如何监测农业土地资源及生产能力的新方法新技术的研发，同时也研究高效用水、节约用水的新技术新方法和管理制度的提高。同时也对机理方面的如雨滴溅蚀作用、泥沙启动、输移及沉积等开展越来越深入的研究[3]。

（二）水力侵蚀动力学过程与模拟国内研究现状

我国于 1944 年在天水水土保持实验区率先进行了径流小区实验。1953 年后，天水、西峰及绥德 3 个水土保持科学实验站渐次形成较为完善的实验研究规模，许多学者运用自然模型实验研究黄土高原坡面及沟道的侵蚀机理，取得了较多成果。众多学者研究了坡面各因素对侵蚀的影响，如坡度、坡长、薄层水流、土壤特性等；有的学者研究了降雨动力对坡面侵蚀的影响[5-6]；有的研究了不同降雨动力条件下坡面侵蚀过程中坡面流、细沟及下垫面地形的演变过程[7]。鉴于自然模型自身的特点，这种实验手段尚不能直接运用于实际工程规划的项目之中。

我国是从 1950 年以后开始引进模拟降雨系统的，随后又开始自行研制降雨装置，为土壤侵蚀与水土流失的观测和研究提供技术手段。李占斌等[8]通过系统总结国内外的土壤侵蚀方面的研究成果后，分析了雨滴击溅侵蚀、土壤坡面水蚀过程、坡面沟道系统水沙传递关系、沟道侵蚀输沙 4 个子过程系统的研究成果。2006 年刘宝元在美国通用土壤流失方程的基础上，利用收集到的小区实测资料，建立了 CUSLE 即中国土壤流失预报模型。1980 年以后随着人工模拟降雨技术、137Cs 元素示踪法、REE 稳定性稀土元素示踪在土壤侵蚀过程与机理研究中的深入作用，使土壤侵蚀机理的研究越来越深入。在这期间研究者们系统研究了坡面细沟侵蚀、浅沟侵蚀的发生发展过程；对淤地坝坝系相对稳定进行了研究，近年来，一些学者也对坡面薄层流的水动力学特性、在土壤侵蚀动力学机制、降雨相似性、对土壤侵蚀实体模型模拟理论进行了研究[9-10]。近年来，中科院地理所和水土保持所都先后利用人工模拟降雨，模拟小流域的产水产沙过程，模拟效果仍需要进一步的改进。

三、应用前瞻/热点问题

近年来，由多种侵蚀力的耦合而形成的复合侵蚀研究逐渐代替单一侵蚀成为研究的重点和热点，例如风蚀与水蚀、冻融与水蚀、水蚀与重力侵蚀等。已有的研究成果表明，两种或者更多的侵蚀力叠加形成的复合侵蚀的效果相比单一外营力的作用会有显著的提高。风蚀和水蚀在互馈作用中，水蚀起到核心作用；而其他类型的侵蚀一般都是通过与水蚀的复合加剧了原有侵蚀动力的时间；或者不同类型的侵蚀之间提供了额外的侵蚀物质，形成多过程的侵蚀特征[4]。陆银梅[11]通过在野外径流小区进行的模拟降雨实验获得数据，分析小区尺度水力侵蚀影响下径流、泥沙、SOC 迁移流失特征及其相互之间的关系和降雨前后 SOC 坡面与剖面分布差异，以探究水力侵蚀对 SOC 迁移再分布的影响，同时结合坡面输沙模型与 SOC 流失计算理论对 SOC 流失过程进行模拟。

四、未来预测

研究在坡面实体比尺模型及降雨特性模拟方面取得了一些新进展，基本上达到了预期目标，但有些研究结论仍是初步的，还有待进一步的深入研究，例如像小流域的实体比尺模型的模拟与验证、冲刷实验与降雨实验的产流产沙过程相似等。目前，只是研究了不同降雨条件下的土壤侵蚀相似性问题，在后续的研究中，希望能更进一步地深入研究下垫面、工程措施、耕作措施等人类活动不同条件下对土壤侵蚀相似性的深入研究，最终为黄土高原水土流失数学模型提供坚实的数据支撑[7]。

在影响因子模拟方面，坡度因子是影响坡面水流水动力学特性的重要因素之一，所以未来可以考虑进行多组不同流量不同坡度的实验，来研究坡度对于坡面水流特性的影响规律。目前研究植被单一，植被种类的不同也会使得坡面水流动力学特性有不同的变化，因而当作类似实验时可以把不同种类的植被作为研究对象，讨论不同种类植被的变化对于坡面水流水动力学特性的影响。室内实验多在光滑的有机玻璃水槽上进行的，而野外的实验中，也默认为地形一致，由于土壤可以被冲刷，所以高低不平的地形就会使得冲刷量大不相同，从而导致坡面水流速度和拦沙量的测量会有差异，所以以后的实验可以把地形因素考虑进去，进行更细致的研究。

流域土壤侵蚀产沙与土地利用、地形地貌因子的关系复杂，风蚀水蚀交错区土壤侵蚀的空间分布广泛，下垫面土壤复合可蚀性特点、影响因子和计算模型有待继续深入。目前研究揭示了坡面侵蚀产沙过程机制，但局限于模拟风蚀、水蚀单一过程，未来应在加强"风蚀—水蚀—风蚀—水蚀"循环过程的研究。

第二节　风沙运动的模型实验与数值模拟

一、最新研究进展评述

风力侵蚀主要由风导致的风沙运动造成，风沙运动包括风沙流和沙粒的运动。关于风沙流的研究手段主要有两种，一种是传统的野外观测及风洞实验，另一种是近年来兴起的数值模拟。

（一）风洞实验

风力侵蚀的影响因素包括风力大小、土壤抗蚀性、地形、降水和地表状况等。风沙运动系统是一个具有多尺度、多场耦合的非线性随机系统。在最新的风洞模拟中，从风和下垫面因素来布设，宗玉梅等[12]采用室内分析和风洞模拟实验的方法，研究了不同风速下库布齐沙漠沙丘沙含水率对粗糙度、风速廓线和风沙流结构变化的影响。徐亦奇[13]鉴于以往数值研究大多没有针对阵风作用下风沙流的展向输运特征展开分析，以三维可压缩大涡模拟为基础，研究了不同振幅和频率的正弦阵风作用下三维风沙流的发展过程及运动规律，并与 Butterfield 在同条件下的风洞实验数据对比验证后表明，风洞环境下的实验测量结果与数值模拟结果吻合良好。

（二）数值模拟

与传统手段相比，数值模拟不仅可以减少野外的工作量，而且节约成本，又可以快速得到结果，因此越来越多地应用于风沙运动的研究。

蒋红[14]开展非平坦地表及湍流风场影响下的风沙流动力特征的数值仿真研究，以新月形沙丘横剖面作为基本的地表形态，针对新月形沙丘地形上湍流风场作用下风沙跃移运动的动力特性，建立了地表、风场、沙粒运动耦合模型，得到了坡面地表形态上沙粒输运规律和湍流流场结构，进而为实际风沙流的预测提供理论依据。吴冰[15]以中国北方内蒙古作为研究区，采用 WRF-Chem 模式对 2017 年土壤风蚀粉尘输送过程进行模拟，利用结果定量分析风力作用下土壤养分速效氮（AN）、速效磷（AP）、速效钾（AK）、全氮（TN），全磷（TP），全钾（TK）的流失状况，进而对风力作用下内蒙古地区土壤肥力变化情况进行评估。赵杰等[16]将光滑粒子流体动力学方法（SPH 方法）应用于风沙流研究中，但是在准确建立风沙物理模型、边界问题的处理、计算效率的提高等方面还需继续深入研究。目前使用 SPH 方法模拟风沙流与实际数据较为贴合的是定性描述，对其进行定量研究还存在一定差距。

二、国内外对比分析

（一）国外风沙运动研究现状

对风沙流的系统研究源于 20 世纪 30 年代，英国工程师 Bagnold[17] 将流体力学理论研究的最新成果与自己在利比亚沙漠中多年的野外考察以及一系列风洞实验所获得的丰富资料相结合，总结并撰写了专著 *The Physics of Blown Sand and Desert Dunes*。以美国著名的土壤学家 Chepil[18] 和 Milne 为代表的美国农业部的科研工作者们从 20 世纪 40 年代开始对土壤风蚀进行了大量风洞实验和野外观测，并在对这些实验数据分析总结的基础上提出了有名的土壤风蚀方程。

20 世纪 60—80 年代，风沙物理学的研究产生了第二次热潮。很多学者开始将研究的目光转移到为风沙运动建立可靠的数学模型上来。有关风沙流的数值模拟的工作大多数都是针对风沙运动当中的跃移运动。Owen[19] 首先通过假设沙粒在跃移运动过程中从简单的单一形状轨迹建立了风沙跃移运动的数学模型，通过对风沙流跃移层运动的数值模拟揭示了对数边界层内沙粒跃移的普遍规律。Ungar 和 Haff[20] 建立了风 – 沙粒两相相互耦合的风沙流计算模型，并指出了沙粒对风场的反作用力在风沙运动的计算过程中扮演者不可或缺的作用。Anderson[21] 于 1988 年在 *Science* 上发表 *Simulation of Eolian Saltation*，他从单颗沙粒起跳开始计算，考虑了沙粒被风场裹挟运动、沙粒落回沙床撞起更多沙粒的击溅过程以及沙粒与风场的双向耦合作用，成功再现了沙粒从床面飞起到风沙流达到饱和状态的整个过程。虽然该数值模拟的结果在定量上仍然与实验存在一定的差异，但是在定性结果上与实验吻合很好。

（二）国内风沙运动研究现状

我国科学家从 20 世纪 50 年代末才开始将土壤风蚀研纳入科学研究范畴。在此之前的一段时间，由于缺乏理论知识的支撑，中国的土壤风蚀研究一直处于迷茫状态。1965 年，吴正和凌玉泉通过染色沙实验研究了新疆布苏里沙漠地区的沙子起始风速和粒径。最后得到起始风速与粒径的平方根成比例。20 世纪 80 年代，无论是国际还是国内学者均在土壤风蚀研究领域取得的较大的成果。1981 年，朱震达和吴正[22] 在对塔克拉玛干沙漠风沙地貌研究时提出，土壤的差异性是影响风蚀强度的因素之一，风蚀会导致土壤粒径组成的改变。吴正在 1987 年进行了现场观测和风洞实验，发现沉积物运移速率随高度呈指数递减法。1995 年，刘先万不仅发现在跳跃前有三种形式的振动、滚动和滑动，而且还建立不同运动阶段不同运动方式的沙子力学模型。沙粒风洞模拟实验发现不同粒径沙粒的不同风蚀特性，建立了风蚀速率与风速的定量关系。这段时间里，国外学者专注进行土壤风蚀研究理论的验证与完善，我国学者主要针对土壤风蚀研究进行半定量和定量风洞实验。20 世纪以来，土壤风蚀研究取得了较大的进展，从最初的萌芽阶段，逐步深入研究，确立理论基础，利用先进科学技术对其进行定量分析[15]。Shao 和 Li 使用了大涡模拟方法对风场进行模拟，计算了湍流风场作用下的风沙流的发展过程。王萍等通过考虑沙粒在大气边界层中受到湍流影响而产生的随机脉动，分析了影响沙粒运动轨迹的各项因素。Kok 等提出了 COMSALT 模型，将来流风场处理为平均风场加上高斯分布的随机脉动，从而得到了沙粒不平滑跃移轨迹等重要结论。郑晓静等[23]则进一步的在风 – 沙双向耦合的计算模型上加入了电场影响，建立了风 – 沙 – 电多场耦合的计算模型，得到了风沙流中电场的分布特征以及各项影响因素对电场的反馈作用，并分析了风沙流形成的过程中的电场对风场、沙粒的起沙率和输沙率等物理量的影响。李萌堂利用 FLUENT 软件平台，采用 ULER 模型中的 DISPERSE 模型对沙尘扬起初级阶段的风沙运动进行模拟，并模拟了边界条件改变对流场以及带起颗粒浓度、速度的影响。

三、应用前瞻 / 热点问题

（一）风沙运动模拟在铁路防沙的应用

风沙侵蚀铁路路基、造成道床表面形成积沙，对钢轨造成磨蚀、对铁路建设质量安全、对铁路安全运营都会造成严重的影响，同时还会造成更高昂的铁路养护费用。目前，在沙害严重路段已设立系统的防沙措施并取得良好成效，但随着时间的推移，部分防沙措施已逐渐失去作用，沙害问题仍十分严峻[24]。

李驰等[25]利用 Fluent 软件对风沙环境下铁路路基的风蚀破坏规律进行了数值模拟研究，分析了路基高度和边坡比对流场的影响，结果显示风速减弱区和恢复区主要受路基高度影响。石龙等[26]基于 Fluent 软件，对兰新铁路路堤周围风沙两相流运动特性进行了模拟研究，揭示了迎风坡积沙量大于背风坡的形成机制。李晓军等[27]对兰新铁路既有挡风墙周围风沙两相流运动特性进行了数值模拟，阐述了挡风墙背风侧风速廓线变化规律，提出了挡风墙建设高度的合理建议。

孙兴林等[28]通过 Fluent 软件进行模拟计算，研究青藏铁路原有路基及新提出的一种输沙型路基的流场分布情况以及路基积沙特征，并讨论了轨枕式挡沙墙与 PE 阻沙网对路基风场及积沙特征的影响，探索路基对风沙运动规律的影响，为青藏铁路防沙治沙提供理论基础。

崔嵩[29]采用 FLUENT 软件对铁路路堤的周围风沙流运动进行了气动性能仿真，分析了铁路路堤周围风沙流场的特性。在三维欧拉双流体非稳态模型和拉格朗日离散稳态模型下，探讨了风沙流、沙粒堆积过程及其运动轨迹的特征，进而优化了防风挡沙墙的高度，这对保证铁路的线路畅通和安全运营有着十分重要的现实意义。

（二）风沙运动模拟在沙障方面的应用

由于草方格沙障在防治风沙灾害方面优势明显，在诸多实验区取得了较为显著的效果，并被广泛地应用在西部地区的风沙控制和交通道路的保护上，因此受到了广泛的关注，也引来许多科学家对其防治效果以及优化设计的研究。众多学者对草方格沙障从理论分析、数值模拟和实验与观测等方面展开了多方面的研究。薄天利等通过对二维草方格阵列的数值模拟，计算了草方格上空沿程风速变化特征，讨论了草方格尺寸对上空风速的影响[30]。Huang 等[31] 通过二维的大涡模拟分析了草方格内沙粒沿流向的二维弥散特征，给出了二维风场下草方格沙障内的风速、输沙率以及沙粒速度等信息。Tian 等[32] 则通过在青海湖附近沙漠地区的野外观测测定了草方格沙障内部的积蚀形态，并讨论了风向、草方格间距和积蚀特征之间的关系。徐彬[33] 进行了机械沙障阻沙固沙机理的数值模拟研究，通过 k-ε 湍流模型与拉格朗日粒子追踪法计算模拟防风挡沙墙周围的风沙运动，通过 IDDES 方法计算了草方格沙障内风沙运动特征，通过风洞实验验证了计算结果的准确性。

四、未来预测

在现有的研究中，尚未对风沙运动的内在机理形成统一认识，对风沙流的定量描述也多是基于观测数据的半经验公式。近地表湍流风场因其随机性和间歇性等特征使得在野外环境中很难实现地表形态对湍流特征及沙粒输运影响的实时、同步观测，而易于控制的风洞实验由于尺寸限制无法得到与野外实际情况相符的高雷诺数湍流流场。目前，数值仿真是实现实时观测整个流场特征的有效途径。未来计算机模拟方面，将考虑三维空间风速、沙粒和沙丘的耦合作用等。目前研究仅计算了平坦来流状态，未考虑可能存在的山坡起伏等复杂地形影响。对于沙障的模型处理暂时比较简单，忽略了草方格沙障本身为柔性材料可能在流场中会产生摆动，麦草的摆动与流场相互耦合有可能也会对草方格沙障内部的流场存在一定影响。草方格沙障内部的地表形态由于不同位置堆积/侵蚀不同，随着时间推进，几何外形也会产生较大变化。

第三节　冻融侵蚀动力学过程与模拟

一、最新研究进展评述

我国是世界上水土流失较为严重的国家之一。由于复杂的地理环境和人类活动特点，水土流失在强度和机制方面都存在显著的区域差异性。冻融侵蚀是土壤侵蚀的主要类型之一，冻融交替通过改变土壤性质和坡面产流产沙过程，导致剧烈的水土流失。

有学者基于 GIS 和 USLE 模型对钦江流域土壤侵蚀进行定量评估，并得出钦江流域年均土壤侵蚀模数为 2608.87t/（km²·a）[34]，针对 USLE 模型来进行冻融侵蚀的评估，由于基本的经验模型不考虑冻融侵蚀的物理过程，经过反复修订后可能在当地应用较好，但若进行其他地区的应用误差较大，不具有普适性。也有学者[35]就当前高寒海拔区的融水侵蚀研究进行了评述，融水侵蚀区别于融雪侵蚀和冻融侵蚀，是季节性冻土在冰川积雪融水径流作用下的土壤侵蚀过程，对融水侵蚀 GIS 定性评价和模型评价，此外，融水侵蚀评价研究需参考 GIS 的定性评价，借鉴 USLE/WEPP 等土壤侵蚀模型方法。Ban 等[36]通过室内模拟实验对比研究了冻结状态与解冻状态 2 种条件下细沟流速差异，发现冻结状态下细沟水流流速显著高于解冻状态的水流流速，且这种差异与冲刷水槽坡度呈正相关。郭兵等[37]基于多源地空耦合数据对青藏高原冻融侵蚀强度做了评价，引入冻融侵蚀动力因子（冻融期降雨侵蚀力和冻融期风场强度）和冻融期降水量（表征冻融期土壤相变水量）构建冻融侵蚀评价模型，对青藏高原冻融侵蚀状况开展了定量评价和空间格局分析。张科利等[38]对于现今东北黑土区土壤冻融侵蚀工作进行了回顾和总结，认为东北黑土区整体上表现为冻融导致疏松的土壤变得相对紧实，而紧实的土壤变得相对疏松；冻融导致土壤团聚体稳定性降低，但当土壤处于中等含水量条件下会出现冻融后团聚体稳定性增大的现象。

二、国内外对比分析

（一）国外冻融侵蚀研究现状

冻融侵蚀研究在国外开展较早，自 20 世纪 60 年代开始就有学者开展关于冻融对土壤孔隙[39]、团聚体[40]和渗透性[41]等方面影响的研究。关于冻融侵蚀的直接研究开始于 70 年代，Wischmeier 等[42]强调位于冻结层之上的解冻层侵蚀潜力巨大，融雪和低强度降雨也能够造成剧烈的水土流失，冻融期的土壤侵蚀可达全年土壤侵蚀量的 90%。此后众多学者开展了相关研究取得显著成果[43-44]。McCool 等[45]研究了美国西北小麦区沟蚀与冻融作用的关系发现，因土壤冻结形成的不透水层，可强化融雪水导致细沟和切沟侵蚀发生的概率。Ferrick 等[46]通过室内实验，定量地研究了冻融作用对细沟形成和坡面侵蚀的影响。Van Klaveren 等[47]研究了不同水分张力条件下冻融对土壤可蚀性和临界剪切力的影响，发现冻融条件下，土壤细沟可蚀性与土壤水分张力有关，初始含水量越大则经过冻融后土壤细沟可蚀性越高。

（二）国内冻融侵蚀研究现状

国内冻融侵蚀相关研究开展较晚，20 世纪 80 年代开始相关工作时主要以引进冻融侵蚀概念和土壤侵蚀类型分类为主[48-49]，20 世纪 90 年代是冻融侵蚀研究的过渡期[50-51]。进入 21 世纪以来国内冻融侵蚀研究快速发展，在冻融侵蚀的分布、影响因素和作用机制等方面取得很多成果。范昊明等[54]通过室外人工模拟融雪水冲刷实验，系统地研究了春季解冻期土壤起始解冻深度对坡面侵蚀量的影响，结果表明起始解冻深度对坡面产流产沙有显著影响。李占斌等[55]通过历经冻融作用的坡面侵蚀过程研究发现，经过冻融作用后，使土壤含水量增加，土壤容重减小，孔隙度增大，导致冻融作用后坡面稳渗率是非冻融坡面2倍。周丽丽等[56]、刘佳等[57]分别通过白浆土和黑浆土解冻期土壤侵蚀特征室内模拟实验，发现由于冻融作用，坡面解冻不完全，使降雨侵蚀力增强，导致坡面土壤侵蚀增加；相对于水力侵蚀，这一时期的水土流失由于不透水层的存在，同时由于土壤孔隙率增大，土壤含水量较高，在坡面径流作用下，水土流失相对激烈，时间短，流失速度快，土壤侵蚀量激增等特点。鲍永雪等[58]通过研究径流冲刷条件下冻融坡面土壤剥蚀率与水蚀因子间的关系，进一步通过单因子模型、逐步回归模型和BP神经网络模型建立土壤剥蚀率的预测模型并进行对比分析得出，基于BP神经网络模型能更准确地预测出冻融坡面土壤剥蚀率的高度复杂性，其预测精度优于逐步回归模型及单因子模型。

三、应用前瞻/热点问题

冻融侵蚀在中国分布广泛，而青藏高原及其附近高山区是中国冻融侵蚀最集中和最强烈的区域。中国发生融水侵蚀的区域主要包括东北、内蒙古东部和北部、新疆北部和西部、青藏高原等稳定积雪区和冰川区，都属于冻融作用强烈区域。而作为长江、黄河主要源头的青藏高原，冻融侵蚀面积达到104万km^2，严重地影响了当地人民的生产、生活和地区经济的发展。同时，冻融侵蚀的产物也成为长江、黄河泥沙的主要来源之一，该区域的融水径流对下游河道流量的贡献很大，融水侵蚀造成的水土流失对下游河道流量、输沙有直接影响，危害严重。

孙辉等[59]研究表明，青藏高原几乎所有河流和湖泊在4—6月解冻期间都比较浑浊。Swift等[60]分析了乌鲁木齐河的英雄桥站水文资料，结果显示：年径流量的增加会使河流的平均含沙量、输沙量明显增加。河流泥沙直接影响河床变化，对河流水情及河流变迁有重大影响，河流输沙增多引起水库、渠道淤积，给防洪、灌溉、供水带来困难。高寒区严重的融水侵蚀也给青藏铁路、公路、输油、输气管线的安全运行带来威胁。

四、未来预测

融水侵蚀的机理研究较少，也缺乏融水侵蚀模型的开发研究，参考已有模型的研究，借鉴WEPP等土壤侵蚀模型方法，以融水坡面侵蚀过程模型为基础，结合已建立的气象模型和土壤融冻模型，采取室内模拟实验的侵蚀参数，利用有限元计算方法进行数值计算，进行坡面和沟道侵蚀产沙过程的模拟。以 GIS 为基础，进行流域的坡面和沟道划分，建立产流汇水模型；利用已建立的坡面和沟道侵蚀产沙模型实现流域侵蚀产沙模拟；实现从坡面到沟道到流域的侵蚀产沙预报。

冻融侵蚀过程是一个多因素共同影响的过程，目前研究较多的问题是：冻胀－融沉量、冻结－融化深度、冻土中水分运动规律及雪盖变化趋势、融雪量计算等方面的预报模型，已经具有较好的基础。了解各因素对融水侵蚀的影响效应和影响机理是对融水侵蚀进行预报和防治的基础。目前融水侵蚀影响因素缺乏系统的研究，应该加强野外监测、室内实验等，定量地给出各因素对融水侵蚀影响的效应。

冻融侵蚀的危害，在我国已经成为一个不可回避的问题，对于冻融侵蚀防治技术的研究，已经刻不容缓。目前，冻融侵蚀的防治，应重点解决粮食高产区（东北黑土区）水土流失及大江大河源头（青藏高原）水土流失问题。对于农用地冻融侵蚀防治，可以首先从耕作方式、整地方式及时间、作物残余物管理、适当的水土保持工程入手。对于大江大河源头冻融侵蚀防治，应着重从提高植被覆盖度方面入手。

第四节 水盐运动与土壤盐渍化

一、最新研究进展评述

土地荒漠化已成为威胁人类生存和影响社会可持续发展的一个重大环境和社会经济问题。盐渍化，作为荒漠化的一种类型，广泛分布于世界 100 多个国家和地区，面积达 10 亿 hm²。在中国，仅西北 6 省区（陕、甘、宁、青、新、蒙）盐渍土面积就占全国盐渍土总面积的 69.03%。盐渍化问题已成为制约干旱区灌区农业发展，农民生活条件改善的主要因素之一，因此，对干旱区灌区水盐运动和土壤盐渍化问题进行系统全面的研究，具有重要的理论和现实意义。

受全球气候变化导致的海平面上升和海水入侵的影响，黄河三角洲区域地下水埋藏深度（潜水埋藏深度均指从土壤表面到潜水面的垂直距离，简称潜水埋深）普遍较浅、盐分含量较高，受淋溶作用及盐分本身对土壤水分较强的亲和力[61]和气象因子[62]等的影响，潜水水位的不同是土壤储水量和盐分差异的主要因素[63]。孙杨[64]针对大同盆地盐碱地高 pH 值、透水性差、表层易结皮的特点，结合滴灌方法探讨了大同盆地盐碱地在滴灌条件下平作和垄作不同种植方式以及不同基质势处理的土壤水盐运移规律，为合理开发利用盐碱地提供有益思路。采用统计学分析和数值模拟方法对甘肃灌区土壤盐渍化特征以及水盐运移规律进行了探究[65]，研究灌区土壤盐渍化现象发生、演变以及防治土壤次生盐渍化现象的理论，为制订合理的土壤盐渍化调控方案和有效的改良与治理盐渍化土地提供科学依据。另有学者[66]针对黄河三角洲泥质海岸带水盐分布特征及其对柽柳生长的影响这一关键问题，探讨柽柳栽植条件下不同土壤剖面以及柽柳主要器官的水盐时空分布对潜水埋深的响应特征，从地下水埋深及矿化度的角度，探讨了地下水–土壤–植物体水盐分布特征及其动态规律，对地下水资源的有效利用及耐盐碱植物的栽培管理有着重要的科学意义。另有学者[67]在实验室模拟松嫩平原不同潜水埋深和矿化处理度处理下土壤剖面水分和盐分运移与累积特性，为松嫩平原苏打盐渍土潜水蒸发模拟研究提供相关的基本参数与潜水蒸发的理论依据，从而促进苏打盐渍土区生态治理和农业发展。

二、国内外对比分析

（一）国外盐渍化研究现状

壤盐渍化是一个全球性生态问题，在世界范围内分布广泛，涉及世界五大洲，从热带到寒带的近百个国家和地区。随着全球气候变暖的日益加剧，中低纬度区域的土壤盐渍化问题将日趋明显，美国、中国、匈牙利、澳大利亚等国的盐渍化问题将会日益显著，而非洲北部、东部、南美洲、中东、中亚和南亚地区的盐渍化问题将会更加严峻[68]。2008 年第二届国际盐渍化论坛在澳大利亚的阿德莱德召开，主要讨论了全球性盐渍化、水资源和社会问题及其地区相关对策等，涉及灌溉盐渍化、旱地盐渍化和都市盐渍化以及咸水入侵等问题，强调了当前水资源利用与气候变化对土壤盐渍化的重叠影响，旨在建立新型水资源的盐渍化调控和管理途径。Panagopoulos 等[69]运用地质统计学与地理信息系统（Geographic Information System，GIS）技术研究地中海地区的土壤盐分变异性，探讨了 Kriging 插值方法。Odeh 等[70]运用统计回归对澳大利亚新南威尔士半干旱地区土壤盐分和土壤结构稳定性进行空间分析和预报研究。Douaik 等[71]利用贝叶斯最大熵法分析了匈牙利东部田间土壤盐分的时空变异。土壤盐渍化对植物生长的影响不仅来自根际土壤较高的盐离子浓度，也应当来自土壤盐离子组成及其离子平衡浓度的不平衡性。对此，Nakagawa 等[72]通过土柱实验模拟了地下水的水盐向地表运移的过程，并建立一维数值模型。该模型可较好地模拟离子的反应性运移，但其物理模型使用的土壤为过筛土壤，需改进后才能适用于填海区。英国学者曾对比研究自然状态和回填盐渍土层中的盐分运移，认为回填土中存在的优先流导致土壤盐分淋洗效率较低。

（二）国内盐渍化研究现状

由于盐渍土分布广泛、农业地位重要，我国历来高度重视盐渍土的调查、利用和治理方面的研究工作。新中国成立初期，国内组织的对东北、青海、西藏、新疆、宁夏、内蒙古、华北平原等地的土地资源考察和全国性的土壤普查，为摸清我国盐渍土资源状况和开展盐渍土研究打下了良好技术基础[73]。20 世纪 70 年代以后，我国启动了多项与旱涝盐碱综合治理相关的国家科技攻关项目，如"黄淮海平原中低产地区的旱涝盐碱综合治理"[74]。盐碱综合治理实践和相关科学研究工作对我国盐渍土和中低产地区产生了广泛影响，推动了我国盐渍土及其改良工作的开展。闫成璞等[75]在松嫩平原的研究表明，东北冻土盐分呈冬季土壤冻结相对稳定、春季冻融返盐、雨季盐分下淋和秋季返盐。周智彬等[76]在塔克拉玛干沙漠腹地人工绿地研究表明，西北内陆盐渍土呈现春季蒸发积盐，夏初和夏末淋溶脱盐以及夏季中旬、秋冬季相对稳定特点。牛东玲等[77]在柴达木盆地的研究表明，西北内陆次生盐渍土水分和盐分均在 5月和 8 月出现高峰。赵秀芳等[78]在苏北典型滩涂区的研究表明，滨海盐渍土盐分呈表聚型，夏季盐分呈下降趋势，秋冬季盐分呈上升趋势。王艳等[79]在渤海湾天津市的研究表明，滨海盐渍土春季强烈积盐，雨季脱盐，秋季缓慢积盐，冬季稳定。

三、应用前瞻 / 热点问题

目前，对于土壤盐渍化问题主要集中在荒漠区、干旱半干旱区，该区域长期大水漫灌，使得地下水位大幅上升，致使土壤盐渍化面积不断扩大。土壤盐渍化和地下水相互协调问题成了该区域可持续发展和生态环境保护面临的重大难题之一，也是当前学者们最关注的问题。一些地区的地下水位不断降低，进而造成土壤含水量逐渐降低，然而依赖地下水生长的人工及天然植被因得不到足够的水分而逐渐死亡，进而产生了生态环境恶化及土地不断退化的现象，最终产生土壤荒漠化和盐渍化土地的产生。所以，解决好地下水问题也是解决土壤盐渍化的关键。自从 Chen 等[80]在 *Nature*上发表文章，开创性地提出地下水能够远距离补给沙漠并维持沙丘 – 湖泊景观理论，后就有学者纷纷开始关注地下水。杨朋朋[81]在其硕士学位论文中详细分析了民勤地区地下水以及盐碱地面积的时间分布特征，分析不同水样点和土样点的化学和物理特征从而得出了影响土壤盐渍化的因素。赵西梅等[66]模拟黄河三角洲盐水矿化度设置4 个不同的潜水埋深，以柽柳土柱为研究对象，重点探讨了蒸发条件下潜水埋深对不同土壤剖面以及柽柳主要组织器官水盐分布的影响，揭示"土壤 – 柽柳"系统水盐参数对潜水埋深的响应规律。在防治土壤盐渍化过程中，应当加强对地下水电导率、钠离子、氯离子的控制与管理。在地下水浅埋区重度盐碱地采用覆膜滴灌技术可以改善作物根区盐分含量，改良作物根系生长的土壤环境条件[82]。

四、未来预测

盐渍土的改良利用是一项艰巨而复杂的生态工程，多年来，许多科学家对盐碱地的改良与利用进行了多方面的研讨。渍土的利用主要包括两个方面：一是将土壤的含盐量降低到作物能适应的程度；二是提高作物的耐盐能力，去适应土壤的盐渍环境。

为了将土壤中的含盐量降低到作物能适应的程度，目前最常用的是施用土壤改良剂，常用的改良剂有化学改良剂和生物改良。土壤盐渍化改良利用是一个较为复杂的工程，应全面规划，做好近期、中期、远期规划。在盐渍化土壤开发利用中，化学改良方法一直是探索高效优质改良技术的重点和有效途径，其可操作性较强，并且投资小、见效快和材料配方灵活多样。生物改良是近年来新兴起来的盐碱土改良方法，该方法改良效果比较彻底，并且无污染，环境友好性强。如东北林业大学在2007年申请的"一种盐碱草地的改良方法"（CN101020186A），通过种植菊芋逐步改良重度盐碱化的松嫩草地，菊芋在重度盐碱化的草地上生长良好，可改善土质，并且菊芋当年即可收获，改良过程中还有可观经济效益。

提高作物的耐盐能力，去适应土壤的盐渍环境是盐碱地利用的另一个重要方面。提高植物的耐盐、抗盐能力比降低土壤的含盐量更具有积极的意义，但难度也更大，需要培育新的抗盐品种或提高植物的耐盐能力。主要包括开展植物耐盐生理和提高植物耐盐能力的研究；在盐碱土壤上引种和驯化有经济价值的盐生植物和耐盐植物；利用传统的杂交技术和遗传工程方法培育抗盐新品种和培育转抗盐基因植物。

第五节　土壤侵蚀与土地退化

一、最新研究进展评述

土壤（地）退化是指在不利的自然因素和人类对土壤的不合理利用影响下，土壤数量减少和质量降低。数量减少可表现为表土丧失，或整个土体的毁失，或土地被非农业占用。质量降低表现在土壤物理、化学、生物学方面的质量下降。我国人口众多，土壤资源匮乏，加之长期的不合理利用，导致土壤退化严重，是受土壤退化影响最严重的国家之一。

黄土高原是我国的生态脆弱带，也是重要的风、水蚀交错区，脱登峰[83]分析了该区域水蚀风蚀交错区土壤质量现状、分布规律、影响因素及退化程度；借助Cs技术反映了侵蚀与土壤质量在时空变化的偶联性，通过风蚀、水蚀模拟实验，探明了风蚀、水蚀交互效应及土壤退化机理。黄河三角洲是陆地、海洋、淡水、农田、草地、湿地等生态系统的交错带，生态环境脆弱，土地资源易受人类活动（如乱开滥垦、广种薄收、用地轻养等）的影响，厉彦玲[84]在其博士学位论文中以2007年、2013年Landsat卫星遥感影像和两期土壤表层采样数据为主要数据源，研究全区土地利用/覆被信息遥感提取方法，定量分析了中西部典型区的土壤质量退化对土地利用/

覆被变化的响应，为环境脆弱区的土地利用调控和资源环境的可持续发展、为黄河三角洲高效生态经济建设国家战略提供理论支撑和决策依据。姜平平[85]应用 Landsat TM，ETM+ 以及 OLI 遥感数据和 3S 技术集成和土地利用时空变化特征模型，对内蒙古农牧交错区典型性区域进行了土地利用 / 覆盖变化研究，揭示了近 30 年来该区域的土地利用时空分布特征以及变化趋势，从微观和宏观两个方面厘清该区域土地退化的成因，为农牧交错风沙区土地退化的综合治理提供了科学依据。

二、国内外对比分析

（一）国外土壤侵蚀和土地退化研究现状

据统计，目前全世界范围内因侵蚀而退化的土地约 12 亿 km^2，造成的直接经济损失约 423 亿美元，对世界约 9 亿人口构成威胁。风蚀、水蚀是导致土壤退化面积最广、影响范围最大的主要类型。全球退化土壤中侵蚀占 81%，其中，水蚀影响占 56%，风蚀占 28%[86]。Johnson 等[87]考证以往文献中"土地退化"概念的用法，认为其中对土地退化有两个关键方面的看法是一致的：一是土地生产力的显著下降；二是人类活动是引起土地生产力下降的主要原因。他把土地退化定义为"人为干预条件下造成的区域性的生物使用价值或生产潜力的显著下降"。

有学者综合利用陆地卫星数据和数据挖掘方法监测城市及其周边地区的土地覆盖变化[88]。有文献全面总结了面向对象的变化检测方法，分析了影响变化检测的五种因素，阐述了面向对象的变化检测算法；与传统的基于像素的方法不同，面向对象的方法往往可获得更为理想的精度，但该方法主要用于高分辨率遥感影像[89]。国外学者 Hussain 等[90]系统总结了传统的基于像素与统计的变化检测方法和面向对象的变化检测方法，分析了两类方法的优缺点。Tewkesbury 等[91]综述了几十年的研究，根据分析单元和变化识别方法组织文献，提供了变化检测方法的全面总结，认为其中使用最广泛的是基于像元的和分类后变化检测的方法。Visser 等[92]研究了土壤风蚀情况，发现农地因风蚀导致作物需求的 N 和 P 分别流失比例可达 73% 和 100%。而养分在风蚀沉积物富集，其含量是原位土壤的 3 倍多[93]。

遥感在土壤质量表达中的重要性也得到了广泛的认可。Blasch 等[94]提出了一种新的土壤基本信息地图生成模型，利用多尺度遥感数据进行了田间尺度上的多时相土壤格局分析。有研究基于 GIS 和遥感技术，评价印度某地区退化土地肥力状况[95]。有学者提出了用于数字土壤制图的超时态遥感框架，并认为超时态遥感可以改善数字土壤制图对不同性质和等级的土壤的表达效果[96]。

（二）国内土壤侵蚀和土地退化研究现状

中国是世界上土壤侵蚀较为严重的国家之一，年均土壤侵蚀总量 45.2 亿吨，约占全球土壤侵蚀总量的五分之一。全国现有土壤侵蚀面积达 357 万 km²，占国土面积的 37.2%[97]。土壤侵蚀是导致土壤退化和土壤质量下降的最重要因素之一。据资料显示，我国因风蚀和水土流失造成的土壤侵蚀面积可达 356.92 万 km²。因此，定量评价区域土壤侵蚀的数量、强度及空间分布对土地退化评估和治理具有参考和借鉴作用。

有学者[98]通过 ULSE 方程估算并评价了吉林省水土流失情况，揭示了吉林省土壤侵蚀的时空特征及变化趋势。此外还可以利用遥感数据，提取植被、人为措施因子，降雨侵蚀力、土壤可蚀性因子，建立区域土壤侵蚀模型，定量估算某一区域的土壤侵蚀，并采用多指标聚类分析获取土壤侵蚀的风险差异[99]。尹璐[100]应用 RUSLE 模型分析扎赉诺尔矿区土壤侵蚀演变特征，分析不同采煤方式影响下的土壤侵蚀演变特点，发现扎赉诺尔矿区的土壤侵蚀强度与露天开采强度呈正相关，与井工开采强度呈负相关。

部分学者结合多种方法，综合考虑不同因素，创造性的研究了其他土壤侵蚀模型。魏卫东等[101]通过构建 NetLogo 模型，对三江源区高寒草甸土壤侵蚀进行研究，模拟了研究区 3 年的土壤侵蚀面积变化，结果表明 NetLogo 模型是一种模拟信度较高的研究土壤侵蚀的动态模型。朱冰冰等[102]利用土壤可蚀性 K 值对比分析了不同开垦和退耕年限的黄土高原典型自然恢复区的土壤动态变化过程。

三、应用前瞻 / 热点问题

习近平总书记在黄河流域生态保护和高质量发展座谈会上指出，黄河流域是我国重要的生态屏障和重要的经济地带，是打赢脱贫攻坚战的重要区域。而黄河流域地区的水土流失、土壤侵蚀退化问题日益突出，受到学者们的关注。黄土高原区，属于水蚀风蚀交错区，是典型的生态过渡区和生态脆弱区。受地形及海拔高度的影响，地形的西南侧以水蚀为主导型，而地形的东北侧则以风蚀为主导型，导致土壤退化的特征和程度因侵蚀环境的不同而差异很大，长期以来是生态环境治理的重点、难点和薄弱环节。目前对该区域的土壤退化特征及趋向、土壤退化机理的研究与认识还比较薄弱。该区域严重的水土流失和脆弱的生态环境已成为该区生态经济可持续发展的重要影响因素。近年来，随着国家西部生态建设的推进，该区的水土流失态势将呈现逐步逆转的趋势，但治理难度大，恢复程度进展缓慢，引起了政府及学术界的高度关注。因此，水蚀风蚀交错区的水土流失预防和治理已被列入新时期《全国水土保持规划（2015—2030 年）》。

在最新研究进展中已论述了一些学者关于黄河流域土壤侵蚀和退化机理，此外，有学者基于中国科学院遥感与数字地球研究所等单位建立的 1∶10 万比例尺长时间序列中国土地利用变化及其土壤侵蚀动态数据库，利用 20 世纪 80 年代末至 2000 年、

2000—2005 年、2005—2010 年黄土高原的土地利用变化及土壤侵蚀动态数据库，分析各时段土壤侵蚀的时空演变规律和区域差异，更好地理解人类活动对土壤侵蚀的影响，从而对保护黄土高原土地资源、减轻土壤侵蚀提出科学的建议[103]。赵宏飞[104]收集了黄河中下游流域的地质地貌证据、气象水文观测站数据、遥感卫星影像等数据，重建了全新世以来的气候、水文、植被、泥沙、三角洲沉积的时间序列及环境变化基本格局，并运用土壤侵蚀模型模拟了过去 2000 年以来黄土高原历史特征时期的土壤侵蚀情景，生动再现了黄河中下游侵蚀环境演化的基本模式。在黄河流域所做的努力对于探究黄土高原土壤侵蚀与土壤退化的相互作用关系有指导意义，促进黄河流域生态恢复从而推进沿黄生态经济带建设。

四、未来预测

目前关于土壤侵蚀与土地退化的研究，往后应加强以下几个方面的研究工作。

综合利用 3S 技术及信息工程技术针对不同流域或区域地理特点建立土地退化监测系统及数据库系统，对不同流域或重点防治区域内的土地退化类型、程度及范围进行动态监测，对土地退化风险进行评价，并进行分类分级，为土地退化的科学整治提供相关数据支持。此外该监测系统的开发建立，可以全面掌握我国各大流域土地退化的现状及控制土地退化所必要的信息，从而为各大流域整治退化土地、制定方针政策、调整土地利用规划、保护及合理利用流域土地资源提供资料、数据及系统支持。在可控区域范围内进行动态、有效、定量的土地退化灾情监测和评价，并配合相关的数学建模方法对土地退化趋势进行预测，实现退化信息的迅速反馈以便政府能够及时做出调整。

重点土地退化类型及其退化机制研究。应针对退化耕地、退化草地、退化林地和工矿废弃土地这四种重点退化类型，研究水土流失、土地沙化、盐渍化、土壤肥力的丧失等几种主要退化形式的发生条件、过程、影响因子（包括自然的和社会经济的）及其相互作用机理。

用经济手段进行生态环境建设。目前西部地区正在实施的"以粮代赈"退耕还林（草）生态恢复计划，是政府对农民生态补偿的一种方式。类似的政策也应在防沙治沙等相关生态恢复计划中实施。除了财政补贴这一经济手段，今后还应在税收、信贷、财政转移支付等方面，进一步发展与完善生态环境建设的经济手段，逐步实现用经济手段来管理与建设生态环境。

构建退化土地生态重建的政策保障体系。生态环境建设是一项长期而复杂的系统工程，迫切需要建立并完善一套完整并能延续的政策体系，来确保实现生态重建的最终目标。从政策上对导致土地退化和贫困恶性循环的经济和社会因素加以改

造，同时还需要发达地区和欠发达地区的共同努力，其实质是可持续发展能力的
建设。

第六节　侵蚀环境效应（面源污染）

一、最新研究进展评述

土壤侵蚀是水土流失型氮磷面源污染的主要途径和运输载体，颗粒态污染物随土
壤侵蚀产生的泥沙迁移进入受纳水体，从而导致面源污染。此外，土壤流失还会带走
表层养分，从而导致土壤肥力降低和土地退化。建立模型是对面源污染进行研究的主
要手段，从 20 世纪 60 年代初起，对面源污染的研究经历了萌芽阶段、快速发展时期、
不断深化时期，到如今针对面源污染的研究进入了模型完善应用阶段，尤其是近五年
内，具有代表性的 SWAT 模型、AnnAGNPS 模型、BASINS 模型都得到了较好的校正
与完善；我国对面源污染的研究也进入了快速发展时期，我国学者引入并使用了具有
代表性的面源污染模型，开展了大量的研究，得到了较好的应用[105-109]。

二、国内外对比分析

（一）国外面源污染研究现状

非点源污染又称面源污染，国外很多国家较早的对面源污染进行了研究且应用范
围较广[110]。总体来说，国外关于面源污染方面的研究大体可划为以下几个阶段。

非点源污染的萌芽阶段，此阶段处于 20 世纪 60 年代初至 70 年代初。人们开始
认识到仅仅只控制点源污染并不能使水质污染得到有效的改善，面源污染开始逐步走
入人们的视线，从而对面源污染的污染特征、所能产生的影响和污染负荷进行探讨钻
研。国外的早期学者开始通过因果分析与统计分析相结合的方法建立了农业面源污染
模型对污染负荷进行模拟研究，确定了面源污染负荷与径流量和不同土地利用之间的
函数关系[111]。其中 Wischmeier 和 Smith[112] 通过 30 年的观测和分析，发现并提出了
通用土壤流失方程（USLE），该方程为面源污染负荷定量计算的全面研究奠定了坚实
的基础。

非点源模型快速发展时期，此阶段为 20 世纪 70—80 年代。在这个时期，面
源污染渐渐受到各个国家科学家们的重视，涌现出大批有关于污染源调查、面源污
染特点分析和面源污染对水质影响分析等诸多方面的研究成果。并在此基础上，对面源
污染形成的要素以及各要素之间的关系进行了进一步深入研究。加拿大和美国在探究土
地利用和水体富营养化之间的联系中，提出了早期的面源污染负荷的输出系数模型[113]。

诸多模型在此期间相继被研发出来，例如美国农业部农业研究所开发的用于农田污染物侵蚀管理的 CREAMS[114] 模型；用于研究农业面源污染的 AGNPS[11] 模型；美国环保署研发的 HSPF[115] 模型；用于模拟研究面源污染负荷径流模型 SWRRB[116] 和 ANSWERS[117]。此外还有 STORM、SWMM、LANDRUN 等一系列模型。这些模型虽说在空间分析能力方面还存在不足，但其发展和模拟精度都相对较为成熟，能较好地预测泥沙在流域中的迁移状态并应用于面源污染方面的研究。

非点源模型不断深化时期，此阶段为 20 世纪 80—90 年代。该时期为机理模型阶段，水文模型作为基础，能够较好地模拟面源污染负荷在连续时间段内的迁移机理，对其进行更加深入的探讨。该阶段将重点放在将当前现有的模型较好的应用于面源污染中[118]。其中具有代表性的适用于中小流域的模型有用于模拟流域面源污染的模型 ANSWERS 和适用于模拟农业面源污染的模型 AGNPS 等[119-121]。

非点源污染模型完善应用阶段，又称实用模型阶段，此阶段为 20 世纪 90 年代至今。非点源污染模拟研究在全球定位系统、遥感技术、地理信息系统和面源污染模拟的不断相互结合中得到了发展提升，使模型的运行结果更加准确完善，可靠性更高。随着 3G（GIS、GPS、GS）在流域研究中的广泛运用，人们逐渐研发出集可视化表达、数学计算和空间信息处理等多种功能集于一体的综合性模型，该模型与以往的只能进行数学运算的模型大为不同，是将建立模型所需的空间和属性数据库输入模型当中，来模拟污染物运移的过程。其中有代表性的大型分布式机理模型有 SWAT 模型、AnnAGNPS 模型、BASINS 模型等。

（二）国内面源污染研究现状

我国于 20 世纪 80 年代开始进入模型的初步探索阶段，相对于国外对于非点源污染的研究起步较晚。在研究初期，主要从事城区径流研究、农业面源研究以及污染负荷的相关计算。虽说学习和借鉴了国外的相关的先进技术，但也取得了一定的研究进展。例如，陈国湖[122] 对将 AGNPS 模型运用于小流域的适用性进行评价分析，并粗略对其农业面源污染负荷进行计算；刘枫等[123] 用 USLE 模型，研究其对国内面源污染危险区域的识别。

20 世纪 90 年代至今，随着人们的长期不断深化的研究，许多学者开始借鉴国外先进的模型，我国对农业面源污染步入飞速发展阶段，对其产生的机理和影响因素进行了更加深入化的钻研。如张瑜芳等[124] 在模拟农田排水过程中氮素的运移时，建立了地下水氮素输移模型对农田的氮素转移和流失进行研究。李怀恩[125] 在缺乏面源污染监测数据的情况下，提出了平均浓度法，对流域水污染及水质预测进行更加简便的估算。李虎等[126] 运用 DNDC 模型对小清河流域中农田氮素迁移的时空分布特征进行模拟和估算。钟科元等[105] 在对桃溪流域日尺度径流进行模拟时，发现 AnnAGNPS

模型在模拟其产流规律中应用适用性良好。王少平等[127]在对苏州河流域的面源污染负荷以及其在时间和空间上输出负荷的分布规律进行模拟研究时，将 ARCGIS 与面源污染模型相结合，分析得到该流域的污染负荷主要来自人类活动的农村居民点，水体污染程度与降水分布呈现明显的季节性变化。2003 年，我国引入了 SWAT 模型，越来越多的学者结合农田农药化肥污染的因素，开始研究其在水体污染上应用的有效程度。近十几年来，在关于研究非点源污染的问题上，SWAT 模型的使用开始逐渐遍及在国内。

三、应用前瞻 / 热点问题

（一）面源污染最佳管理措施多目标协同优化配置

以流域水环境质量改善为核心，开展面源污染的防治工作已成为成为国内外面源污染控制措施研究关注的热点和难点。推广实施最佳管理措施（Best Management Practices，BMPs）被认为是控制面源污染的有效途径[128-129]。BMPs 作为一种有效的面源污染控制手段，如何从流域整体的角度对面源污染的传输迁移转化等各个阶段配置 BMPs，并克服自然地理、空间尺度、人类活动等因素对 BMPs 配置方案的污染物削减效率和成本投入产生的不确定性影响，实现在有限资金条件下 BMPs 的合理、高效配置，达到流域水环境整体改善的多目标优化，对实现流域水环境质量改善具有重要的现实和理论意义[130]。

（二）流域面源污染关键源区的精准识别

流域面源污染关键源区的精准识别是实现面源污染治理的重要前提。通过整合各种方法的优点，并根据研究区特征建立易于操作的综合评价体系是今后面源污染研究的基础和研究热点。统筹辨析子流域与田间地块两个尺度的污染物分布特征，考虑不同空间尺度下源因子、迁移过程、流域水环境、控制措施可行性等多种因素的影响，选择合适的评估模型进行耦合，以克服单一识别方法难以满足不同区域、不同尺度的 CSAs 精准识别的不足。

（三）面源污染防治措施削减效率的准确评估

面源污染防治措施削减效率的准确评估是实现流域多目标优化配置的重要前提。面源污染防治措施实施后污染物削减效率与水环境质量改善之间响应的滞后性、模型不确定性、时空尺度异质性、污染物形态的转换风险等均是今后面源污染防治措施削减效率评估中需要重点解决的关键问题。

四、未来预测

现阶段虽然国外许多发达国家对于非点源污染的模型研究已经相对完善，但由于模型较为复杂，所输入数据工作量大，并且不用研究区域对于模型的适用性有所不同，模型的普遍性还有待提高[131]。

我国在农业面源污染方面的研究上仍然处在一个发展的阶段，仍需借鉴国外先进水文模型，根据所研究区域的不同进行参数调整得到适用于该地区的适用性良好的模型。即使我国也已开发出许多水文模型，但其大多存在结构简单、形式单一、模拟精度不高、不足以适用于各种所需的研究区域和对象等问题。随着我国农业面源污染问题变得越来越严重，开发并完善出适用于我国不同研究区域的面源污染模型已成为未来研究的发展方向。

以小尺度区域实地监测数据为基础，采用"嵌套式流域"的构建思路对模型模拟结果进行验证将会是今后多尺度区域面源污染防治措施削减效率有效评估研究的热点方向。

第七节　全球气候变化与土壤侵蚀

一、最新研究进展评述

土壤侵蚀是气候条件、地表环境和土壤特性综合影响的产物。气候变化通过改变降水量及其特征、风速和气温特征等方面对土壤侵蚀产生直接影响。在全球气候正在经历明显的变暖过程的大背景下，如何去准确理解、预测土壤侵蚀环境变化过程及怎样去预防土壤侵蚀所带来的危害已经成为摆在科研工作人员面前十分重要的课题[132]，国际社会尤其对气候变化背景下的土壤侵蚀给予了高度关注[133]。在目前全世界正在执行的 4 大国际全球变化研究计划——世界气候研究计划（World Climate Research Program，WCRP）、全球环境变化人文因素计划（International Human Dimensions Program on Global Environment Change，IHDP）、生物多样性计划（Biological Diversity Plan，BDP）和国际地圈生物圈计划（International Geosphere–Biosphere Program，IGBP）——都将土壤侵蚀及土壤侵蚀的环境效应作为研究计划中的重要研究内容[134]。

全球气候变暖是客观存在的事实，它会造成降水量增加，而且部分湿润、半湿润、干旱和半干旱地区的降水量呈现出明显的差异性，导致湿润地区变得更加湿润，干旱地区变得更加干旱[135]。可见，气候变化与人类的生存息息相关，因此，认识、预测、减缓和适应气候变化给人类生存环境带来的影响已成为当今科学界面临的重要挑战[135-136]。

二、国内外对比分析

（一）国外研究现状

气候变化背景下土壤侵蚀的响应研究主要体现为全球气温升高对土壤侵蚀的推动

作用。由于近地表温度的升高，近地表的风速也得到加快，从而降低了近地表的大气湿度，导致了地表径流和潜在蒸散的增加，导致土壤侵蚀严重化。目前，国外关于土壤侵蚀与气候变化之间的相互关系研究主要集中在土壤侵蚀与引起全球变化潜在因子（碳循环）之间的相互关系和气候变化趋势驱动下的土壤侵蚀演变特性等方面。

1.降雨变化与土壤侵蚀

20世纪以来，因全球气候变化引起的降雨变化仍在持续，对土壤侵蚀、地表径流以及水土保持都有显著影响。在微观尺度上，气候变化主要是通过土壤含水量和有机质来改变土壤颗粒、土壤团聚体等形态，从而间接影响土壤侵蚀。研究表明，在半干旱区，气候变暖引起的土壤有机质分解量增加，有助于地表结皮的形成，对地表土壤有保护作用，从而削弱土壤侵蚀程度。在宏观尺度上，全球气候变化引起的水分分配和频率异常，使得原始的地表景观格局遭到破坏。气候变化通过影响泥沙输移、水分入渗等来改变水文过程，从而影响地表径流。

Eybergen 等[137]在1989年研究了气候敏感的关键过程，认为土壤侵蚀受到了气候变化的影响。Kirkby 等[44]采用模型预测，如果全球温度上升$2 \sim 3 \text{℃}$，则会造成局部地区土地覆被的变化从而引起严重的土壤侵蚀。Favismortlock 等[138]研究表明，在湿润的年份受气温升高和CO_2浓度等影响加重了英国土壤侵蚀。Pruski 等[139]通过 WEPP 模型模拟了未来降水量和降雨特征改变下地表径流和土壤侵蚀量的变化情况，结果显示，年降水量改变10%或20%的情况最符合实际情况。Phillips 等[140]采用4种大气环流模式模拟未来$40 \sim 100a$大气CO_2含量加倍情景下不同土地利用上侵蚀量的变化。Azari 等[141]通过 SWAT 模型研究了2040—2069年气候变化对伊朗北部 Gorganroud 河流产沙的影响，结果显示降水增加导致年径流量增加，从而产沙量也增加。此外，如 Scholz 和 Klik[142]、Routschek[143]、Simonneaux[144]等采用不同的气候模式和侵蚀模型在不同的研究区也开展了类似的研究。

2.土壤侵蚀与碳循环

全球变暖正在改变陆地生态系统，而全球变暖主要是由于全球碳循环格局发生变化和大气中CO_2浓度升高引起的。在土壤侵蚀过程中，土壤中的有机 C 和 N 成分发生迁移转化，从而影响全球碳循环，最终影响全球气候变化。Schlesinger 和 Melack[145]指出，若泥沙中含有$2\% \sim 3\%$的有机碳，则全球海洋中约有3.7亿吨的碳素来自河流输送。Meade 等[146]认为，美国侵蚀泥沙的90%被地表埋藏起来；基于此数据，Stallard[147]指出，如果侵蚀泥沙中的含碳率为1.5%，则美国侵蚀沉积产生的碳汇将达到每年4.5亿吨，全球尺度上则可达到10亿吨。Lal[148-149]认为，倘若因土壤侵蚀而流失的有机碳中有20%被氧化，则每年将有8亿~12亿吨的碳素被释放进入大气，有40亿~60亿吨的碳素进入水体。同时发现，中国每年因土壤侵蚀损失的土壤有机碳高达约1600万吨，土壤每年向大气排放3200万~6400万吨的碳素[150]。Christensen等[151]也指出，全球陆地生态系统每年因侵蚀而流失的土壤有机碳有50亿~70亿吨。Yadav和Malanson[152]认为在土壤侵蚀过程中有10%~50%的有机碳被氧化，其比例取决于土地利用类型。Kuhn等[133]研究了土壤侵蚀对有机碳迁移影响，结果表明土壤侵蚀导致坡面泥沙中富集了大量碳素。Dymond[153]通过模拟研究认为，新西兰每年增加的320万吨的碳汇是来源于土壤侵蚀。

（二）国内研究进展

我国属于土壤侵蚀较为严重的国家，在未来气候变化情景下评估和预测土壤侵蚀变化可作为土壤侵蚀预防与治理规划的参考依据。但国内在气候变化对土壤侵蚀的影响研究方面起步较晚，早期研究只是通过对气候实测系列资料统计分析对土壤侵蚀的影响，研究成果多为定性描述[154]。近年来，随着计算机技术手段的逐步提高，国内学者对未来气候变化与土壤侵蚀之间关系的认识才不断深入。曹颖等[155]以1961—2006年泾河流域降水、径流和输沙量等资料为基础，建立降水和径流、径流和输沙量之间的统计关系，结果表明：不同大气环流模式对该流域降水量模拟结果不同，导致未来气候条件下径流和输沙量的预测也存在一定差异。马良等[156]利用土壤侵蚀WEPP模型，对未来至21世纪末赣北地区典型第四纪红壤坡面的土壤侵蚀进行预估，研究结果表明：在21世纪中后期（2051—2099年）红壤坡面的土壤侵蚀将达到峰值。康建等[157]应用SWAT模型定量分析气温变化对流域土壤侵蚀的影响，研究表明气温变化可导致流域土壤侵蚀变化。

三、应用前瞻/热点问题

为适应和预防全球变化带来的各种影响争取环境外交主动权，土壤侵蚀与水土保持学研究面临着新的挑战和机遇。研究揭示区域性土壤侵蚀、水土保持与全球变化之间的关系，是土壤侵蚀与水土保持学科的重要前沿领域之一。围绕着揭示区域性土壤侵蚀、水土保持与全球变化之间的关系这一主题，以下三个方面的研究逐渐成为领域内的热点问题。

（一）土壤侵蚀过程中碳素变化模型研究

前人的研究侧重于水分及泥沙运移带来的土壤碳素运移转化等过程方面，关于土壤侵蚀过程碳素变化方面的研究已经取得了丰硕的成果，而关于侵蚀影响下土壤碳素变化模型方面的研究成为目前的热点研究工作。建立土壤侵蚀影响下土壤碳素的时空分布变化模型，得到引起土壤碳素降低的最低侵蚀模数阈值，就可以解决由侵蚀造成的土壤团聚体解体过程中有机碳的矿化速率问题，为明确区域土壤侵蚀到底是碳源还是碳汇过程提供基本依据，也可以为流域侵蚀治理规划提供必要的科学依据，同时还可以为研究气候变化背景下土壤碳素变化的敏感性与适应性提供必要的支撑。

（二）土壤侵蚀过程中氮素迁移转化特征研究

土壤侵蚀与气候变化的相互影响主要是通过碳素联系起来的，前面已经阐述了土壤侵蚀过程中土壤碳素的迁移转化问题，但实际上，土壤中氮素的周转与碳素是密不可分的，土壤侵蚀过程中氮素循环也会发生明显变化，并通过含氮温室气体（主要是 N_2O）与气候变化联系起来。径流是土壤氮素流失的载体，由于氮素在水体和土壤的富集，为反硝化作用提供了较为充足的能源以及相对理想的环境条件。目前国内外对土壤侵蚀带来的含氮温室气体释放问题的认识相对不足，为了加强相关科学问题的研究可以更全面地认识土壤侵蚀与全球气候变化的关系，土壤侵蚀过程中氮素迁移转化特征研究逐渐成为热点问题。

（三）侵蚀劣地生态恢复过程中土壤碳素积累机制研究

在生态恢复过程中，随着植被覆盖的提高，向土壤输入的碳素增加，但同时也增大了土壤呼吸排放所释放的碳素。由于植被改善带来土壤中所含碳素增加，尽管水土流失程度得到改善，但是因侵蚀所损失的碳素有可能增加，也有可能不变或减少。因为在侵蚀严重的地区，不能认为水土流失量越大，有机碳等一些不是由母质决定含量的元素流失量就越大，土壤侵蚀严重的地区一般都缺少植被覆盖，而缺乏植被覆盖的情况下土壤中碳素的基础含量也较低。同理，侵蚀劣地植被恢复后，向土壤中输入的碳素增多了，就相应地增大了碳素因侵蚀损失的可能性。因此，在侵蚀退化土壤植被恢复过程中，具体几种关键过程（凋落物分解释放、细根分解返还、土壤呼吸与坡面侵蚀）对土壤有机碳含量的影响程度怎样还不得而知，而目前大多数研究还是把侵蚀这一重要因素剥离开来，使得对存在水土流失的情况下生态恢复过程中碳素动态及土壤碳库的吸存机制不能进行很好的解释，生态恢复对侵蚀型土壤有机碳储量的影响机制仍还有待进一步研究，是目前领域内的热点问题。

四、未来预测

目前国外关于土壤侵蚀或水土保持过程与全球气候变化相互关系方面的研究取得了很大进展，国内部分学者也得到了一些有益的结论，但由于土壤侵蚀过程的复杂性以及影响气候变化因子的多样性，相关研究还存在诸多薄弱环节。未来应加强土壤侵蚀过程中碳素、氮素的变化迁移特征及累积机制研究。

未来气候变化与土地利用、覆被变化共同作用对流域土壤侵蚀的影响研究是相对较新的领域，从研究框架的构建到研究方法的确定还有大量的研究工作有待深入。之间复杂的反馈机制对土壤侵蚀的影响进行研究也是一个趋势。

气候变化对土壤侵蚀的影响程度不同，对气候变化影响土壤侵蚀的机理认识不足，大部分研究都未能进一步从机理上解释原因，这也是后续研究中亟须深入研究的方面。

第八节　技术路线图

	2030年	2050年
目标	长历时和大尺度的土壤侵蚀动态监测、大尺度土壤侵蚀数据库的建立、管理与资源共享	多学科的合作努力及多方参与的土壤侵蚀预报模型和防治技术
关键技术	水蚀、风蚀及冻融侵蚀过程模型建立	土壤侵蚀的环境效应、全球气候变化效应评估技术
发展重点	水蚀、风蚀和块体运动过程及泥沙搬运过程及其模拟	水蚀、风蚀泥沙搬运过程的环境效应、全球气候变化效应
战略支撑及保障建议	建立基于多尺度侵蚀过程的模型，对土壤侵蚀的环境效应、全球变化效应进行评估，为政策决策提供支撑	

图 2-1　土壤侵蚀学技术路线图

参考文献

[1] 田娜玲．黄土区草地坡面溅蚀片蚀动力学过程实验研究［D］．西安：西北农林科技大学，2019.

[2] 张旭．植被条件下坡面水流特性实验研究［D］．郑州：华北水利水电大学，2019.

[3] 申震洲．黄土坡面水蚀相似性模拟及水蚀动力过程实验研究［D］．西安：西安理工大学，2016.

[4] 张洋．东柳沟流域风力－水力侵蚀动力过程实验研究［D］．西安：西安理工大学，2018.

[5] 沈冰，王文焰，沈晋．短历时降雨强度对黄土坡地径流形成影响的实验研究［J］．水利学报，1995,（3）：21–27.

[6] 郑粉莉．坡面降雨侵蚀和径流侵蚀研究［J］．水土保持通报，1998，18（6）：3–5.

[7] 李书钦．黄土坡面水力侵蚀比尺模拟实验研究［D］．西安：中国科学院研究生院（教育部水土保持与生态环境研究中心），2009.

[8] 李占斌，鲁克新，丁文峰．黄土坡面土壤侵蚀动力过程实验研究［J］．水土保持学报，2002（2）：5–7，49.

[9] 黄自强．黄土高原小流域产水产沙实体模型的设计思路［J］．人民黄河，2006（4）：5–6（10）.

［10］舒若杰，高建恩，吴普特，等. 基于 CorelDRAW 软件的小流域模型雨滴测量实验研究［J］. 农业工程学报，2006（11）：44–46.

［11］陆银梅. 红壤坡地水力侵蚀下土壤有机碳迁移分布规律及流失过程模拟研究［D］. 长沙：湖南大学，2015.

［12］宗玉梅，俎瑞平，王睿，等. 库布齐沙漠含水率对风沙运动影响的风洞模拟［J］. 水土保持学报，2016，30（6）：61–66.

［13］徐亦奇. 正弦阵风作用下的三维风沙流数值模拟［D］. 兰州：兰州大学，2017.

［14］蒋红. 坡面地表上风沙跃移运动的数值模拟［D］. 兰州：兰州大学，2015.

［15］吴冰. 风力作用下内蒙古土壤养分流失数值模拟及其生态影响［D］. 呼和浩特：内蒙古大学，2019.

［16］赵杰，金阿芳，楚花明. SPH 方法在风沙流研究中的应用进展［J］. 防护林科技，2019（6）：63–65，95.

［17］Bagnold R A. Journeys in the Libyan Desert, 1929 and 1930［J］. Geographical Journal, 1931, 78（6）：524–535.

［18］Chepil W S. Relation of wind to the dry aggregate structure of a soil［J］. Scientific Agriculture, 1941（21）：488–507.

［19］Owen P R. Saltation of uniform grains in AI［J］. Journal of Fluid Mechanics, 1964, 20（2）：225–242.

［20］Ungar J E, Haff P K. Steady state saltation in air［J］. Sedimentology, 1987, 34（2）：289–299.

［21］Anderson R S, Haff P K. Simulation of Eolian Saltation［J］. Science, 1988, 241（4867）：820–823.

［22］朱震达，吴正，李钜章，等. 塔克拉玛干沙漠风沙地貌研究［J］. 科学通报，1966，11（13）：620–624.

［23］郑晓静，黄宁，周又和. 风沙运动的沙粒带电机理及其影响的研究进展［J］. 力学进展，2004（1）：77–86.

［24］牛清河，屈建军，张克存，等. 青藏铁路典型路段风沙灾害现状与机械防沙效益估算［J］. 中国沙漠，2009，29（4）：596–600.

［25］李驰，于浩. 固化风沙土耐水稳定性及固化机理的实验研究［J］. 内蒙古工业大学学报（自然科学版），2010，29（4）：290–295.

［26］石龙，蒋富强，韩峰. 风沙两相流对铁路路堤响应规律的数值模拟研究［J］. 铁道学报，2014，36（5）：82–87.

［27］李晓军，蒋富强. 风沙流对戈壁地区挡风墙响应规律的数值模拟分析［J］. 铁道标准设计，2016，60（3）：47–51，60.

［28］孙兴林，张宇清，张举涛，等. 青藏铁路路基对风沙运动规律影响的数值模拟［J］. 林业科学，2018，54（7）：73–83.

［29］崔嵩. 风沙运动对铁路路堤侵蚀机理的模拟分析［D］. 大连：大连交通大学，2016.

［30］Bo TL, Peng M, Xiao JZ. Numerical study on the effect of semi–buried straw checker board sand barriers belt on the wind speed［J］. Aeolian Research 2015, 16（16）：101–107.

［31］Huang N, Xia X, Tong D. Numerical simulation of wind sand movement in straw checkerboard barriers［J］. European Physical Journal E, 2013, 36（9）.

［32］Tian L H, Wang Y W, Deng S Z, et al. Characteristics of erosion and deposition of straw checkerboard barriers in alpine sandy land［J］. Environmental Earth ences, 2015, 74（1）: 573–584.

［33］徐彬. 机械沙障阻沙固沙机理的数值模拟研究［D］. 兰州：兰州大学, 2018.

［34］高峰, 华璀, 卢远, 等. 基于 GIS 和 USLE 的钦江流域土壤侵蚀评估［J］. 水土保持研究, 2014, 21（1）: 18–22.

［35］冯君园, 蔡强国, 李朝霞, 等. 高海拔寒区融水侵蚀研究进展［J］. 水土保持研究, 2015, 22（3）: 331–335.

［36］Ban Y, Lei T, Liu Z, et al. Comparison of rill flow velocity over frozen and thawed slopes with electrolyte tracer method［J］. Journal of Hydrology, 2016（534）: 630.

［37］郭兵, 姜琳. 基于多源地空耦合数据的青藏高原冻融侵蚀强度评价［J］. 水土保持通报, 2017, 37（4）: 12.

［38］张科利, 刘宏远. 东北黑土区冻融侵蚀研究进展与展望［J］. 中国水土保持科学, 2018, 16（1）: 17–24.

［39］Krumbach A W, White D P. Moisture, pore space and bulk density changes in frozen soil［J］. Soil Science Society of America Journal, 1964, 28（3）: 422.

［40］Bisal F, Nielsen K F. Effect of frost action on the size of soil aggregates［J］. Soil Science, 1967, 104（4）: 268.

［41］Stoeckeler J H, Weitzman S. Infiltration rates in frozen soils in northern Minnesota［J］. Soil Science Society of America Journal, 1960, 24（2）: 137.

［42］Wischmeier W H, Smith D D. Predicting rainfall erosion losses: A guide to conservation planning［J］. Agriculture Handbook, 1978, 537.

［43］Zuzel J F, Allmaras R R, Greenwalt R. Runoff and erosion on frozen soils in northeastern Oregon［J］. Journal of Soil and Water Conservation, 1982, 37（6）: 351.

［44］Kirkby M J. A model to estimate the impact of climatic change on hillslope and regolith form［J］. Catena, 1989, 16（4）: 321–341.

［45］Mccool D K, Williams J D. Freeze/thaw effects on rill and gully erosion in the northwestern wheat and range region［J］. International Journal of Sediment Research, 2005, 20（3）: 202.

［46］Ferrick M G, Gatto LW. Quantifying the effect of a freeze–thaw cycle on soil erosion: laboratory experiments［J］. Earth Surface Process Landforms, 2005, 30: 1305.

［47］Van Klaveren R W, Mccool D K. Freeze–thaw and water tension effects on soil detachment［J］. Soil Science Society of America Journal, 2010, 74（4）: 1327.

［48］文启愚. 四川省土壤侵蚀类型的探讨［J］. 西南师范大学学报（自然科学版）, 1983（4）: 79.

［49］王云信. 关于土壤侵蚀分类的商榷［J］. 中国水土保持, 1984（6）: 28.

［50］刘绪军, 景国臣, 齐恒玉. 克拜黑土区沟壑冻融侵蚀主要形态特征初探［J］. 水土保持应用

技术，1999（1）：28.

［51］孙中峰，宋朝峰，李文淑，等. 浅析冻融侵蚀机理与防治对策［J］. 黑龙江大学工程学报，1999，26（3）：34.

［52］景国臣，刘丙友，荣建东，等. 黑龙江省冻融侵蚀分布及其特征［J］. 水土保持通报，2016，36（4）：320.

［53］王转，沙占江，马玉军，等. 基于 GIS 的高寒草原区土壤冻融侵蚀强度及空间分布特征［J］. 地球环境学报，2017，8（1）：55.

［54］范昊明，武敏，周丽丽，等. 草甸土近地表解冻深度对融雪侵蚀影响模拟研究［J］. 水土保持学报，2010，24（6）：28-31.

［55］李占斌，李社新，任宗萍，等. 冻融作用对坡面侵蚀过程的影响［J］. 水土保持学报，2015，29（5）：56-60.

［56］周丽丽，范昊明，武敏，等. 白浆土春季解冻期降雨侵蚀模拟［J］. 土壤学报，2010，47（3）：574-578.

［57］刘佳，范昊明，周丽丽，等. 春季解冻期降雨对黑土坡面侵蚀影响研究［J］. 水土保持学报，2009，23（4）：64-67.

［58］鲍永雪，王瑄，周丽丽，等. 冻融坡面土壤剥蚀率不同预测模型比较［J］. 水土保持学报，2017，31（5）：127-132.

［59］孙辉，秦纪洪，吴杨. 土壤冻融侵蚀交替生态效应研究进展［J］. 土壤，2008，40（4）：505-509.

［60］Swift D A, Nienow P W, Hoey T B. Basal sediment evacuation by subglacial melt water：Suspended sediment transport from Haut Glacier d'Arolla, Switzerland［J］. Earth surface processes and landforms, 2005, 30（7）：867-883.

［61］Jordán M M, Navarro-Pedreno J, García-Sánchez E, et al. Spatial dynamics of soil salinity under arid and semi-Arid conditions：geological and environmental implications［J］. Environmental Geology, 2004, 45（4）：448-456.

［62］Nippert J B, Jr.Butler J J, Kluitenberg G J, et al. Patterns of Tamarix water use during a record drought［J］. Oecologia, 2010, 162（2）：283-292.

［63］赵新风，李伯岭，王炜，等. 极端干旱区 8 个绿洲防护林地土壤水盐分布特征及其与地下水关系［J］. 水土保持学报，2010，24（3）：75-79.

［64］孙杨. 滴灌条件下大同盆地盐碱地土壤水盐运移规律研究［D］. 太原：太原理工大学，2016.

［65］王荣荣. 景电灌区土壤盐渍化特征及水盐运移规律研究［D］. 泰安：山东农业大学，2017.

［66］赵西梅，夏江宝，陈为峰，等. 蒸发条件下潜水埋深对土壤 - 柽柳水盐分布的影响［J］. 生态学报. 2017，37（18）：6074-6080.

［67］朱文东. 不同埋深与矿化度的潜水蒸发对土壤盐渍化的影响［D］. 长春：中国科学院东北地理与农业生态研究所，2019.

［68］Goossens R, Ranst E V. The use of remote sensing to map gypsiferous soils in the Ismailia Province

（Egypt）［J］. Geoderma, 1998（87）: 47-56.

［69］Panagopoulos T, Jesus J, Antunes M, et al. Analysis of spatial interpolation for optimising management of a salinized field cultivated with lettuce［J］. European Journal of Agronomy, 2006, 24（1）: 1-10.

［70］Odeh I O, Onus A. Spatial analysis of soil salinity and soil structural stability in a semiarid region of New South Wales, Australia［J］. Environmental Management, 2008, 42（2）: 265-278.

［71］Douaik A, van Meirvenne M, Tóth T, et al. Space-time mapping of soil salinity using probabilistic bayesian maximum entropy［J］. Stochastic Environmental Research and Risk Assessment, 2004, 18（4）: 219-227.

［72］Nakagawa K, Hosokawa T, Wada S I, et al. Modelling reactive solute transport from groundwater to soil surface under evaporation［J］. Hydrological Processes, 2010, 24（5）: 608-617.

［73］朱庭芸. 灌区土壤盐渍化防治［M］. 北京: 农业出版社, 1992.

［74］杨劲松. 中国盐渍土研究的发展历程与展望［J］. 土壤学报, 2008, 45（5）: 837-845.

［75］闫成璞, 龙显助, 田壮飞, 等. 松嫩平原土壤水盐动态规律研究［J］. 土壤通报, 2001, 32: 46-51.

［76］周智彬, 徐新文, 李丙文. 塔克拉玛干沙漠腹地人工绿地水盐动态的研究［J］. 干旱区研究, 2000, 17（1）: 21-26.

［77］牛东玲, 王启基. 柴达木盆地弃耕地水盐动态分析［J］. 草业学报, 2002, 11（4）: 35-38.

［78］赵秀芳, 杨劲松, 姚荣江. 苏北典型滩涂区土壤盐分动态与水平衡要素之间的关系［J］. 农业工程学报, 2010, 26（3）: 52-57.

［79］王艳, 廉晓娟, 张余良, 等. 天津滨海盐渍土水盐运动规律研究［J］. 天津农业科学, 2012, 18（2）: 95-97, 101.

［80］Chen J S, LI L, Wang J Y, et al. Groundwater maintains dune landscape［J］. Nature, 2004, 43（7）: 459-466.

［81］杨朋朋. 民勤绿洲地带理化性质及盐渍化研究［D］. 兰州: 兰州大学, 2018.

［82］Xia J B, Zhang S Y, Zhao X M, et al. Effects of different groundwater depths on the distribution characteristics of soil-Tamarix water contents and salinity under saline mineralization conditions［J］. Catena, 2016（142）: 166-176.

［83］脱登峰. 黄土高原水蚀风蚀交错区土壤退化机理研究［D］. 西安: 西北农林科技大学, 2016.

［84］厉彦玲. 黄河三角洲土壤质量退化对土地利用/覆被变化的响应研究［D］. 泰安: 山东农业大学, 2018.

［85］姜平平. 农牧交错风沙区土地退化机理及生态系统稳定性研究［D］. 呼和浩特: 内蒙古大学, 2019.

［86］程冬兵, 蔡崇法, 左长清. 土壤侵蚀退化研究［J］. 水土保持研究, 2006, 13（5）: 252-258.

［87］Johnson DL, Lewis LA. Land Degradation: Creation and Destruction［J］. Land Degradation Creation & Destruction, 1995.

［88］Schneider A. Monitoring land cover change in urban and peri-urban areas using dense time stacks of Landsat satellite data and a data mining approach［J］. Remote Sensing of Environment, 2012（124）:

689-704.

［89］Chen G, Hay GJ, Carvalho LMT, et al. Object-based change detection［J］. International Journal of Remote Sensing, 2012, 33（14）：4434-4457.

［90］Hussain M, Chen DM, Cheng A, et al. Change detection from remotely sensed images：From pixel-based to object-based approaches［J］. ISPRS Journal of Photogrammetry & Remote Sensing, 2013, 80（2）：91-106.

［91］Tewkesbury A P, Comber A J, Tate N J, et al. A critical synthesis of remotely sensed optical image change detection techniques［J］. Remote Sensing of Environment, 2015（160）：1-14.

［92］Visser S M, Sterk G. Nutrient dynamics-wind and water erosion at the village scale in the sahel［J］. Land Degradation Development, 2007, 18（5）：578-588.

［93］Visser S M, Stroosnijder L, Chardon W. Nutrient losses by wind and water, measurements and modeling［J］. Catena, 2005, 63（1）：1-22.

［94］Blasch G D, Spengler C, Hohmann C, et al. Multitemporal soil pattern analysis with multispectral remote sensing data at the field-scale［J］. Computers and Electronics in Agriculture, 2015（113）：1-13.

［95］Abdel Rahman MAE, Natarajan A. Estimating soil fertility status in physically degraded land using GIS and remote sensing techniques in Chamarajanagar district, Karnataka, India［J］. The Egyptian Journal of Remote Sensing and Space Science, 2016, 19（1）：95-108.

［96］Maynard J J, Levi MR. Hyper-temporal remote sensing for digital soil mapping：Characterizing soil-vegetation response to climatic variability［J］. Geoderma, 2017（285）：94-109.

［97］孙鸿烈. 我国水土流失问题与防治对策［J］. 中国水力, 2011（6）：25.

［98］李海毅. 3S技术支持下的吉林省土地退化动态研究［D］. 长春：吉林大学, 2007.

［99］周为峰. 基于遥感和GIS的区域土壤侵蚀调查研究［D］. 北京：中国科学院研究生院（遥感应用研究所）, 2005.

［100］尹璐. 扎赉诺尔矿区土地利用格局及其土地退化演变分析［D］. 北京：中国矿业大学, 2016.

［101］魏卫东, 李希来. 三江源区高寒草甸退化草地土壤侵蚀模型与模拟研究［J］. 环境科学与管理, 2013, 38（7）：26-30.

［102］朱冰冰, 李占斌, 李鹏, 等. 土地退化/恢复中土壤可蚀性动态变化［J］. 农业工程学报, 2009, 25（2）：56-61.

［103］习静雯. 黄土高原土地利用变化对土壤侵蚀影响研究［D］. 北京：中国科学院大学, 2017.

［104］赵宏飞. 近1万年以来特征时期黄土高原土壤侵蚀及其对黄河下游沉积的影响［D］. 西安：西北农林科技大学, 2018.

［105］钟科元, 陈莹, 陈兴伟, 等. 基于农业非点源污染模型的桃溪流域日径流泥沙模拟［J］. 水土保持通报, 2015, 35（6）：130-134.

［106］陆志翔, 邹松兵, 肖洪浪, 等. 黑河上游高寒山区集水面积阈值确定方法探讨［J］. 冰川冻土, 2015, 37（2）：493-499.

［107］耿润哲, 李明涛, 王晓燕, 等. 基于SWAT模型的流域土地利用格局变化对面源污染的影响

［J］. 农业工程学报，2015，31（16）：241-250.

［108］任娟慧，李卫平，任波，等. SWAT 模型在海拉尔河流域径流模拟中的应用研究［J］. 水文，2016，36（2）：51-55.

［109］张利敏，王浩，孟现勇. 基于 CMADS 驱动的 SWAT 模型在辽宁浑河流域的应用研究［J］. 华北水利水电大学学报（自然科学版），2017，38（5）：1-9.

［110］赖格英，吴敦银，钟业喜，等. SWAT 模型的开发与应用进展［J］. 河海大学学报（自然科学版），2012. 40（3）：243-250.

［111］陈勇，冯永忠，杨改河. 农业非点源污染研究进展［J］. 西北农林科技大学学报（自然科学版），2010，38（8）：173-181.

［112］Wischmeier W H, Smith D. Predicting rainfall erosion losses from cropland east of the Rocky Mountains［J］. Agricultural Handbook，1965（6）：282.

［113］Johnes P J. Evaluation and management of the impact of land use change on the nitrogen and phosphorus load delivered to surface waters：the export coefficient modeling approach［J］. Journal of hydrology，1996（183）：323-349.

［114］刘纪辉，赖格英. 农业非点源污染研究进展［J］. 水资源与水工程学报，2007，18（1）：29-32.

［115］李伟. 苕溪流域地表水水质综合评价与非点源污染模拟研究［D］. 杭州：浙江大学，2013.

［116］Arnold J G, Williams J R, Nicks A D, et al. SWRRB；a basin scale simulation model for soil and water resources management.［J］. Agricultural & Forest Meteorology，1990（61）：160-162.

［117］Beasley D B, Huggins L F, Monke E J. ANSWERS：A model for watershed planning［J］. Transactions of the American Society of Agricultural Engineers，1980，23（4）：938-944.

［118］张秋玲，陈英旭，俞巧钢，等. 非点源污染模型研究［J］. 应用生态学报，2007，18（8）：1886-1890.

［119］Dennis LC, Peter J V, Keith L. Modeling non-point source pollution in vadose zone with GIS［J］. Environment Science and Technology，1997，8：2157-2175.

［120］夏军，霍晓燕，张永勇. 水环境非点源污染模型研究进展［J］. 地理科学进展，2012，31（7）：941-952.

［121］问青春. 我国农业非点源污染研究进展分析［J］. 环境保护与循环经济，2012，32（6）：66-68.

［122］陈国湖. 农业非点源污染模型 AGNPS 及 GIS 的应用［J］. 人民长江，1998，29（4）：20-22.

［123］刘枫，王华东. 流域非点源污染的量化识别方法及其在于桥水库流域的应用［J］. 地理学报，1988，43（3）：329-339.

［124］张瑜芳，张蔚榛，沈荣开，等. 排水农田中氮素转化运移和流失［M］. 武汉：中国地质大学出版社，1997.

［125］李怀恩. 估算非点源污染负荷的平均浓度法及其应用［J］. 环境科学学报，2000，20（4）：397-400.

［126］李虎，邱建军，高春雨，等. 基于 DNDC 模型的环渤海典型小流域农田氮素淋失潜力估算［J］. 农业工程学报，2012，28（13）：127-134.

［127］王少平，俞立中，许世远，等. 苏州河非点源污染负荷研究［J］. 环境科学研究，2002，15（6）：20-23，27.

［128］耿润哲，梁璇静，殷培红，等. 面源污染最佳管理措施多目标协同优化配置研究进展［J］. 生态学报，2019，39（8）：2667-2675.

［129］孟凡德，耿润哲，欧洋，等. 最佳管理措施评估方法研究进展［J］. 生态学报，2013，33（5）：1357-1366.

［130］Tatum V L，Jackson C R，Mc Broom M W，et al. Effectiveness of forestry best management practices（BMPs）for reducing the risk of forest herbicide use to aquatic organisms in streams［J］. Forest Ecology and Management，2017（404）：258-268.

［131］郭薇. 基于 SWAT 模型的农田氮磷面源污染时空变化研究［D］. 郑州：华北水利水电大学，2019.

［132］李耀军. 黄土高原土壤侵蚀时空变化及其对气候变化的响应［D］. 兰州：兰州大学，2015.

［133］Kuhn N J，Oost K V，Cammeraat E. Soil erosion，sedimentation and the carbon cycle［J］. Catena，2012，94（94）：1-2.

［134］伊燕平. 气候变化与土地利用 / 覆被变化对东辽河流域土壤侵蚀的影响研究［D］. 长春：吉林大学，2017.

［135］Jackson T，Christian J，Rossow W B，et al. Increases in tropical rainfall driven by changes in frequency of organized deep convection［J］. Nature，2015（519）：451-454.

［136］Davies B J，Golledge N R，Glasser N F，et al. Modelled glacier response to centennial temperature and precipitation trends on the Antarctic Peninsula［J］. Nature Climate Change，2014（4）：993-998.

［137］Eybergen F A，Imeson A C. Geomorphological processes and climatic change［J］. Catena，1989，16（4-5）：307-319.

［138］Favismortlock D T，Savabi M R，Anderson M G，et al. Shifts in rates and spatial distributions of soil erosion and deposition under climate change［M］. 1996.

［139］Pruski F F，Nearing M A. Runoff and soil loss responses to changes in precipitation：A computer simulation study［J］. Journal of Soil & Water Conservation，2002，57（1）：7-15.

［140］Phillips D L，White D，Johnson B. Implications of climate change scenarios for soil erosion potential in the USA［J］. Land Degradation & Development，2010，4（2）：61-72.

［141］Azari M，Moradi H R，Saghafian B，et al. Climate change impacts on streamflow and sediment yield in the North of Iran［J］. Hydrological Sciences Journal，2016，61（1）：123-133.

［142］Klik A，Eitzinger J. Impact of climate change on soil erosion and the efficiency of soil conservation practices in Austria［J］. Journal of Agricultural Science，2010，148（5）：529-541.

［143］Routschek A，Schmidt J，Kreienkamp F. Impact of climate change on soil erosion −A high-resolution projection on catchment scale until 2100 in Saxony/Germany［J］. Catena，2014，121（7）：99-109.

［144］Simonneaux V, Cheggour A, Deschamps C, et al. Land use and climate change effects on soil erosion in a semi-arid mountainous watershed（High Atlas, Morocco）［J］. Journal of Arid Environments, 2015（122）: 64-75.

［145］Schlesinger W H, Melack J M. Transport of organic carbon in the world rivers［J］. Tellus, 1981, 33（2）: 172-187.

［146］Meade R H, Yuzyk T R, Day T J. Movement and storage of sediment in rivers of the United States and Canada［J］. Surface water hydrology, 1990, 90（3）: 255-280.

［147］Stallard R F. Terrestrial sedimentation and the carbon cycle: coupling weathering and erosion to carbon burial［J］. Global Biogeochemical Cycles, 1998, 12（2）: 231-257.

［148］Lal R. Global soil erosion by water and carbon dynamics［J］. Soils and global change, 1995: 131-142.

［149］Lal R. Soil erosion and the global carbon budget［J］. Environment International, 2003（29）: 437-450.

［150］Lal R. Soil carbon sequestration in China through agricultural intensification, and restoration of degraded and desertified ecosystems［J］. Land Degraded Development, 2002（13）: 469-478.

［151］Christensen T P, Jonasson S, Callaghan T V, et al. On the potential CO_2 release from tundra soils in a changing climate［J］. Applied Soil Ecology, 1999（11）: 127-134.

［152］Yadav V, Malanson G P. Modeling impacts of erosion and deposition on soil organic carbon in the Big Creek Basin of southern Illinois［J］. Geomorphology, 2009（106）: 304-314.

［153］Dymond J R. Soil erosion in New Zealand is a net sink of CO_2［J］. Earth Surface Process and Landforms, 2010, 35（6）: 1763-1772.

［154］陈滋月. 气候变化情景模式对流域水土流失影响的定量分析［J］. 水利规划与设计, 2016（06）: 32-35.

［155］曹颖, 张光辉, 罗榕婷. 全球气候变化对泾河流域径流和输沙量的潜在影响［J］. 中国水土保持科学, 2010, 8（2）: 30-35.

［156］马良, 左长清, 邱国玉. 气候变化情景下未来赣北第四纪红壤坡面土壤侵蚀的预估［J］. 农业工程学报, 2012, 28（21）: 105-112.

［157］康建. 不同气候变化情景模式对大凌河中游水土流失影响研究［J］. 黑龙江水利科技, 2015（6）: 4-7.

撰 稿 人 程金花　王玉杰　王云琦　朱方方　李语晨　侯芳　郑雪慧　王通傅
张勇刚　阚晓晴

第三章　荒漠化防治工程学

第一节　荒漠生态系统过程与机制

　　荒漠化地区的自然地理环境过程与机制的研究是区域生态环境修复和防沙治沙等重大策略决策的基础和基石。我国的沙漠与沙漠化土地的分布是以兰州为中心，呈"V"字形向东北、西北延伸，向西北多以地质时期形成的沙漠为主，向东北多以人类历史时期的沙漠化为主，即塔克拉玛干沙漠、古尔班通古特、库姆塔格沙漠等都主要形成于地质时期，而我国历史时期发生的沙漠化地区主要包括：呼伦贝尔草原、科尔沁草原、阴山以北乌兰察布草原、鄂尔多斯草原、河西走廊以及各大沙漠边缘地区绿洲等。

　　当前，国际干旱和半干旱区的环境演变与荒漠化形成机理的研究，由气候因素和人为因素的研究，将逐步转向第四纪环境演变的影响，地质－第四纪地质环境是荒漠化形成的基础，气候因素、人文因素是形成荒漠化的驱动力。

一、最新研究进展评述

　　荒漠生态系统过程与机制研究主题已逐渐从沙区地表单要素地理格局研究向系统格局与演化过程耦合。针对自然地理环境多要素过程的综合与深化研究，沙区自然地理环境研究的趋势转向水文学与水资源、生物地理学与生态系统、冰冻圈等多研究领域的结合[1]。中国在冰冻圈科学领域启动了国家重点基础研究发展计划（"973"计划）项目"我国冰冻圈动态过程及其对气候、水文和生态的影响机理与适应对策"。在探讨冰冻圈自身脆弱性的基础上，通过在典型区域将经济、社会、生态、技术与冰冻圈变化相结合的脆弱性与适应研究，探索应对与适应冰冻圈变化影响的对策建议与战略措施。围绕冰冻圈变化－水－社会经济、冰冻圈变化－生态－社会经济、冰冻圈变化－灾害－社会经济的关系开展，沙漠化进展研究在冰冻圈动态变化过程的背景之下，联系生态影响，通过水文、气候等进行探究性研究。在通过水文模型研究生态水文过程中，气候变化直接导致水循环过程发生改变，最终影响全球生态系统的动态平衡，整个连锁机制的发生为沙漠化的演变提供了前提条件和基础环境。

干旱区气候与地面特性间反馈的意义不仅表现在有助于对所涉及过程的理论性理解，而且还涉及沙漠化、土地退化及其对区域尺度和全球尺度气候的反馈等实际问题。干旱区的生态水文过程涉及干旱区气候、干旱区大尺度生态水文过程、干旱区植物－土壤－水分相互关系、植物结构和植物分布格局、植物对径流和泥沙移动的控制等[2]。但在研究过程中水文现象由众多因素（大气圈、地壳圈、生物圈等）相互作用，原本复杂的水文现象和过程加以概化建立近似的水文模型具有不确定性大，这将加大了研究整个生态水文过程的可能性。

二、国内外对比分析

1959 年中国科学院成立沙漠治理队，对塔克拉玛干沙漠、古尔班通古特沙漠、巴丹吉林沙漠、腾格里沙漠、乌兰布和沙漠、毛乌素沙地、浑善达克沙地、库布齐沙漠，以及宁夏的河东沙地、青海的沙漠和甘肃西部的戈壁进行了综合考察，在 20 多个沙漠治理站开展定位研究，同年在内蒙古及西北六省区建立了 6 个治沙综合实验站，着手进行沙地利用、流沙固定及有关定位观测实验工作，初步形成我国北方沙漠观测、科研和实验网络。随后又有 20 个治沙研究中心站和 32 支沙漠考察分队相继成立，在我国西北沙区初步形成了定点实验研究布局。开始了对我国各大沙漠和沙地进行了长达 3 年的综合考察，取得了大量科学资料，基本上摸清了我国沙漠的面积、类型、分布、成因、资源、自然条件、社会经济条件等[3]。为后续大范围的林业生态工程的开展、一系列防沙治沙的专著教材和理论技术的问世奠定了资料基础，促使了我国治沙方面的产、学、研格局初步形成，为我国防沙治沙事业的发展夯实了基础。

三、热点问题

当前，国际干旱和半干旱区的环境演变与荒漠化形成机理的研究，由气候因素和人为因素的研究，将逐步转向第四纪环境演变的影响。第四纪环境为人类提供了良好的栖息场所——森林、草原、土地和水资源，也不断地给人类带来各种灾难，如严寒、冰冻、干旱、风暴、洪水等。荒漠化的形成、分布与气候、地质－第四纪地质环境、人类社会环境密切相关，光照、温度、降水和土壤都会影响沙化的整治，而光照、温度和降水又是气候变化中最活跃的因子。人为因素导致荒漠化的时间尺度为十年或百年，自然因素导致荒漠化的时间尺度为万年或千年。全球环境的变化是地球上不同层次的因素综合作用的结果，而区域气候的变化又叠加了局部因素的影响。如果把太阳辐射、地球旋转、地壳上的板块运动、海陆变迁、陆地地形和地貌的差异、大气环流的改变、大洋洋流的流动以及地球上的生物演化看作一个整体，这就构成了一个具有开放性、复杂性、层次性，紧密关联和互为前提的开放的复杂系统。正是在这个开放的复杂巨系统里，在岩石圈、水圈、气圈和生物圈交互影响和耦合作用下，陆地植物界经历着自身的演化过程和折射着环境多变的色彩。

人类在进入文明社会以前，气候因素是唯一的驱动力，荒漠化以百年、千年的时间尺度演变。第四纪是地质事件的多发期，包括青藏高原隆起，高山冰川发育，塔克拉玛干沙漠的形成，风成黄土的堆积和人类起源。在此以后，尤其是 20 世纪后半叶，人类活动已成为荒漠化的主要驱动力，甚至以 10 年的尺度来衡量。因此，约束、规范人类的行为已成为防治荒漠化的关键。新的沉积记录显示，我国西北地区的沙漠在中新世时就已经出现了，但沙漠沙丘大规模扩展可能是在中更新世才开始的。即使在晚更新世以来，我国沙漠地区的气候也有过明显波动、沙漠地貌的特征也发生过显著变化。沙漠通过为沙尘暴提供物源，对全球变化产生驱动作用。从地表过程来看，风沙地貌的形成演变不仅受风力作用，而且受流水、湖泊等多种地貌动力过程的影响，地貌类型是各种动力过程共同作用的缩影。古冰川地貌曾是最早发现的第四纪气候变化的证据。随着新的测年技术的出现，学术界对我国第四纪古冰川地貌演化过程有了较系统、全面的认识。晚第四纪期间世界干旱、半干旱乃至半湿润地区突发的沙丘堆积事件。全球许多沙区如非洲北部的萨赫勒，非洲南部的喀拉哈里沙漠，北美大平原以及阿拉伯半岛阿曼等地区在第四纪期间都经历了剧烈的沙漠扩张和干旱化加剧过程。

目前对于第四纪风沙环境的研究主要通过对环境变化的信息载体进行分析，提取其中有关风沙环境变化的证据，进而对古环境进行推测与重建。综合国内外学者进行第四纪风沙环境研究使用的证据，可将其分为形态学证据、生物学证据和沉积学证据三类。形态学证据是最直接反映环境状况，沙丘是风与沙质沉积物相互作用的直接产物，不同的沙丘形态及规模记录了不同的风力状况。因此，通过对沙丘形态及其规模进行分析可以对第四纪风沙环境进行推测。过对沉积物的特征进行分析，就可以反演其沉积时期的环境特征。沉积构造、粒度组成、古土壤和碳酸盐的含量、地球化学元素的含量及其分布、古沉积沙的颜色以及石英颗粒表面的微结构等都是当前常用的沉积学证据。目前第四纪风沙环境研究中常用的生物学证据包括沙丘植物、沉积物中的孢粉组合以及沙丘剖面中的动物化石。近几年对第四纪以来沙区环境、风沙地貌的形成演变、风沙物源研究取得重大成果。

四、未来预测

关键词：多尺度，多领域，碳循环。

2030 年：沙区自然地理环境研究转向更多相关领域的探索。首先，一个生态系统的物种多样性水平是由包括历史、气候、土壤、种间作用以及干扰等许多因子综合作用的结果，沙区自然地理环境的探索应紧密结合生态系统的多种因子分析。对于生物多样性维持机制的研究应立足于时间和空间不同的尺度上，全面、深入地研究各类生物因子（如生产力、生物量、种间关系、土壤微生物）和非生物因子（干扰与空间异质性、气候、土壤因子等）与生物多样性之间的相互作用机理，才能得出关于生物多样性的形成与维持机制全面、完善的理论。其次，气候决定温度、湿度、光照情况，从而决定植物的垂直分布和水平分布规律，植被的存在可以增大与大气的水、热交换情况。水土资源开发利用在时间和空间上的不稳定性，过垦、滥垦、战争等导致的垦区荒废及水资源的转移。植冠与落叶层滞留和截获降水，减小了地表径流，增加了向土壤中的渗透，使地表水文过程发生变化，具有明显的蓄水作用，从而可以大大减轻旱、涝灾害。森林植被破坏引起局地气候的显著变化，使空气干燥、对流降水减少，温度年较差增大，冷季降温，热季升温，水土流失加剧，也是土地沙漠化的原因之一。过度放牧引起草场退化，植被覆盖度减小，最终也会导致当地气候沙漠化。植被－气候关系通过相互影响、作用决定了沙化程度，土地沙漠化的过程是一个综合条件下、各因素相互耦合产生的结果，各个作用条件都会相互转化、相互影响。荒漠化的发生和发展对干旱土壤碳循环有着重要的影响。

2050 年：土壤是全球陆地生态系统最大的碳库，土壤中碳的固存和向大气的释放直接关系到全球气候的变化。干旱土壤占全球陆地总面积的 40%，因此，它在全球碳循环中占有重要的地位。干旱区土地退化和荒漠化对土壤碳循环的影响包括：它促进了土壤有机碳和无机碳的矿化，使之向大气释放 CO_2，增加了温室效应。由于荒漠化增加了大气尘埃含量，减少了辐射，在一定程度上间接地缓解了土壤碳的损失。干旱区土壤碳库的固存和在缓解温室效应方面的潜在能力仍需探讨。我国干旱荒漠化土地对全球碳循环和缓解 CO_2 的排放具有很大的潜力，在全球气候变化中具有重要的意义。

第二节　荒漠化工程防治材料与技术

荒漠化防治应坚持维护生态平衡与提高经济效益相结合，治山、治水、治碱（盐碱）、治沙相结合的原则，在现有经济、技术条件下，以防为主，保护优先地因地制宜进行综合治理。常用固沙技术分为工程固沙技术、化学固沙技术、生物固沙技术，相对应的固沙材料有机械沙障、化学固沙材料、生物固沙材料。随着我国生态环保建设进程的进一步加快，其中大部分材料已难以满足当前对固沙成本、节能环保的要求，如机械沙障存在有效防护时间短、人力物力消耗多等问题，长期使用化学固沙材料对环境的影响问题，固沙植物生长周期长、早期难以适应沙漠严酷环境等。因此，结合荒漠化防治技术，研究开发固沙新材料意义重大。

一、最新研究进展评述

我国荒漠化工程防治技术中沙障一直发挥着不可替代的作用，随着对荒漠化研究的不断深入，一些防风固沙的新技术、新方法越来越得到群众的认可，新材料、新工艺的运用使得治沙体系更为完善[4]。系统梳理我国有关沙障技术研究的内容，比选出效益突出的沙障并推广应用，是加快荒漠化防治的必要途径。随着我国生态环保建设进程的进一步加快，其中大部分材料已难以满足当前对固沙成本、节能环保的要求。

目前微生物固沙正处于积极研究阶段，借助微生物手段能够有效改善土体性质。微生物土体改性是基于微生物可以在多孔介质中生长、运移和繁殖的特点，通过微生物代谢活动诱发或控制土体中一系列化学反应以改良土体性质。近年来，国内外研究人员已就微生物土体改性开展了大量研究，重点集中在土体加固、岩土体防渗、沙土液化处置、结构物表面防护、土体污染治理等领域[5]。

作为生态系统中的生产者，植物固沙具有经济、持久、有效的特点，但由于受沙漠恶劣气候条件限制，很难在短期内发挥作用。然而植物固沙产生的影响是多方面的，已不仅仅局限于单纯固沙，其能在一定程度上和一定范围内维持和调节生态系统的稳定，所以使用植物比使用其他材料更为贴近自然发展规律。由于条件限制，当前使用植物固沙必须以其他固沙方法为前提。微生物在治沙工程中同样扮演着生产者的角色，通过微生物方法固结风积沙既能有效遏制沙粒移动，同时能改善土体自身性质[6]。开展沙漠资源微生物固沙研究并进一步改进生产工艺将为固沙工程开辟新的道路。

二、国内外对比分析

我国根据以固为主、固阻结合的治沙策略，在实践中探索出多种防治风沙危害的措施，主要有植物治沙、机械沙障固沙、封沙育草、机械沙障与栽植灌木相结合等。目前，我国应用生物措施防风治沙，主要是利用不同植物构成活沙障、各种秸秆组成死沙障，以及二者的结合[7]。在干旱半干旱区荒漠化治理实践中，影响沙障防护效果的直接因素包括沙障的高度、大小和形状等，间接因素则包括地形地貌、风速、风向、风沙活动方式和活动强度及沙障维护方式等。研究影响生物沙障防护效果的因素，一方面关系到沙障防护效益的评估，另一方面关系到沙障配置参数的选择，即设置沙障的成本。

全球各国专家学者以及从事荒漠化防治的一线工作者一直不懈努力，围绕荒漠化治理技术积极探索展开了大量工作，其中以美国、印度和以色列等国家的防沙治沙事业发展迅速，理论成果也较为丰富。美国的荒漠化整治，采取的主要对策与措施包括有效的灌溉技术；引进耐旱或耗水低的作物；增加水库储水量；恢复草场植被；建立健全土地利用管理与条例制度，鼓励节水、保水型的开发活动；继续加强改善土地管理措施的研究和实验；优良经济作物的引进、驯化及外来物种对乡土种的影响和控制；高新技术的应用以及科技成果的转化；通过政府行为，加强统计、推广和土壤保持方面的工作；修改并完善国家的相关法规等。印度政府组成了国家级荒漠化治理与协调机构（NCB），该机构颁布了《全国防治荒漠化二十年行动计划（NAP）》和《沙漠及易旱地区发展计划》，通过国家土地开发部门、林业部门、研发机构〔中央干旱地带研究所（CAZRI）〕、非政府组织和人民群众的共同参与实现退化土地的治理，最大限度地防治荒漠化。印度加强荒漠化监测，掌握荒漠化动态；开发治沙技术，重视林草的生态防护作用；重视资源管理，减少荒漠化发生的条件；改进耕种技术，发挥生态效益。以色列通过太阳能的成功开发来解决荒漠能源问题；特对废水回收、人工降雨、咸水淡化等有效开发，并通过各种节水措施，使之在农林业方面取得了显著成效保护荒漠景观，防治次生盐碱化；以色列的温室农业是荒漠地区实现可持续发展的一种成功范例，具有广阔的发展前景。此外，国外的专家学者在荒漠化监测领域应用的沙丘种子库法、环境敏感地区指数法、粉尘法和沙丘侵蚀等方法也值得我们借鉴。

三、热点问题

在沙漠化防治工作中，我国已实施了许多重大工程，各种类型的沙障发挥了非常重要的作用。因此，必须研究沙漠化地区布设沙障措施所引起的环境问题，对工程建设中的沙障防护效益做出科学评价，以提出有效合理的防治对策。

此外，沙障措施对沙地生态系统影响的研究同样是当前人们关注的热点。在现有沙障设施内，开展沙障－沙生植物－微生物相互作用的研究。在研究沙生植物生理生态、长期动态监测等的基础上，研究沙地生态系统演变过程及沙生植物对微生物和沙障设施的影响[8]。

最后，在研究风沙流特征和气候条件的基础上，有选择地在不同位置布设不同的沙障，完成防风固沙体系的优化，进行防风固沙体系模式的优化研究。针对不同地方的自然条件，因地制宜地引入新的环保防风固沙材料布设在风沙区。随着植物凝结剂、生物结皮等技术的研发利用，以植被建设为主体，生物、工程与化学措施相结合的综合模式正成为发展趋势。

四、未来预测

关键词：多学科，科研创新，交流合作。

2030 年：在新技术的引入与应用、平台建设、野外定位实验研究站的完善与持续的支持等方面均缺乏协调运作、统筹安排。荒漠化治理技术的未来发展已不仅仅是停留在单一的技术手段层面，而是要形成多学科、多领域相互融合交叉的综合体系。无论在学科建设、人才培养还是技术手段等诸多方面我们还需努力。

2050年：应该认识和把握国际前沿领域和最新发展方向，适时调整、趋利避害。立足国内合作交流，推动科技活动的国际化，使各分支学科向更广和更深推进。向坚持沙漠化过程的长期动态监测、研究与评估，推进成果的定量化的发展趋势靠拢。从而引导研究内容的综合、交叉、系统和集成，确保研究任务既要着重科技创新，又要面向国家需求。引进、吸收和研发先进的仪器和方法，为科研创新创造条件。

第三节　沙漠化防治的植被恢复技术

植被恢复一直是沙漠化防治工作中应用最为广泛、操作最为简单且最为有效的沙漠化防治技术。不同类型植被层的建立和保护是防治风蚀的最直接和最有效措施，由于植物分散了近地表气流中的风动量，从而引起近地表风速廓线的变化。植被覆盖的沙面上的风速低于相同高度上裸沙面上的风速，进而降低了土壤风蚀的概率，有效地减轻了风沙的危害。植被恢复的同时不仅控制了风沙活动的蔓延，更从整体上改善了区域生态，从根本上解决了土地沙漠化的问题。这也是我国实施"三北"防护林工程、退耕还林工程以及目前在荒漠化地区大力提倡植树造林种草和保护天然植被的意义所在。

一、最新研究进展评述

人工措施来保护、改造和建设植被进行恢复是最为经济有效和最为稳定持久的防治土地荒漠化措施。不同类型植被层的建立和保护是防治风蚀的最直接和最有效措施，由于植物分散了近地表气流中的风动量，从而引起近地表风速廓线的变化。植被覆盖的沙面上的风速低于相同高度上裸沙面上的风速，进而降低了土壤风蚀的概率，有效地减轻了风沙的危害。植被恢复启动了沙地生态系统的良性演替过程，植物治沙使流沙向形成土壤的方向良性发展，起到固定沙地和防止沙化草地持续恶化的作用。

当前，植被恢复技术仍以保障造林成活率，解决植被耗水等关键技术为热点[9]，其中容器育苗及造林技术，高效绿色植物生长调节剂 GGR 应用技术、高效吸水土保持水剂应用技术、抗旱造林生根粉应用技术、干水应用技术，植物覆盖保墒技术，可降解地膜覆盖造林技术，抗旱树种优选及配置技术等一直在不断探索创新。特别是对适用技术进行科学的组装配套，以抗旱节水集水为中心，多种技术互相补充、互相支持，充分发挥整体效益，形成了一套沙漠化防治的植被恢复技术集成。

二、国内外对比分析

植被恢复对策主要包括自然恢复和人工恢复两种。自然恢复指无须人为协助，仅仅依靠自然演替来恢复已退化的生态系统。植被的自然恢复过程需要经历很长时间，受到严重干扰的植被恢复时间更长。人工恢复是指按照人的意愿来进行植被恢复与重建。根据不同的沙化程度、沙化趋势、人类干扰程度等进行植被恢复与重建。

近年来，我国各地区多采用机械固沙和生物措施的防治模式，达到固定沙地、恢复植被的目的。主要有沙障设置、直播造林和插杆深栽造林等技术，具有操作简单、固沙速度快、造林成活率高、治理成本低等特点。对于人工植被恢复技术，主要是配合机械沙障技术使用各种混播组合[10]。有研究表明机械沙障和生物沙障相结合，流动沙地植被恢复演替速度会加快。同时结合引种固沙植物等措施，改善流动沙丘植被覆盖状况，促进植被恢复，达到彻底治理的目的。在我国北部与西北部沙漠、退化草原治理中主要采用了机械沙障，并且起到了显著的效果。此外，遵循适地适树原则，现已十分成熟的飞播造林技术，"两行一带"造林模式，以及水冲造林技术都已成功应用于沙区，并取得良好成效[11]。

20 世纪 40—60 年代，各国均已开展了生态环境恢复工作。澳大利亚、新西兰、以色列等国实施了疏林草原建设工程和稀疏化草原工程。20 世纪 40 年代初美国也开始了西部草原垦荒后受损草地植被的恢复研究。此外，苏联在沙地人工植被配置方面还做出了一些研究，创造了依据沙地水分状况进行壕沟法配置、分区造林法配置和花坛丛林法配置等方法。1973 年在美国第一次召开了专门系统地讨论受损生态系统恢复和重建等生态学问题的学术会议。1996 年，在瑞士召开的恢复生态学国际会议，标志着恢复生态学的研究和实践已步入了新的时期。至 2002 年，国际恢复生态学大会已举办了 14 届。近年来，随着世界环境问题的日益突出，国外对退化草原的植被恢复与重建研究呈现出全球性或区域性的联合趋势。

三、热点问题

荒漠地区植被建设的主要矛盾是水资源不足问题。为了保证种植业的规模，只好牺牲生态植被用水。因此，提高天然降水的利用率是植被建设的主攻方向，主要是发展径流农业、径流林业。采用节水灌溉技术，有效地利用现有的水资源，保证发展最大的植被规模；根据现有的水资源来确定植被建设的规模，从而有效地保证植被的成活率[12]。

此外，在保证植物需水的前提，选择适应当地环境的物种也是植被重建研究的热点。植物种类的选择，应当从植被的地带性分布规律特征和恢复区的大、小气候等立地条件着手，重点考虑选择具有良好生态效益和经济效益的乡土物种，选用适应当地生长的植物种类，才能取得好的恢复效果[13]。对外来物种的引进，在生态合理的基础上先试种，再研究推广，防止外来物种的侵害。20 世纪 90 年代以来，植物种类的筛选备受重视。沈渭寿等[14]观测了北方优良沙生植物种和西藏乡土沙生植物种在雅鲁藏布江中游高寒河谷流动沙地上的出苗、保存、生长和繁殖情况，筛选和确定了西藏高寒流动沙地植被恢复物种籽蒿、花棒、沙拐枣、杨柴和沙生槐。它们在高寒河谷流动沙地的适应性较好。根据生态经济规划目标和布局，应用筛选出的适宜物种，模拟自然群落的时空结构，组建不同类型的植物群落，并实施于布局好的适宜地段。

四、未来预测

关键词：成活率，植被恢复模式，生态经济效益。

2030 年：在今后荒漠化地区植被恢复技术的研究中，如何保证植被成活率，并建立起健康稳定的沙区生态系统仍然是人们所关注的焦点。沙化草地通过种植人工植物群落加速了沙化草地自然植被的恢复进程，但人工恢复模式如何促进已退化群落发生顺行演替的，其机制需要进一步深入研究。同时，加强对优良沙生植物生物学特性的研究，从其形态特征及光合生理生态特征的变化等研究其对高寒沙化地的适应机理，新型生根粉、保水剂等材料仍然有待开发。

2050 年：加强对各种植被恢复模式的研究力度，利用长期定位观测来研究各植被恢复模式的生态效益和经济效益，并进行不同植被恢复模式间的相互比较，以确定更优的模式，建立健康稳定的生态系统，另外积极推广抗旱、抗寒等科学技术成果，研发新的沙地植被恢复技术，综合提高各种模式的生态经济效益。

第四节　沙漠化防治的技术模式

当前荒漠化防治技术已从单一的某一项技术向整体防治技术集成转变，从点的防治向面的防治转变，从小尺度的治理向大尺度的综合防治转变，并逐渐形成适宜地区发展的荒漠化防治技术模式。通过荒漠化防治的长期实践与研究，在不同地区已经形成了丰富多样、类型迥异、各有原则、各具指导思想的沙漠化防治技术模式。特别是库布齐沙漠成为世界上唯一被整体治理的沙漠，实现了从"沙进人退"到"绿进沙退"的历史巨变，被联合国环境规划署确立为全球沙漠"生态经济示范区"，建立了沙漠治理、生态恢复、经济开发的高效治沙模式。中国在防治沙漠化土地方面形成了丰富的行之有效的防治技术和模式，达到世界领先水平，不仅为中国，也为世界治理荒漠化作出贡献。

一、最新研究进展评述

目前国内外荒漠化治理模式多强调荒漠化治理单方面的效益,即或者强调生态效益,或者强调经济效益,缺乏从可持续发展和生态经济学理论的角度,将生态效益、经济效益和社会效益融为一体的荒漠化治理模式。一些荒漠化治理模式从防沙治沙专业技术出发,更多地强调和发挥荒漠化治理的生态效益,对荒漠化治理实施地区经济和社会效益的贡献不够,导致荒漠化治理地区群众对荒漠化治理工作缺乏积极性,最终治理的生态效益目标也难以达到要求。另一些荒漠化治理模式又过分强调经济和社会效益,忽视荒漠化治理的生态效益,造成治理效益短期化,难以实现可持续发展[15]。

几十年来,我国科研人员在实践中研究总结出一系列沙漠化防治的经验和技术模式,针对不同地区的自然条件特征,提出了极度干旱区、半干旱区、高寒区、绿洲等沙漠化防治模式。特别是近年来"库布其"的治沙又治穷模式,创造出了沙漠绿化+生态修复、生态牧业、生态健康、生态旅游、生态光伏、生态工业"1+6"的生态产业体系。打造出了"平台+插头"的沙漠生态产业链,让当地农牧民拥有了"沙地业主、产业股东、旅游小老板、民工联队长、产业工人、生态工人、新式农牧民"7种新身份,带动库布其及周边群众10多万人脱贫致富,并获得联合国的高度评价。土地荒漠化往往与贫困紧密相连,只有充分合理利用沙区资源,以治沙带动致富,才能从根本上解决沙漠化地区环境和民生问题。在科技的支撑下,库布其为世界荒漠化地区提供了种质资源、技术、生态工艺和生态修复的可持续商业模式,库布齐沙漠成为联合国环境规划署确定的"全球沙漠生态经济示范区"[16]。

二、国内外对比分析

我国近70年的防沙治沙工作经过长期不懈的努力,取得巨大的成就,并总结了大量成功经验和治理模式,产生了以沙区优良抗逆性植物选繁技术、水分平衡和节水灌溉技术、机械沙障和生物沙障等技术为代表的防沙治沙技术,并形成了生物防治、工程防治和化学防治等措施为主体的防沙治沙技术体系。国家林业局组织编写了《全国林业生态建设与治理模式》《西部地区林业生态建设与治理模式》和《中国防沙治沙实用技术与模式》,各有侧重地对林业生态建设和治沙工作方法进行指导,总结出中国防沙治沙的主要模式,并按自然条件予以分类,包括中温带干旱区防沙治沙典型模式9种,青藏高原干旱区防沙治沙典型模式(高寒地带)3种,中温带半干旱区防沙治沙典型模式16种,中温带亚湿润区风沙化土地的治理模式3种,暖温带亚湿润区风沙化土地治理模式 3 种，中亚热带湿润区河湖海滨沙地治理模式 3 种[17]。根据不同地区自身自然条件有因地制宜地提出了"榆林模式""赤峰模式""临泽模式""和田模式""包 – 兰交通干线防沙模式"等成功荒漠化防治模式。

不同国家和地区根据自身特点，开创性地提出了具有推广价值的防治技术。阿尔及利亚对于沙漠内部古河床挂地中四周为流动沙丘包围的绿洲，利用地下水开采较为有利的条件，选择丘间平地，人工挖掘成小盆地。这种模式对于地下水位高丘间平地开阔的沙丘地区具有推广价值。土库曼斯坦卡拉库姆的列彼捷克沙漠实验站是以防止铁路沙害与沙地开发利用相结合，植物措施与机械固沙相结合，治理与生物圈自然保护区相结合的一个沙漠治理典范。伊朗以固定流沙为主，除沙障和植物固沙外，还利用丰富的石油资源，广泛使用石油覆盖固沙技术，昔日茫茫流沙已被梭梭等植被覆盖。目前，在阿联酋和沙特阿拉伯等国已开始推广该技术。埃及把固定流沙、改良土壤、改进水灌溉技术、开发地下水源、建设防护林、引进栽培优良品种与建设新居民点结合起来，形成了一个沙漠绿洲建设体系、沙地农业综合发的目标，把沙丘治理与沙地综合开发相结合，取得了宝贵经验。

三、热点问题

沙区光热资源充足、土地资源广阔，可因地制宜发展种植中药材、经济林果等作物等，再配合杨树、樟子松等高树种种植，不仅能起到分层次防风固沙的效果，还能丰富沙化土地的植物种类。但沙区的经济前景不应仅局限于农林牧业初级产品的生产和经营，目前我国在沙区光热、风能等研究与利用方面就取得了显著成果，清洁资源的大力推广为沙区绿色产业的发展打开了新思路。在沙漠里实施光伏发电项目，既可以发挥沙漠的地域优势，也可以提高荒漠化土地利用率，有利于形成光伏发电、农业产业与荒漠治理良性互动的产业发展格局，有效改善能源消费利用结构，使"光伏 +"成为沙漠经济发展的一个新的增长点[18]。与传统的沙柳、柠条、杨柴、沙棘、甘草等林沙产业相比，光伏产业可带来相对稳定的经济效益。沙漠中发展光伏产业不仅可以保证治沙工作的长期、稳定开展，还可以推动农牧业和工业经济的发展，增加农牧民的收入，从而实现生态、经济和社会效益的多元共赢。"板上发电、行间种草、板下养羊"的立体空间土地利用模式，推动清洁能源发展。

目前该模式已在中国的甘肃、新疆，甚至巴基斯坦、沙特阿拉伯等"一带一路"沿线国家和地区得到推广，合作推动生态光热和光伏项目。目前沙区的可持续发展和经济效益议题深化，逐步形成一系列创新性治沙模式和示范区。各示范区以防沙治沙重点工程为依托，以机制创新、科技创新、制度创新、模式创新为重点，典型引路，以点带面推动全国防沙治沙事业发展。在示范区建设中探索生态经济型综合防治、生态庄园式治理、公路铁路沿线固沙及综合治理、沙漠边缘及绿洲外围防风阻沙等防治模式，总结出沙地樟子松造林技术、沙地封育飞播结合恢复植被技术、高原地区封沙育林育草技术和截干造林治沙技术等防沙治沙适用技术，开展干旱区梭梭接种肉苁蓉、半干旱区樟子松嫁接红松、北方沙地林果经济林、南方湿润沙地速生丰产林等沙区产业开发利用示范。

四、未来预测

关键词：绿洲，防护体系，交错带。

2030 年：绿洲 – 荒漠交错带是人工绿洲与荒漠间的过渡区，在人工绿洲的发展过程中，绿洲由外围防护渐转向内部防护[19-20]。防护体系的研究将是绿洲生存与发展的生命线，对绿洲由外及内的防护体系研究，必将充分利用先进科技结合生物防治技术、工程防治技术进行综合防治。

2050 年：随着社会经济的发展，干旱区绿洲生态环境日益恶化，水资源成为决定干旱区绿洲经济可持续发展的关键因素。山区发育形成的地表径流是维系整个绿洲经济发展与生态环境平衡的唯一水资源，绿洲生态环境极其脆弱，具有农牧交错带、森林边缘带以及沙漠边缘带等多种生态环境脆弱带，这也注定绿洲必将成为未来荒漠化治理的核心领域。

第五节　沙产业开发与推广应用

沙产业是沙漠地区生态保护、经济发展和人民脱贫致富等多重目标结合的产物。经过 30 余年的理论研究和生产实践，已初步形成了比较完整的理论框架。新时期沙产业是中国西部开发、生态文明建设和脱贫致富的必然选择，是以整合集成多学科高新技术为手段，充分利用沙漠地区丰富的能量和物质资源，以生态为底色、一二三产业融合发展的绿色经济循环体系。经过多年的发展，沙产业形成了包含沙产业种植繁育业、沙产业加工制造业、沙产业旅游生态服务业以及沙产业科学技术与公共管理产业等在内的丰富的产业体系，并实现了沙产业内部之间或者沙产业与其他产业之间的产业融合。沙产业将基地、农户、企业、市场等各个主体有机结合，打造种养加相结合、农工贸一体化、产供销一条龙的链条，以此实现生态生计兼顾、治沙致富共赢和产业拉动扶贫的目标，为推进美丽中国建设作出积极贡献，为国际社会生态环境治理提供中国方案。

一、最新研究进展评述

早期沙产业理论多强调大农业属性，而随着地区产业结构的优化和沙产业项目的综合化发展，现已拓展至工业生产和服务业领域。沙产业的概括特征为：①生产活动主要发生在沙漠干旱地区；②使用高新科学技术是首要标志；③除农产品外，相关的工业和服务业产品也属于沙产业的产品；④要实现生态建设产业化、产业发展生态化，最终达到经济效益、生态效益、社会效益的协调。沙产业是实现沙漠治理的根本方法，是传统农业的重要补充，也是全球干旱化趋势下的重要应对方案。促进沙产业发展，对于沙漠地区经济发展、生态文明建设、人民福祉提高都具有重要意义[21]。

沙产业是人类利用荒漠地区（也包括半荒漠地区）的资源来满足自身需要的生产经营活动，其发展历程包括原始文明时期沙产业、农业文明时期沙产业、工业文明时期沙产业以及生态文明时期沙产业四个阶段，沙产业大发展实际上代表着生态文明时期的沙产业；沙产业以荒漠地区的太阳光能利用为核心内容，理论基础涉及太阳辐射基本理论和太阳辐射能生物与非生物转化两方面内容，其中，生物转化的基础是光合作用，非生物转化的基础是光电转化、光热转化和光化学转化；沙产业系统包括核心产业系统和辅助产业系统两个子系统，其中，前者可分为农业产业系统、微生物产业系统、太阳能产业系统和旅游业产业系统四个次级子系统，后者可分为矿产资源产业系统和服务业产业系统两个次级子系统，在系统内部各个产业部门之间通过产业链紧密地联系在一起；沙产业的科技支撑包括科学支撑和工程技术支撑两方面的内容，其中，前者主要包括物理学、化学、生物学、地理学、农业科学、药学、经济学及其他相关学科，后者主要包括防沙治沙工程技术、生物工程技术、农业工程技术、信息技术、新材料和新能源技术、水利工程技术、清洁生产技术及其他相关工程技术[22]。

二、国内外对比分析

随着环境日益恶化，世界各国逐渐重视环境保护和生态可持续的发展，由此，世界上诸多国家对沙漠化干旱地区的产业发展逐渐地展开研究和探索。进入 21 世纪后，由于第三次科技革命的推动，各国都普遍重视科技的进步，利用高科技、新知识发展沙产业。随着经济的全球化和区域一体化进程的加快，如何在推动干旱半干旱地区发展中发挥高新技术的作用已成为各国关注的重点，各个国家间相互利用彼此成功的科技成果来发展沙产业，学习其他国家发展沙产业的成功经验，成为各国促进沙产业发展的一个重要举措。

我国现代沙产业的发展总体而言尚处于起步阶段，沙产业属第六次科技革命，是未来农业、高科技农业、服务于未来世界的农业，是到 21 世纪中叶才能结果的。通过深入我国北方的巴丹吉林沙漠、腾格里沙漠、库布齐沙漠、毛乌素沙地、古尔班通古特沙漠、塔克拉玛干沙漠、柴达木盆地沙漠以及噶顺戈壁等地区进行考察，发现这些地区整体上保持着天然的状态。因此，实现沙产业大发展还有很长的一段路要走。尽管如此，荒漠地区拥有广阔的空间和地球上最为丰富的太阳光能，必将在未来的生态文明时代发挥重要的作用。目前，虽然国内已经有大量关于沙产业的报道，但是这些报道基本都集中在荒漠中的绿洲地区、荒漠草原地区以及其他水分条件比较好的区域，而国外如以色列的沙漠农业则依靠高科技投入，走在了世界的前列。

目前，政府部门、学术界以及新闻界关于国内沙产业的报道主要集中在甘肃河西走廊、内蒙古自治区、宁夏、新疆、青海、陕西榆林、河北北部以及东北三省西部等地区，涉及的范围十分广泛。不可否认，这些报道所提到的地区大都具有较好的水分条件，而且原来就有比较好的沙产业基础。在此，对这些沙产业实践活动进行了系统分类，并结合野外的实践考察，总结了我国目前存在的 8 种沙产业实践模式，即绿洲农业模式、荒漠草原农业模式、沙生植物综合利用模式、微藻产业模式、旅游业模式、新能源产业模式、防沙治沙工程建设模式以及综合模式[22]。

国外从 18 世纪开始尝试利用沙漠资源。1784 年，美国颁布《土地法》，授权出售国有荒漠化土地给个人，使整个西部荒漠开发立于土地市场经济的基础之上；19 世纪末，美国国会实施鼓励移民荒漠政策，以荒漠经济产权换取荒漠生态建设；1959 年，素来以水资源匮乏闻名的以色列通过立法，明确由国家对水资源进行全权监管，科学技术与政策调控双管齐下，成功创造了"边缘水资源"，发展知识密集型农业，年出口效益达 8 亿美元，为其他国家发展沙漠农业提供了宝贵的经验；20 世纪 90 年代，澳大利亚发展"沙漠知识经济"，将治沙与致富结合起来，随后年年瓜果丰收，且再未出现沙尘灾害[23]。

上述国家都根据自己的实际情况，将其他国家沙产业在不同领域内研究开发的高新技术运用到本国的沙产业发展之中。新技术的开发应用为干旱和半干旱地区经济发展提供了新的增长点，在产生经济增长的效果下，同时也使沙化地区的生态环境得到了改善，达到了生态效益与经济效益的共赢[24]。

三、应用前瞻

在可持续发展理念中，经济发展与生态保护应该是共生关系，但是人们往往过度追求经济效益，而忽略了对生态的保护。在沙产业生态系统服务体系中，调节服务是最难完成的，既要因地制宜科学调节，又要保持区域发展水平均衡调节，不但要考虑到经济效益最大化，而且要注重生态完善与改进，从而将相互制约的两对范式调节为协同关系的生态系统服务达到最高水平[25]。

中国自然资源具有鲜明的两极性，西北沙区无论是日照时数还是辐射值都远高于东部沿海和华南地区。然而，沙区降水稀少且存在时空分布不均、质量下降等问题，造成沙漠地区可供利用的水资源十分稀缺。如何能因地制宜且更加有效应用水资源是沙漠地区沙产业发展亟待解决的问题之一。

沙产业社会效益评价是目前沙产业研究中的热点之一，沙产业社会效益体现在发展沙产业后对当地社会经济的贡献，主要表现为就业效果、扶贫效果、发展生产力效果等，主要评价发展沙产业后吸纳农村劳动力和沙区群众生活条件改善情况，指标包括人口数量、人口密度、产业结构、人均纯收入、贫困人口比例、单位面积土地年均收入、载畜量、劳动力情况、灌溉类型、耕作制度、水分利用率、人口承载力、人口平均增长率、技术水平、交通等基础设施的发展、土地利用类型及面积、土地利用变化、种植结构比率、自然灾害减产率、劳动生产率、投入产出率、秸秆综合利用率、化肥与农药的使用量、单位 GDP 水耗、农村生活用能中新能源所占比例等。

四、未来预测

关键词：沙漠戈壁区，脱贫增收，产业链。

2030 年：未来我国沙产业的发展应逐步扩大到沙漠和戈壁地区，在重点保障粮食安全的基础上，以生物质能源、生物制药、生物基材料、生物化工制品和光伏发电为主要方向，同时做到以下几点：①开展荒漠地区资源环境综合评价，建立荒漠地区资源环境数据库；②进行沙产业区划，确定各区具体发展方向；③不断加大沙产业的科技投入，重点展开提升光合生物光合效率和光伏材料光电效率方面的研究。从多方面考虑出发，沙产业未来开发与推广应用过程中，会为世界带来巨大利益，就目前来看，沙产业开发未来效益十分广阔。

2050 年：发展沙产业是保障国家生态安全的需要，是西部沙区农业增效、农民脱贫致富的需要，是建设社会主义新农村的需要，同时也是促进防沙治沙工程从生态社会型向生态经济效益型转变的需要。然而现有沙产业链条较短，难以全面带动地区生态民生的改善。在未来需要通过植被的有效恢复和生态的改善，培育新的可利用资源，为可持续发展奠定稳定的环境基础；通过合理适度地开发利用，发展农牧林业及其加工业，拓展产业链条，增加农民收入，为形成知识密集型产业集群奠定坚实的经济基础。

第六节　信息技术在荒漠化监测与评估中的应用

"荒漠化监测"是人类对全球或某一地区的干旱半干旱及亚湿润干旱区因气候变动、人类活动及其他因素引发的土地退化现象，采取某些技术手段就人类所关心的、可以反映土地退化现象的某些指标进行定期、不定期观测，并以某种媒介形式进行公布的活动。荒漠化监测工作始于 1977 年联合国荒漠化防治大会，在 20 世纪 90 年代各国签署《联合国防治荒漠化公约》之后进入研究高潮。随着信息技术的不断发展，逐步从地面调查跨越到了基于"3S"技术与荒漠化监测的信息化监测模式和以"大数据技术"为平台，整合数据流、人才流、资金流、技术流的开放、共享的协同监测与评估[26]。

一、最新研究进展评述

相对传统地面人工调查而言，基于卫星遥感和 RS 技术的荒漠化监测方法在监测范围、精度、速度、实效性和对数据的储存、管理更新等具有较大的优越性。在相关模型的支持下提供荒漠化决策依据[27]。随着航天卫星技术的发展，越来越多的卫星在空间分辨率、时间分辨率、光谱分辨率上表现出了较大优势，这为土地荒漠化监测提供了新的手段。目前，国内外学者基于 TM、SPOT、NOAA AVHRR、MODI 等高、中、低分辨率卫星遥感影像开展了大量的荒漠化监测相关研究。结果表明利用卫星遥感技术可以不受地域限制、在较短时间内通过地表温度、土地利用类型、荒漠化类型、荒漠化程度、地形（坡度、坡向、坡位）、土壤（类型、质地、盐碱含量、含水率）、植被（种类、盖度、分布）及沟壑密度、盐碱斑占地率等完成对某一区域荒漠化状况的动态监测[28]，同时还可以利用 GIS 系统强大的空间分析和数据综合能力，在相关模型的支持下对荒漠化进行评估与预测依据。

虽然"3S"技术在大、中尺度荒漠化监测中具有得天独厚的优势，但是在小尺度长期动态监测过程工作中，仍然存在费用高、绝对精度相对较低等局限性[29]。针对于此，三维激光扫描技术和无人机遥感技术逐渐被引入荒漠化监测工作中。三维激光扫描技术是依托三维激光扫描仪在高时空分辨率下获取地面空间信息的技术手段，近年来广泛应用于大面积地形图绘制、桥梁变形检测、建筑物三维模型的重建、矿物学、植物学等众多领域。在大量的应用过程中发现，三维激光扫描仪可以有效避免自然、人为因素带来的误差，经过多次扫描可精细逼真的还原风沙地貌动态变化过程，对于风沙微观地貌有一定的适用性，所以国内外大量学者利用该技术对沙丘形态变化、沙丘链形成及移动以及沙障障格内凹曲面变化等荒漠化监测、防治等研究中，发现三维激光扫描仪技术在沙丘形态变化、防沙治沙措施效益评估等方面有非常好的应用前景[30-31]。

无人机遥感技术通俗地讲就是"无人机 + 遥感"，是集飞行器平台、机载遥感传感器和地面数据分析处理系统于一体的技术，逐渐在各个领域得到快速的应用和发展，大到特大灾难险情的快速应急与监测，小到地形图的测绘和植被监测等方面。近几年来，在技术和硬件方面的创新条件驱动下，无人机遥感逐渐被应用到荒漠化防治领域中，尤其是携带有差分功能的无人机和三维激光扫描技术的无人机就逐渐体现出其优势。无人机航测以便捷高效的特点，可生成高精度地形数据并实现小尺度沙丘地形特征提取[32]。无人机倾斜摄影技术是近年来发展起来的新型测量方法，相比于常规的正射影像，其具有高效率、高精度、非接触、大范围等优点，其后期形成正射影像精度较高，国内已有多名研究者利用该技术进行沙丘形态的监测，验证了无人机在沙丘形态的可行性和准确性，实现了对新月形沙丘群三维形态的精确测量[33-34]，使沙丘形态野外监测技术走上了新的台阶。

随着科技的发展，荒漠化监测工作在技术层面已经取得了长足的进展，但是仍然面临标准不统一、数据共享难、评估精确度不高等问题，不能完全满足社会对于荒漠化监测工作的要求。同时，荒漠化监测荒漠化治理涉及社会发展的多领域和多层级，需要处理整合各类纷杂的信息数据，这需要转变理念，积极探索创新理念和技术。鉴于此，借助新兴的大数据能够为荒漠化防治提供大力支持，通过对不同层次数据进行整合、汇总和分析，向不同层面客户进行开放[35-36]，依靠智能化分析得出切实可行的荒漠化数据分析和决策结果必将成为下一阶段荒漠化监测与评估的主要手段。

二、国内外对比分析

在开展荒漠化监测与评估的 40 多年以来，国内外学者利用地面调查、遥感调查等技术手段从植被状况、地表形态、植物生产力等不同指标在全球开展大量荒漠化监测和评估，并通过不同的模型对荒漠化的发展进行了预测和建议。

Shadmani 等[37]通过收集包括气候、土地利用和土地覆盖、道路、地质、人口统计、土壤学、土地容量和排水网络等基本数据，利用伊朗荒漠化潜力评估模型（IMDPA）评估了荒漠化强度，将模型结果与地面数据进行了对比验证后对伊朗土地荒漠化进行评估并提出荒漠化控制方案，以期在未来降低荒漠化程度。

Azzouzi 等[38]则通过 Landsat 卫星数据对阿尔及利亚比斯克拉市 25 年内土地覆盖变化进行荒漠化评估并通过地面调查进行验证，认为利用卫星遥感影像对荒漠化进行检测具有较高的可行性；Mahyou 等[39]通过 Landsat 卫星数据利用植被参数、放牧水平和耕作强度等指标对摩洛哥东部高原牧场荒漠化现状进行评估，他们认为摩洛哥东部高原牧场已有 48% 的土地出现荒漠化现象，而 Ajaj 等[40]同样利用多期 Landsat 卫星数据对伊拉克西部地区荒漠化土地变化进行研究，分析沙尘暴来源和沙漠扩张原因。

Symeonakis 等[41]以气候、植被、土壤、地下水和社会经济质量等指标利用 GIS

软件希腊莱斯沃斯岛环境性感性进行估算，以土壤侵蚀程度、地下水质量、人口统计和放牧压力等标准对岛屿潜在荒漠化进行评估，表明根据研究区状况通过调整指标和标准可以快速地判别土地荒漠化敏感程度。

我国荒漠化监测研究起步较晚，始于 20 世纪 90 年代末，但是也已经做了大量工作并取得大量成果，大量专家利用多年遥感数据对不同地区土地荒漠化程度进行监测并与同期政府荒漠化监测报告进行数据对比[42]，结果显示利用遥感技术对于我国大尺度荒漠化监测具有较高的准确性，并且通过对荒漠化评估数据进行分析，对当地荒漠化土地恢复提供一定的建议。在中、小尺度监测中，大量学者也通过卫星影像或者无人机遥感技术结合样地调查法对局部生态脆弱区内土地荒漠化现状进行评估，对深入认识当地荒漠化动态提供一定的参考价值[43]。

三、热点问题

荒漠化监测在荒漠化防治工作中具有举足轻重的地位，对于了解和掌握荒漠化土地发展现状、动态和防治方法具有重要的作用，也可以为各级政府和决策部门提供宏观理论依据，及时制定和调整荒漠化防治体系和措施，同时也是履行《联合国防治荒漠化公约》、开展国际交流与合作的重要基础。

随着信息化技术的不断进步，荒漠化监测技术手段也在不断进行革新，提高数据采集、分析速度和精度，降低监测成本，提高数据共享程度已经成为现阶段科研人员的主要研究方向。在全球一体化框架下，各国、各地区因自身的特点导致荒漠化程度各不相同，而理论研究需要在不同层面上探讨荒漠化的机理和影响因素，所以选择全面、适宜的监测与评价指标是科学研究的一个热点[44]，也是高效开展荒漠化监测工作的关键。

标准化观测是荒漠生态系统实现联网观测、数据共享和比较研究的前提，是提升长期观测能力和研究水平的重要保障，但目前荒漠生态系统长期观测领域还存在标准数量不足、结构不合理、标准体系不完善等问题，不能满足长期观测对标准的需求。针对荒漠生态系统长期观测标准发展状况和存在问题，研究和构建科学、完善的标准体系，制定建设、观测和管理所必需的重要技术标准和规范，对于加速长期观测的标准化进程、提升观测能力和研究水平具有重要的现实意义，已经成为中国荒漠生态系统长期观测面临的重要任务之一[45]。

四、未来预测

关键词：数据库，大数据，监测全民化。

2030 年：在信息化、标准化科技体系下，以大数据技术为依托，在有效数据共享的基础上，荒漠化监测工作不断完善，实现高效化、透明化，提高监测效率、预测准确率。

2050 年：通过高效率计算机和人工智能技术对潜在荒漠化程度及灾害天气等进行预测，及时调整荒漠化防治措施，利用大数据技术实现数据共享，构建荒漠化监测专家库、技术需求数据库、技术发布数据库等信息平台，将生产需求与科研方向进行有机结合，实现"产学研"一体化发展，合理调配荒漠化防治资源，将科研和科普有机结合，实现荒漠化监测全民化发展。

第七节　技术路线图

		2030 年	2050 年
需求		荒漠化地区环境改善，荒漠化发展得到有效控制	荒漠化地区自然、社会、经济协调发展格局
总体目标		形成多学科、多领域相互融合交叉的荒漠化治理综合体系	全面推广生态、经济和社会效益融为一体的荒漠化治理新模式
目标	目标 1	建立完善的绿洲综合防治体系	提出荒漠化地区农业持续发展的战略和模式
	目标 2	促进荒漠化防治产、学、研综合发展	实现荒漠化监测全民化发展
	目标 3	沙产业的发展应逐步扩大到沙漠和戈壁地区	防沙治沙工程从生态社会型向生态经济效益型转变
关键技术	关键技术 1	新型工程防沙治沙材料的研制开发	创新平台下多领域融合的防沙治沙技术集成
	关键技术 2	防沙治沙植物的选育	建立植被恢复模式下健康稳定的荒漠生态系统
	关键技术 3	搭建荒漠化监测评价信息技术平台	构建共享荒漠化监测全方位数据库

续图

		2030 年	2050 年
发展重点	重点 1	荒漠生态系统多要素过程研究	干旱区土壤碳库的固存和在缓解温室效应的潜在能力
	重点 2	荒漠化治理技术产业化发展	培育荒漠化治理技术产业化新业态
	重点 3	信息技术在荒漠化监测与评价中的应用	利用大数据技术实现数据共享，构建荒漠化监测全方位数据库
	重点 4	形成多学科、多领域相互融合交叉的综合体系	引进、吸收和研发先进的仪器和方法，为科研创新创造条件
战略支撑及保障建议		荒漠防治专业人才的培养	荒漠防治学科分发展与教育水平的提升

图 3-1 荒漠化防治工程学技术路线图

参考文献

［1］蒋高明. 荒漠生态系统［J］. 绿色中国，2017（4）：52-55.

［2］程一本. 干旱半干旱地区典型沙地深层土壤水分渗漏过程研究［D］. 北京：中国林业科学研究院，2018.

［3］王涛，赵哈林. 中国沙漠科学的五十年［J］. 中国沙漠，2005（2）：145-165.

［4］丁新辉，刘孝盈，刘广全. 我国沙障固沙技术研究进展及展望［J］. 中国水土保持，2019（1）：35-37+69.

［5］居炎飞，邱明喜，朱纪康，等. 我国固沙材料研究进展与应用前景［J］. 干旱区资源与环境，2019，33（10）：138-144.

［6］苗晨曦，李亚梅，郑俊杰，等. 微生物改性土体研究进展［J］. 土木工程与管理学报，2012，29（1）：25-29.

［7］马学喜，王海峰，李生宇，等. 两种固沙方格沙障的防护效益及地形适应性对比［J］. 水土保持通报，2015，35（3）：344-349.

［8］李驰，刘世慧，周团结，等. 微生物矿化风沙土强度及孔隙特性的试验研究［J］. 力学与实践，

2017，39（2）：165-171.

［9］吴银梅. 防沙治沙造林技术的应用［J］. 现代农业科技，2018（22）：148.

［10］俞学志. 试析防沙治沙造林技术的运用［J］. 现代园艺，2019（22）：182-183.

［11］杨文斌，王涛，冯伟，等. 低覆盖度治沙的理论与沙漠科技进步［J］. 中国沙漠，2017，37（1）：1-6.

［12］徐彩芹. 滴灌节水技术在治沙造林中的运用［J］. 防护林科技，2018（10）：60-61.

［13］吴汪洋，张登山，田丽慧，等. 近10年青海湖东沙地人工植被群落特征［J］. 生态学报，2019，39（6）：2109-2121.

［14］沈渭寿，李海东，林乃峰，等. 雅鲁藏布江高寒河谷流动沙地适生植物筛选和恢复效果［J］. 生态学报，2012，32（17）：5609-5618.

［15］周颖，杨秀春，金云翔，等. 中国北方沙漠化治理模式分类［J］. 中国沙漠，2020，40（3）：106-114.

［16］王睿. 库布齐沙漠可持续治理典型模式研究［J］. 西华师范大学学报（自然科学版），2019，40（1）：92-97.

［17］祁有祥，赵廷宁. 我国防沙治沙综述［J］. 北京林业大学学报（社会科学版），2006（S1）：51-58.

［18］常兆丰，王祺，刘世增，等. 沙漠戈壁光伏电场固沙效应初步研究——以甘肃河西走廊为例［J］. 中国水土保持，2018（8）：18-22.

［19］贺凌云，海米提·依米提. 论绿洲发展过程中绿洲–荒漠交错带圈层结构的缺失及绿洲防护方式的改变［J］. 干旱区资源与环境，2010，24（4）：94-96.

［20］曹永翔. 青海都兰绿洲生态防护评价［D］. 北京：北京林业大学，2010.

［21］王岳，刘学敏，哈斯额尔敦，等. 中国沙产业研究评述［J］. 中国沙漠，2019，39（4）：27-34.

［22］崔徐甲. 沙产业的理论内涵与实践模式研究［D］. 西安：陕西师范大学，2018.

［23］刘铮瑶，董治宝，刘永林，等. 毛乌素沙地沙产业发展条件［J］. 中国沙漠，2018，38（4）：881-888.

［24］闫冬. 奈曼旗沙产业发展研究［D］. 呼和浩特：内蒙古农业大学，2015.

［25］刘铮瑶，董治宝，王建博，等. 沙产业在内蒙古的构想与发展：生态系统服务体系视角［J］. 中国沙漠，2015（4）：1057-1064.

［26］李文彦. 基于大数据的荒漠化治理对策研究［J］. 甘肃科技，2016，32（15）：38-40.

［27］郭瑞霞，管晓丹，张艳婷. 我国荒漠化主要研究进展［J］. 干旱气象，2015，33（3）：505-513.

［28］李志鹏，曹晓明，丁杰，等. MODIS卫星影像显示的2001—2017年中国荒漠化年度状况［J］. 中国沙漠，2019，39（6）：135-140.

［29］Duan H, Wang T, Xue X, et al. Dynamic monitoring of aeolian desertification based on multiple indicators in Horqin Sandy Land, China［J］. The Science of the total environment, 2019（650）：2374-2388.

［30］张超，高永，党晓宏，等. 三维激光扫描技术在水土保持与荒漠化防治中的研究进展［J］. 浙江林业科技，2018，38（3）：72-76.

［31］安志山，张克存，谭立海，等. 三维激光扫描仪在风沙观测中的应用［J］. 测绘科学，2017，

42（10）：196–200.

［32］闫阳阳，李永强，王英杰，等. 三维激光点云联合无人机影像的三维场景重建研究［J］. 测绘通报，2016（1）：84–87.

［33］吴江，高宇. 基于低空摄影高精度数字高程模型（DEM）的风沙草滩特征及稳定性评价［J］. 中国沙漠，2019，39（6）：23–29.

［34］张明远，张登山，吴汪洋，等. 无人机影像三维重建在沙丘形态监测中的应用［J］. 干旱区地理，2018，41（6）：1341–1350.

［35］钱广强，杨转玲，董治宝，等. 基于多旋翼无人机倾斜摄影测量的沙丘三维形态研究［J］. 中国沙漠，2019，39（1）：18–25.

［36］屠志方，李梦先，孙涛. 第五次全国荒漠化和沙化监测结果及分析［J］. 林业资源管理，2016（1）：1–5.

［37］Shadmani M, Marofi S, Roknian M. Trend analysis in reference evapotranspiration using Mann–Kendall and Spearman's Rho tests in arid regions of Iran［J］. Water Resources Management，2012，26（1）：211–224.

［38］Azzouzi S A, Vidal Pantaleoni A, Bentounes H A. Desertification monitoring in Biskra, Algeria with landsat imagery by means of supervised classification and change detection methods［J］. IEEE Access，2017（1）：1.

［39］Mahyou H, Tychon B, Balaghi R, et al. A knowledge–based approach for mapping land degradation in the arid rangelands of North Africa［J］. Land Degradation & Development，2016，27（6）：1574–1585.

［40］Ajaj Q M, Pradhan B, Noori A M, et al. Spatial monitoring of desertification extent in Westen Iraq using landsat images and GIS［J］. Land Degradation & Development，2017.

［41］Symeonakis E, Karathanasis N, Koukoulas S, et al. Monitoring sensitivity to land degradation and desertification with the environmentally sensitive area index：The case of Lesvos Island［J］. Land Degradation & Development，2016，27（6）.

［42］Hong L, Huang Y, Peng S. Monitoring the trends of water–erosion desertification on the Yunnan–Guizhou Plateau, China from 1989 to 2016 using time–series Landsat images［J］. PLoS ONE，2020，15（2）：e0227498.

［43］赵媛媛，高广磊，秦树高，等. 荒漠化监测与评价指标研究进展［J］. 干旱区资源与环境，2019，33（5）：81–87.

［44］崔向慧，卢琦，郭浩，等. 荒漠生态系统长期观测标准体系研究与构建［J］. 中国沙漠，2017，06（v.37）：73–78.

撰 稿 人　秦富仓　左合君　丁国栋　李龙　王海兵　韩彦隆　马迎梅　杨振奇

第四章　石漠化防治工程学

第一节　岩溶关键带生物地球化学循环

一、最新研究进展评述

（一）岩溶关键带定义

地球关键带（Earth's Critical Zone）是 2001 年由美国国家科研委员会提出的，指陆地生态系统中土壤圈及其与大气圈、生物圈、水圈和岩石圈物质迁移和能量交换的交汇区域，也是维系地球生态系统功能和人类生存的关键区域。关键带概念的提出引起国际社会的广泛关注，被认为是 21 世纪基础科学研究的重点区域[1-4]。关键带理论方法是地球系统科学的发展。关键带研究发展迅速，美国、法国、德国和澳大利亚等相关研究机构和部门相继建立了 21 个不同主题的地球关键带监测站[5-6]。

20 世纪 90 年代，地球系统科学的引入和岩溶动力学理论的建立，促进了现代岩溶科学的发展。岩溶关键带是指受可溶性岩石（碳酸盐岩、硫酸盐岩、卤化物岩等）地质背景的制约，在垂直方向上包括从植被冠层到地下含水层底部的区域。岩溶关键带是地球关键带的主要类型之一，岩溶面积占地球陆地总面积的 12%[7-10]，其物理含义是基岩为碳酸盐岩，在垂直方向上包括从上边界植物冠层向下穿越地表面、土壤层、非饱和的包气带、饱和的含水层，下边界为含水层的基岩底板的区域。岩溶关键带包括的范围与传统研究中的表层岩溶带不一样，岩溶关键带的范围包括整个植被系统、土壤层和整个包气带，而表层岩溶带是岩溶山区强烈岩溶化的包气带部分，包括植被的根系部分、土壤层和地表强烈岩溶化的部分（基本上是潜水层以上），因此，岩溶关键带包括表层岩溶带，是表层岩溶带在地表向上（到植被冠层）和地表向下（到含水层的基岩底板）的延伸[11]。

（二）岩溶关键带的特征

岩溶关键带的结构具有关键带的一般特点，但其结构复杂，研究滞后。由于受到可溶性岩石（碳酸盐岩、硫酸盐岩、卤化物岩等）地质背景的制约，岩溶关键带在大气－生物－土壤/岩石－地下水连续体层面有更为错综复杂的相互作用关系，岩溶关键带具有其独特的特点。

1.岩溶关键带结构复杂多变

岩溶关键带在垂向界面上有两个主要的特点：土层薄且分布不连续；"土在楼上，水在楼下"的水土资源空间分布格局。岩溶关键带由于土壤层薄甚至缺失形成石漠化，层与层之间的界面变成了大气－岩石界面、植被－岩石界面、土壤－岩石界面、植被－地下水界面等，造成不同于其他关键带的特点；在裸露型岩溶区，大气－岩石界面发生直接频繁的生物地球化学作用和水文作用，岩石的高渗透性使得降水很快向地下渗透，水文过程响应快，水循环与生物地球化学循环周期短，岩溶关键带受人为活动干扰的敏感性强；植被－地下水界面可能会增加表层岩溶水的无效蒸腾；等等。这些界面的不同使得岩溶关键带具有更为突出的资源环境问题，如水土流失严重，生产量和环境容量低，抗外界干扰的阈值低，生态修复难度大且时间长。而这些界面对岩溶关键带各种过程具有重要的控制作用[12]。

在水平尺度上空间的高度异质性。岩溶关键带具有地表、地下双层空间结构，呈现出高度空间异质性。水平空间上的立地条件高度异质性。生态条件差异鲜明的石面、石缝、石沟、石洞、石槽、土面等小生境在狭小的空间上常常交错分布在一起，呈现出千变万化的组合方式。从垂直剖面上，岩溶含水介质的不均一性。岩溶含水空间主要由地面附近浅部的溶沟、溶槽、溶蚀裂缝、溶缝、溶管、溶隙、溶穴、溶孔、溶痕等岩溶空间形态构成，且在不同的岩溶环境条件下有不同的组合形式。巨大的岩溶地下空间既是水分和养分的储存空间和运转通道，也是植物根系穿窜的通径，根系可以从地表以下较深的岩石裂隙中不断得到量少而相对稳定的水分与养分补充。岩石与浅薄土层的交错镶嵌，岩溶含水介质的多种形态组合，增加了岩溶区水分运移过程的复杂性和水分的空间异质性[13-14]。岩溶关键带的高度空间异质性使得岩溶关键带的生态过程、生物地球化学过程和水文过程随时空的变化呈现高度的空间异质性。

2.岩溶关键带水－土－气－生交换过程周期短

水土过程不匹配，地表地下水交换频繁。在岩溶关键带特殊的地表、地下岩石土壤结构特点影响下，岩溶关键带地表／地下径流过程频繁交替，裂隙流与管道流并存，水文过程响应快。岩溶关键带水土过程存在地表／地下双重漏失过程。与非岩溶区相比，岩溶区水土过程的特点是：①水土流失的易发性。主要表现在岩溶区土壤团聚体水稳性差，土壤缺少C层，岩－土界面亲和力和黏着力差，容易发生滑移，成土速率慢和土壤资源分散等[15]。②岩溶区土壤侵蚀模数低，水土流失的隐蔽性。③水土流失过程的双重性。与非岩溶地区以坡面流失为主的水土流失方式不同，岩溶区水土流失／漏失存在地表流失和地下漏失双流失过程，一方面泥沙在降雨过程中通过地表径流进入水流系统，另一方面泥沙随水流通过落水洞、竖井、漏斗进入地下管道和地下河[16]。岩溶区土壤侵蚀以地下漏失为主，地下漏失模数占年均总土壤侵蚀模数的

$70\% \sim 80\%$[17]。

生物地球化学循环复杂。岩溶关键带岩石的风化和成土过程是大气圈、水圈、岩石圈和生物圈相互作用的主要形式。可溶岩地球化学背景通过岩溶作用驱动元素迁移，制约物种的分布。地道药材的地道性更是依赖于岩石的微量元素。例如贵州茂兰纯灰岩区土壤硅、铝和铁的含量比纯白云岩高，为后者的数十倍以上，相应的纯灰岩区的生物多样大于纯白云岩区，微量元素对生物多样性的影响大于大量元素对生物多样性的影响[18]。纯白云岩区土壤微量元素含量普遍高于纯灰岩区，通过岩溶作用迅速溶解并以很高的浓度正向迁移，矿物养分极有可能是限制石漠化地区（尤其是在裸露型岩溶区）植被恢复的最主要因素[19]。

3.岩溶关键带生态服务功能恢复滞后

结构决定生态系统服务功能。岩溶关键带空间结构包括岩石圈、水圈、生物圈和大气圈，其中发生的物理、化学和生物过程相互作用、相互耦合。生态系统主要结构之一的植被修复难度大且时间长。西南岩溶区植被自然顺向演替需经过6个阶段：草本群落阶段→草灌群落阶段→灌木灌丛阶段→灌乔过渡阶段→乔林阶段→顶极阶段。退化群落自然恢复40~50年可有较正常的组成、外貌和结构，但要恢复到有完善结构、功能的岩溶森林生态系统需要一个更漫长的过程[20]。

我国西南岩溶区面临的生态环境问题是水资源短缺、水土流失和石漠化严重、生物多样性下降等。研究岩溶关键带的大气－岩石、植被－岩石、土壤－岩石、植被－地下水等界面水文过程和生物地球化学过程成为解决岩溶区资源环境问题的重要切入点。未来在关键带研究框架下，研究岩溶区关键带的结构特点和生态、水文和生物地球化学过程、岩溶关键带的物质循环、能量流动及服务功能等，为解决西南岩溶区生态环境资源问题提供技术支撑。

（三）岩溶关键带物质循环基本特征

在地球关键带物质迁移、循环研究中，核心的科学问题是岩石圈－生物圈间的物质交换，即地质过程与生态过程的相互作用和相互影响。一方面是生物圈对岩石圈的作用和影响；另一方面是岩石圈对生物圈的作用和影响[21]。而沟通两者间的联系主要包括水文过程和生物地球化学过程，难点是如何在时间尺度和空间尺度上实现地质过程与生态过程的相互融合，成为有机的统一整体。

1.垂向上岩溶关键带以土壤－表层带为中心环节

从陆地风化角度而言，岩石可分为碳酸盐岩和硅酸盐岩两大类。碳酸盐岩风化溶解的速度是硅酸盐岩的100倍，但其成土速度仅为硅酸盐岩的1/40~1/10，土壤覆盖明显不足，土层也明显浅薄[22]，如果把关键带物质循环最为活跃的部分定义为中心环节，那么土壤－岩溶表层带为岩溶关键带的中心环节。岩溶表层带位于包气带的上部，与下部包气带有显著的不同[23-24]，其发育的厚度实际上是雨水、外源水与碳酸盐岩发生水－岩相互作用的结果，换言之就是具有侵蚀力的运动水流，在失去侵蚀力（达到饱和）前所流过的路径[25-26]。

岩溶表层带处于岩石圈、大气圈、生物圈、水圈交汇的地带，每个圈层均能提供重要的岩溶动力条件。有资料显示，碳酸盐岩的水－岩相互作用60%～80%发生在岩溶表层带。

岩溶表层带不仅对岩溶水具有一定的调蓄功能，形成岩溶表层泉[27-28]，而且碳酸盐岩风化溶解形成的土壤也优先富集在表层岩溶带的溶蚀裂隙中，裂隙中活跃的生物作用可使碳酸盐岩溶蚀速率提高数倍，同时也是植物发育、生长的最佳环境，这就构建了岩溶关键带特有的土－石结构。这一结构是岩溶关键带物质循环的中心环节。

2.横向上岩溶关键带呈"岛屿状"镶嵌

在热带、亚热带的季风气候区，岩溶关键带在横向上呈现出明显"岛屿状"镶嵌。岩溶关键带在理化、生态属性上同样存在横向上"岛屿状"镶嵌特征。如广西岩溶主要分布在桂中、桂西和桂东北地区。而广西土壤pH大于6.0所具有的富钙性。碳酸盐岩快速溶解并向周边生态环境不断输送钙离子，使土壤中的钙含量是非岩溶区土壤的1.5～2.0倍，岩溶水体中的钙离子含量是外源水的十几倍至几十倍，而生长在岩溶地区的植被与非岩溶地区的植被相比，具有高的灰分和钙镁含量，以及低的硅铝含量[29]。

土壤的碱度与盐基饱和度呈正相关，土壤盐基饱和度越大，土壤碱度越大，pH越高；盐基饱和度越小，土壤碱度越小，pH越低[30]。Ca^{2+}离子是碳酸盐岩风化形成的石灰土中的盐基，Ca^{2+}在盐基离子中占据了90%以上，从而导致石灰土具有高的阳离子交换量和盐基饱和度。

（四）岩溶关键带生物地球化学循环

土壤是具有生命的地球关键带的主体，位于地球大气圈、水圈、生物圈和岩石圈的界面上，是这些圈层共同作用的产物。土壤一直是喀斯特地区研究的核心，在喀斯特关键带中起到连接大气、水、岩石和生物等环境要素的关键作用。土壤圈通过与其他圈层间的物质交换影响生态系统的演化、影响全球气候变化、影响人类生存环境。因此，土壤圈与其他圈层的物质交换和循环以及控制圈层中和圈层间的物质循环的生物地球化学过程的研究对我们认识人类生存环境变化进而对其进行保护具有重要意义，受到国内外的关注[31-32]。近二十年来，国内外研究学者在该领域开展了大量系统工作，其中碳循环是地球系统物质和能量循环的核心，从地球关键带视角理解生态系统碳循环的生物地球化学过程与机制，应该强调生物碳固定及分配[33]、从地表到基岩的土壤碳库分解和转化[34]以及小流域碳迁移与平衡[35]等关键环节。刘丛强课题组以典型喀斯特小流域为研究对象，根据喀斯特生态系统退化和石漠化过程的不同阶段或生态演替阶段，结合基岩性质、土壤类型、水文条件等因素，在结合土壤学、水文学、生态学和地理学的理论和研究手段及方法的基础上，充分利用元素地球化学、多种同位素地球化学示踪和化学计量学理论及方法，对喀斯特生态系统中不同界面物质的生物地球化学循环进行了多学科交叉研究，并获得重要研究成果。通过大量研究表明，喀斯特流域生物地球化学循环活跃，相互耦合，并与流域生态环境变化相互制约；人类活动正干预流域物质的自然生物地球化学循环过程，并导致相应的生态和环境效应；全球变化科学深化有赖于区域生态环境变化及物质生物地球化学循环的研究。这些认识是我们将来系统深入开展喀斯特以及其他流域生态系统物质生物地球化学循环研究的重要方向。

1.碳酸盐岩风化和元素循环过程中的微生物作用

碳酸盐岩的风化作用影响喀斯特环境岩－土－水－气－生物系统地球化学组成和物质、能量传输过程，与碳酸盐岩地区一系列资源环境问题密切相关，微生物在碳酸盐岩风化过程中起重要作用。微生物对岩石的生物溶蚀作用，为陆地环境碳酸盐岩的无机溶解作用提供了有效的表面；微生物磨损作用，使碳酸盐岩表面变松软，加速了岩石被侵蚀破坏的速度；此外，生物还可以通过生物钻孔、爬行、劈裂等方式来破坏碳酸盐岩结构。藻类、细菌、真菌、地衣和苔藓对碳酸盐岩的风化有重要影响，当微生物在碳酸盐岩表面形成大量微孔后，微孔中的营养物质为微生物的附着提供了便利条件。由细菌和真菌产生的具有络合三价铁能力的配合基以及由苔藓、地衣产生的肺衣酸等酸类分泌物具有促进岩石风化的效果。真菌菌丝能插入岩石缝隙中，加快岩石的破坏。

微生物风化作用机制主要是其新陈代谢活动和分泌的化学物质溶蚀岩石，或通过导致矿物发生成岩变化，或溶解的岩石组分氧化还原作用来腐蚀岩石，主要作用包括以下几种机制。

1）酸溶作用：分泌酸性物质是微生物对矿物岩石进行风化的最普遍方式，土壤中的无机酸主要来源于微生物代谢过程中分泌的质子及呼吸作用释放的CO_2，有机酸主要来自细菌和真菌等对有机物质的降解，细菌产生的酸包括甲酸、乙酸、醋酸、乳酸、琥珀酸、丙酮酸和其他一些小分子有机酸，而真菌产生的是柠檬酸、草酸和苹果酸等。微生物分泌有机酸，与岩石中的金属离子络合，促进矿物岩石风化[36-37]。

2）酶促催化作用：微生物分泌的酶可加速矿物溶解。近年来微生物分泌的碳酸酐酶对碳酸盐岩的风作用引起学者的广泛关注。余龙江等以及李为等[38-39]发现藻类和土壤微生物产生的胞外碳酸酐对碳酸盐岩溶解有较强的促进作用。在水分充足的条件下，碳酸酐酶能催化CO_2在水中溶解，促进石灰岩溶解，加快成土速率，并通过固定环境中的CO_2产生岩溶碳汇效应。最新的研究成果[40-41]也表明岩溶土壤的真菌和细菌中的碳酸酐酶对岩溶动力系统碳循环具有明显的促进作用，是岩溶碳循环重要的研究内容之一。碳酸酐酶促进石灰风化和溶解，可以从土壤 – 岩石界面水化学动力学变化来了解。

3）氧化还原溶解作用：地球元素循环与氧化还原反应直接相关，是驱动矿物风化、土壤物质循环的引擎。微生物通过氧化还原作用对含铁、含锰矿物进行溶蚀和分解。微生物的呼吸作用本质上即是氧化还原反应，该反应不仅可以发生在细胞内部，也可以发生在细胞膜外。如在缺磷的环境微生物为了获得足够的磷，可利用氧化还原反应还原 Fe–P 或 Al–P，从而促进矿物的风化，风化后不断释放的磷供给微生物利用[42]。金属还原菌利用矿物中的金属元素作为电子受体，以周围环境中的有机质作为电子供体进行耦合反应，获得自身代谢所需的能量[43]。

4）微生物营养需求性矿物溶解：微生物从环境中获取能量和矿物营养供其生长发育需要，这将导致环境中电荷平衡、pH 和氧化还原电位明显变化，同时导致环境中的矿物岩石的溶解。Maurice 等[44]发现，在有氧条件下，含有高岭石的矿物培养基中培养好氧假单胞菌可以促进高岭石分解以获取营养元素。铁是不可溶的，微生物生长因缺铁而受到限制，正是由于微生物的营养需求驱动了高岭石的风化分解[45]。大量研究表明，微生物以吸收矿物元素作为其矿质营养，对矿物岩石的溶解取决于所需微量元素和微生物特征。

5）菌体与矿物复合体的综合作用：微生物对矿物岩石的风化不是单因素作用，是菌体和矿物复合体对矿物多方面的综合作用的结果。此外，微生物分泌的大分子有机物如多糖物质包裹矿物颗粒，形成多种胞外聚合体，在微生物细胞固着的矿物岩石表面形成生物膜，矿物在其内溶解，促进矿物风化。连宾等[46]研究硅酸盐细菌对钾长石和伊利石解钾作用时发现，首先硅酸盐细菌与钾长石和伊利石形成矿物复合体，对矿物表面进行溶蚀，使矿物颗粒晶格逐渐发生变形或崩解；其次硅酸盐细菌对矿物钾有主动吸收作用；最后硅酸盐细菌代谢产物等化学因子也对矿物颗粒有化学降解作用。细菌多方面的综合作用促使矿物风化和解钾。谌书等[47]研究黑曲霉对磷矿石的风化作用时发现，磷灰石被黑曲霉分泌的大分子有机物如多糖物质包裹形成了生物膜，磷灰石在生物膜中被溶解。

2.根际环境养分循环过程中的地球化学作用

早在 1845 年，Ebelmen 推测植物根部分泌的有机酸，促进了土壤矿物的风化。直到近期，地质学家开始逐步关注土壤 – 根系相互作用。

1）植物在矿物风化、土壤形成中的作用：微生物在土壤母质表面的生长繁殖使母质逐步累积了有机质和氮素，为低等植物的生长准备了条件。土壤微生物和低等植物能产生大量的分泌物，这些分泌物对土壤的形成起着开拓先锋的作用，可腐蚀岩石、加速岩石风化、改变母质性能、不断提升土壤肥力,逐渐形成土层浅薄的原始土壤。随着苔藓类的大量繁殖,生物与岩石之间的相互作用日益加强,原始土壤不断发育,为其他高等植物的生长提供了可能,而高等植物的着生,加快了成土过程,促使成熟土壤的逐步形成和分化。植物在土壤发生和发育过程中起着至关重要的作用。成土过程实际上是植物营养物质的地质大循环(地质淋溶过程)与生物小循环(生物积累过程)之间的协同过程。前者是地表岩石因风化作用而释放出各种植物营养元素的过程,后者是植物有选择地吸收母质、水体和大气中的养分元素,并通过光合作用制造有机质,然后以枯枝落叶和残根的形式将有机养分归还给地表,形成土壤中最重要的成分"腐殖质",促进土壤肥力的形成。地质大循环为土壤的形成准备了条件,而生物小循环则使土壤的形成成为现实。没有地质大循环就不可能有生物小循环,没有生物小循环则成土母质不可能具有肥力特征而形成土壤。

2)植物根系对土壤发育的影响:土壤和植物根系之间交互作用的重要方面是土壤圈与生物圈之间的物质循环。植物对土壤及生物圈的矿质养分的循环有重要影响,White 等[48]在分析草地矿质养分在生物/非生物分界面的宏观循环通量时发现,植被对不同元素循环的影响不一致:在分界面上层(即生物层)的土壤溶液中,K 和 Ca 的浓度随草地植被的生长发生季节性的变化;而在下层(即非生物层)的土壤溶液中,K 和 Ca 的浓度没有季节性变化。另外,因为植物对 Mg 的需求较小,Mg 呈现由生物层向非生物层渗漏的趋势。同时,植物根系对土壤的形成与分化有重要影响,植物可以保持或改变土壤的物理结构、化学成分等,对优化、改善土壤,保持地球表层土壤圈的生态和生产功能具有无可替代的重要作用。

3)土壤 – 微生物 – 根系相互作用:严格地讲,植物没有纯粹的根,因为植物根系通常与土壤中的微生物形成一个联合体。典型的根系和土壤微生物的联合体是菌根共生体系。丛枝菌根真菌(AMF)是最古老的一类共生真菌,丛枝菌根最早出现在大约 4 亿年前的泥盆纪,几乎与陆生植物同时出现在地球上[49],而外生菌根真菌(EMF)与被子植物同时出现在 1 亿年前的白垩纪。在全球范围内,外生菌根和内生菌根植物占据了植物种类的 90% 以上[50]。很多研究表明,菌根真菌在岩石矿物的风化和养分的生物地球循环中起着十分重要的作用。Taylor 等[51]阐述了植物 – 菌根真菌共生体系影响岩石矿物风化的五种主要机制:①分泌物,包括活性成分(比如 H+和低分子有机螯合剂)对矿物的溶解作用;②根系和微生物的呼吸作用增加了土壤溶液中 CO_2 的分压;③有机物降解过程增加了土壤溶液中高分子量有机酸和低分子量有机螯合物的浓度,激发异养生物的呼吸作用,从而促进盐基离子自生物有机体归还至土壤溶液;④植物蒸腾作用增加了水分在土壤 – 植物系统的流动,同时带动盐基离子和其他养分周转,影响土壤水分的存留时间并在区域尺度影响水分平衡;⑤根系和菌根真菌通过影响土壤团聚过程和土壤结构而减少土壤侵蚀。这些途径包括了外生菌根真菌和丛枝菌根真菌对生物风化过程的可能影响途径。然而，不同菌根真菌类型（丛枝菌根真菌和外生菌根真菌）在矿物风化机制上是有一定区别的。

二、国内外对比分析

　　土壤是具有生命的地球关键带的主体，位于地球大气圈、水圈、生物圈和岩石圈的界面上，是这些圈层共同作用的产物。土壤一直是喀斯特地区研究的核心，在喀斯特关键带中起到连接大气、水、岩石和生物等环境要素的关键作用。土壤圈通过与其他圈层间的物质交换影响生态系统的演化、影响全球气候变化、影响人类生存环境。土壤圈与其他圈层的物质交换和循环以及控制圈层中和圈层间的物质循环的生物地球化学过程的研究对认识人类生存环境变化进而对其进行保护具有重要意义，因此，备受国内外研究者的广泛关注。近年来，国内外研究学者在该领域开展了大量系统工作，其中国际上主要将碳循环作为地球系统物质和能量循环的核心，从地球关键带视角研究生态系统碳循环的生物地球化学过程与机制，强调生物碳固定及分配、从地表到基岩的土壤碳库分解和转化，而国内学者以典型喀斯特小流域为研究对象侧重于流域系统的碳迁移与平衡等关键环节，根据喀斯特生态系统退化和石漠化过程的不同阶段或生态演替阶段，结合基岩性质、土壤类型、水文条件等因素，在结合土壤学、水文学、生态学和地理学的理论和研究手段及方法的基础上，充分利用元素地球化学、多种同位素地球化学示踪和化学计量学理论及方法，对喀斯特生态系统中不同界面物质的生物地球化学循环进行了多学科交叉研究，并获得重要研究成果。国内外的研究表明喀斯特流域生物地球化学循环活跃、相互耦合，并与流域生态环境变化相互制约；人类活动正干预流域物质的自然生物地球化学循环过程，并导致产生相应的生态和环境效应；全球变化科学深化有赖于区域生态环境变化及物质生物地球化学循环的研究，这些认识是未来系统深入开展喀斯特以及其他流域生态系统物质生物地球化学循环研究的重要方向。

三、应用前瞻／热点问题

　　碳循环是地球系统物质和能量循环的核心，是地圈－生物圈－大气圈相互作用的纽带。从岩溶关键带视角理解生态系统碳循环的生物地球化学过程与机制，应该强调生物碳固定及分配、从地表到基岩的土壤碳库分解和转化，以及小流域碳迁移与平衡等关键环节。

（一）从岩溶关键带视角理解净生态系统碳平衡过程与控制机制

　　目前，地球关键带过程与功能是国家自然科学基金委员会地球科学部重点项目领域，其中关键带物质和元素循环的生物地球化学过程、机制及其生态功能是资助方向之一。陆地生态系统对碳的吸收、迁移与转化主要通过垂直尺度与水平尺度的碳输入和输出。在地球关键带科学的框架下，应加强在流域尺度上从冠层到基岩系统认识小流域碳迁移过程与平衡机制。Brantley 等[52]提出测量和模拟整个流域上生态系统—大气—地表下岩石间的水、能量和碳交换是地球关键带的关键科学问题之一。稳定同位素和土壤微生物等新技术的进步为生态系统碳平衡过程及控制机制研究提供了新的契机，例如，能够揭示从地表到基岩土壤与溪流 DOC 浓度和性质的差异及其对生态系统碳平衡的贡献，以及土壤 DOC 产生的微生物调控机制和降水径流、酸碱度及次生矿物等对 DOC 迁移的影响机制。生物地球化学过程模型通过综合分析观测数据和总结规律，在理论知识验证的基础上，对不同气候、土地利用类型、土壤类型等条件下的物质循环过程进行定量估算，为定量估算流域尺度生态系统碳平衡以及碳利用效率提供了有效工具。

（二）从岩溶关键带视角理解生态系统内部碳迁移与转化过程与控制机制

在地球关键带科学的框架下，应加强在流域尺度上从冠层到基岩系统认识碳循环的生物地球化学过程、机制及生态功能，系统阐明生态系统植物碳固定及分配机制、从地表到基岩的土壤碳库分解和转化机制及小流域碳迁移过程与机制。稳定同位素和土壤微生物等新技术的进步为生态系统碳迁移和转化过程及控制机制研究提供了新的契机，例如，利用针对植物不同器官的野外原位采样以及野外自然条件和室内控制条件下的 ^{13}C（^{14}C）连续或脉冲标记方法，可以研究植物体内 SC 和 NSC 之间分配的权衡关系、植物间地下碳交换过程以及从地表到基岩的土壤碳分解过程和机制；通过设置不同的环境胁迫（如干旱和光照等）和人为干扰（如火烧和砍伐等）条件，探讨生态系统内部碳迁移与转化过程与控制机制；揭示基岩风化养分输入等对生态系统碳过程的影响等。

第二节　岩溶地区植被退化与恢复

一、最新研究进展评述

喀斯特（Karst）是在一定的地质、气候和水文等条件下，地下水和地表水对可溶性岩石（主要是碳酸盐岩）溶蚀、侵蚀和改造作用下形成的地貌，是由高溶解度的岩石和充分发育的次生孔隙度相结合产生的一类拥有特殊水文和地形的地质景观。世界喀斯特景观约占陆地总面积的 15%，从热带到寒带的大陆和海岛均有喀斯特地貌发育，主要分布在我国、东南亚国家（如越南、泰国、印度尼西亚等）、地中海沿岸国家（如法国、意大利、斯洛文尼亚等）、美洲国家（如美国、墨西哥、加拿大等）等[53]。我国西南喀斯特地区面积达 90 多万 km^2，是全球喀斯特集中分布区面积最大、岩溶发育最强烈、景观类型复杂、生物多样性丰富、生态系统极为脆弱的典型地区，在全球喀斯特生态系统中占有重要地位[54-55]。喀斯特石漠化是我国西南地区限制社会经济发展的重大生态环境问题[56-61]。国家高度重视喀斯特地区石漠化治理，2008 年，国家启动了以森林植被恢复为主的石漠化综合治理工程，2016 年启动二期工程[61]。经过多年的持续治理和保护，石漠化防治工作取得阶段性成果[62-63]，但因为岩溶生态系统脆弱，石漠化治理仍具有长期性和艰巨性，仍有 1007 万 km^2 石漠化土地需要治理。

（一）我国喀斯特石漠化治理现状

我国石漠化主要发生在以云贵高原为中心，北起秦岭山脉南麓，南至广西盆地，西至横断山脉，东抵罗霄山脉西侧的喀斯特地区[60, 64]。国家高度重视喀斯特地区石漠化治理，2008 年，国家发改委组织实施了以森林植被恢复为主的 100 个县西南岩溶石漠化综合治理试点工程，后增加至 314 个县。2016 年启动石漠化综合治理二期工程，并且建设力度进一步加大，将石漠化综合治理列为推进国家重点区域生态修复的主要内容[61]。根据国家林业和草原局公布的最新《中国·岩溶地区石漠化状况公报》（2018），截至 2016 年年底，岩溶地区有石漠化面积 1007 万 km^2，与 2011 年相比，岩溶地区石漠化土地总面积净减少 193.2 万 km^2，减少了 16.1%，年均减少 38.6 万 hm^2（386000 km^2）。经过多年的持续治理和保护，石漠化防治工作取得了阶段性成果。但是，因为岩溶生态系统脆弱，石漠化治理具有长期性、艰巨性和复杂性，防治形势依然非常严峻。

（二）喀斯特区植物生长的水分与养分限制性

由于碳酸盐岩为可溶性岩石，在风化成土过程中 90% 的物质随流水流失[65]，因此成土十分缓慢（形成 1cm 土层需要 1.3 万 ~ 3.2 万年[66]），致使土层非常浅薄而不连续[67]。张信宝和王克林[68]的研究发现，黔中高原王家寨喀斯特山坡和广西环江喀斯特山坡的平均土壤质量厚度分别为 16.04kg·m^{-2} 和 21.95kg·m^{-2}，相应的土壤厚度分别仅为 1.6cm 和 2.2cm。我们前期对黔中高原喀斯特区不同植被类型下表层土壤厚度进行的调查中也得出类似的结果，平均土壤厚度为 4 ~ 9cm[69]，远远低于非喀斯特地貌上的土壤厚度。同时，岩溶地区绝大多数地区山高坡陡，降雨丰沛集中，暴雨多，极易导致水土流失[60]。

浅薄的土层意味着喀斯特地区土壤水分与养分调蓄能力较低。首先喀斯特生境中普遍存在着不同程度的季节性与临时性干旱。季节性干旱主要是因为我国西南地区大部分降雨集中在夏季，而秋冬春季降雨少。而临时性干旱主要是由于土层浅薄且不连续，持水能力低，漏失严重引起的[70]。即使在降水较多的雨季，也只能在每次降雨后维持短时间的水分充足。例如，在乌江流域岩溶石质山地中，连续放晴下，未郁闭新造林地的土壤能保持的田间持水量仅可供植物 7 ~ 14 天的蒸腾[71]；在云南建水喀斯特生态站乔木林和灌丛样地连续监测也发现，经充足降雨达到田间持水量后，在连续放晴天气下林地土壤水分仅可供植物 10 ~ 15 天的消耗[72]。因此，喀斯特生态系统中，对水分亏缺的适应是植物生存、发展的首要前提[53, 73-75]。目前，关于喀斯特地区植物生长水分限制的研究多集中在某（几）种植物的抗旱生理机制、抗旱性评价和耐旱物种的筛选上。研究者通过生长状况、吸水和耗水潜能、水分利用效率、稳定性同位素、解剖特征、生理和生化响应等指标的测定对喀斯特植物抗旱性进行了综合评价[70-71, 76-83]。另外，土壤总量少而导致的矿物养分总量缺乏（除 Ca、Mg 等元素外），也是限制我国西南喀斯特植被生产力和退化植被修复的重要原因。Du 等[84] 在研究 6 种喀斯特优势植物叶片 N:P 比值的基础上得出，生态系统退化过程中喀斯特植被受到 P 的限制性逐渐增大。我们前期通过对贵州喀斯特山地 4 种不同退化阶段 8 个功能群 124 种植物叶片的 13 种元素含量研究发现，喀斯特植物成熟叶片大多数养分元素的含量均低于全国水平，尤其 P 平均含量（$1.5g \cdot kg^{-1}$）低于植物生长的生理需求量（$2.0g \cdot kg^{-1}$），喀斯特区植物主要受到 P 的限制[85]。Wei 等[86] 研究认为喀斯特草地受到 N 限制，而灌丛受到 N、P 及其他元素共同限制，次生林与原始林主要受 P 限制。Liu 等[87] 通过对广西环江喀斯特典型小流域植被恢复过程中土壤 C、N 元素耦合关系研究发现，植被恢复初期受 N 素限制，需快速添加 N 素。

总体上，喀斯特地区植物的生长受到缺土少水少肥的限制已经形成共识，以上大量研究对石漠化区植被的恢复具有重要的理论价值。不过，目前尚未有在群落水平展开水分养分不足对喀斯特植被的影响方面的研究，资源的供给不足如何影响喀斯特植物群落的物种组成与结构尚不清晰。

（三）喀斯特区退化植被恢复技术

岩溶区植被演替过程受岩溶区生境异质性、地形、土壤理化性状的制约，同时与物种的生理生态特性、其相互关系及微生物环境密切相关[88]。岩溶区植被演替的主要驱动力是高度的景观异质性、地形、土壤理化性质和微生物环境、物种的生理生态特性及其相互竞争关系。西南岩溶区植被自然顺向演替需经过 6 个阶段：草本群落阶段→草灌群落阶段→灌木灌丛阶段→灌乔过渡阶段→乔林阶段→顶极阶段[89]。森林植被的恢复是岩溶区生态治理的关键。而人工造林是恢复和重建森林植被最快速、有效的手段，科学的造林技术与措施是造林成功及取得良好成效的保障。学者们在岩溶区人工造林长期研究和实践中取得较多技术与经验，主要集中在树种筛选与快繁、岩溶山地造林技术与植被恢复模式构建[90-91]。

二、国内外对比分析

王俊丽等[53]利用 1990—2017 年 Web of Science 数据库中喀斯特植被生态学研究的相关文献信息，统计发现文献涉及全球 60 个国家，我国的发文量占发文总量的 50.33%，遥居全球榜首，其次是美国和斯洛文尼亚等国。此外，发文量前 10 的作者均来自我国，发文量较多的机构也多来自我国。我国学者围绕我国西南喀斯特退化生态系统适应性修复与生态系统服务功能提升，在喀斯特区域生态恢复评估、植被演替动态及其驱动机制、喀斯特土壤结构与性质、喀斯特植被系统的碳、水循环、石漠化区域生态修复、群落结构与树木生理等方面开展了丰富的研究工作并取得大量成果。国外学者对喀斯特植被也开展了较多研究工作，特别是在波多黎各、斯洛伐克、斯洛文尼亚、多米尼加、墨西哥等喀斯特地貌分布相对广泛的国家或地区，而泰国、越南、马来西亚、土耳其等国虽有喀斯特地貌分布，但迄今未见或极少见有与喀斯特植被生态学相关的研究成果。总的来看，受国家间喀斯特地貌分布面积差异以及科研力量强弱等因素影响，国外学者近几年在该领域的成果产出相对较少，且多在群落组成和植被分布格局等层面开展基础性研究工作，作者间未形成明显的合作研究群体。我国学者在喀斯特植被生态学方面的研究非常活跃，是全球该领域前沿动向和发展趋势的引领者，这与我国近年来在喀斯特相关研究领域的科研经费投入以及加快人才培养等因素密切相关。

三、应用前瞻 / 热点问题

虽然经过多年的持续治理和保护，我国石漠化防治工作取得了阶段性成果，然而石漠化综合治理中植被恢复仍存在诸多问题。首先，治理难度逐步增大，单位面积及单项措施投资标准低。以 2016 年启动的国家石漠化治理二期工程为列，石漠化治理重点县投资额每年约 1000 万元 / 县，而能用于人工造林投资仅 600 元 / 亩左右，水利设施建设仅能支持少量高效农田及经济林发展，难以开展大面积石漠化荒山人工植被的灌溉及施肥调控。其次，石漠化区植被恢复还存在基础研究薄弱、对工程建设的技术支撑力度不够。例如，受技术条件限制，大部分石漠化治理植被恢复还是初级的，植被以单一树种的灌木型为主，占 56.5%[63]。而其他林草植被恢复模式大多局限于耐旱树种或经济树种组配，对模式存在的问题以及模式调整、结构优化方面尚缺乏深层次探讨，致使模式构建的科学性和有效性受到质疑[92-93]。针对这些问题，越来越多的学者认为，在有限投入条件下，遵循喀斯特自然植被的发育规律，模仿自然进行植被建设是石漠化区营建健康稳定植物群落的有效途径[75, 94-97]。因此，研究天然植物群落如何通过物种间生态位分化组成和群落结构优化实现对缺土少水少肥的适应，科学指导如何在石漠化区构建稳定健康人工的植物群落，将是石漠化治理研究中的热点和难点。

四、未来预测

虽然国内外学者在喀斯特植被生态学领域已取得较多成果，但与全球地带性的热带森林、草地等植被类型相比，对非地带性的喀斯特植被的研究关注度和生态规律的掌握程度还甚为滞后，迄今对喀斯特生境下植被结构和动态的过程与机理的理解还知之甚少，诸多基于地带性植被研究所提出的理论、假设或模型，如分析群落构建过程的生态位理论和中性理论，解释植被地理格局的代谢理论和多度 – 适应性假说，预测植被动态的 iLand 模型和 LANDIS 模型等，它们是否适用于解释非地带性的喀斯特植被的分布、结构与动态？对此至今仍然存疑[53]。喀斯特生境特殊的地质、水文等背景，都极大影响其上发育的植被，因此，未来学者们将更加注重多学科、多领域的交叉研究，构建适应于喀斯特生境的植被格局、过程与动态的生态理论、假说或模型。同时，随着国内外研究者合作加强，未来将建立全球的喀斯特植被监测网络，长期观测并对比分析不同区域或类型喀斯特植被的动态过程和生态功能演变机理。

第三节　岩溶水土漏失阻控技术

一、最新研究进展评述

岩溶地下水土漏失是喀斯特山地特有的土壤流失方式，是岩溶石漠化治理的难点问题之一，已成为制约岩溶地区可持续发展的一个重要因素。土壤侵蚀过程和碳酸盐岩溶蚀侵蚀过程综合作用导致岩溶区特有的地下水土漏失。长期以来，传统水土流失研究方法在岩溶区不适用，严重制约了岩溶水土漏失的研究进程，许多科学问题有待进一步阐明。加强岩溶区水土流失漏失研究，对国家石漠化治理的重大需求具有重要的现实意义。

强烈的岩溶化学侵蚀过程从两个方面促进水土漏失和石漠化的形成和发展：一方面，较快的溶蚀速度降低碳酸盐岩的造土能力，导致岩溶区土层浅薄、土壤总量少；另一方面，强烈的岩溶化学侵蚀过程，不利于表层水土的保持，导致土壤贮水能力低，水土从裂隙、管道和溶洞渗漏，加速石漠化的形成和发展。岩溶区独特的二元水文结构，增强了岩溶区水循环过程和土壤侵蚀过程的特殊性和复杂性[98-99]。

岩溶水土漏失概念近年来许多学者对其进行了定义。蒋忠诚等[100]认为水土漏失是岩溶地区所特有的水土流失过程，是指在具有二元结构的岩溶区，地表土壤在水的驱动作用下沿着落水洞与岩溶裂隙向下迁移到地下河形成土壤丢失的过程。张信宝等[101]认为地下水土漏失是指孔隙和孔洞上方覆盖的土壤在重力作用下通过蠕滑和错落等方式，造成坡地地面溶沟、溶槽、洼地和岩石缝隙内的土壤沉陷，这一过程称为土壤地下漏失。郭红艳等[102]认为地下水土漏失是指岩溶地区地下空隙、裂隙与管道上方覆盖的土壤通过蠕滑和错落等重力侵蚀方式填充，造成地表土壤、成土母质等沿岩溶溶沟、岩溶溶槽、洼地和岩石缝隙进入岩溶地下含水层。周永华等[103]认为水土漏失是指岩溶裂隙、岩溶管道上方覆盖的土壤在重力作用下向地下系统搬运以及洼地土壤在水驱动下经落水洞、天窗到地下暗河迁移形成土壤丢失的过程。

　　发展野外水土漏失观测技术和侵蚀模型，揭示水土漏失的机理，是目前国际国内研究岩溶区水土漏失的前沿热点。现有岩溶区水土漏失研究方法主要有河流泥沙观测、坡地径流小区观测、人工模拟降雨、遥感影像、核素示踪以及探地雷达技术、洞穴沉积物和地下河监测等方法[104-105]。近年来，在喀斯特峰丛洼地区、岩溶高原区、断陷盆地区和岩溶槽谷区4个岩溶类型区，水土漏失机理研究发展较快。岩溶化学侵蚀速率和岩溶水土流失模型构建研究也在不同区域开展实验，为定量化岩溶区土壤允许流失量奠定了基础。

　　目前，岩溶地区水土保持模式总体以地表水土保持模式为主，水土漏失的防治措施研究还处在初步研究阶段，未能满足岩溶地区水土保持的需求，是岩溶区亟须解决的重点技术难题。岩溶区水土漏失防控研究主要集中于采取工程措施以及生物措施防止土壤经漏斗、落水洞和竖井进入地下河系统。利用生物措施具有经济、社会价值，而且还可以在成土过程中起到作用，促进岩溶石漠化植被恢复，是当前防治岩溶区水土漏失发展的重要方向。

二、国内外对比分析

　　国外对岩溶水土漏失研究起步于20世纪80年代，陆续在西爱尔兰、地中海地区、澳大利亚及俄罗斯等地展开。国外的水土漏失研究主要集中在土壤侵蚀和地下水过程模型研究。近年来，国外学者进一步深入对模型参数和对土壤侵蚀过程模拟研究。Eris and Wittenberg[106]研究了土耳其安纳托利亚南部喀斯特区马纳夫加特河地下水过程，通过地下水追踪技术，研究了流域流量退水曲线和基流分离方法。Katsanou[107]研究希腊伊庇鲁斯卢罗斯河岩溶含水层的地下水管理，并研究岩溶泉退水曲线和对数结构持续时间曲线，应用于卢浮盆地复杂岩溶系统。Elena等[108]基于数字高程建模建立了俄罗斯北部泰加平原喀斯特地貌侵蚀过程。Teixeiraparente等[109]对新近发展起来的岩溶水文模型进行了参数研究，利用奥地利岩溶泉流量进行模拟，采用高维贝叶斯方法进行参数的敏感性分析。Martin等[110]利用美国佛罗里达州北部利用一个泉群中的 6 个泉（Ichetuckene 泉）的 1980—2005 年水文资料，研究了考虑气候变化影响的地下水管理。

我国西南喀斯特地区以溶蚀为主的土壤侵蚀严重，其成因复杂，危害严重。近年来，国内对岩溶区水土漏失研究在传统方法研究的基础上，有进一步的突破。

人工降雨模拟地下水土漏失实验近年来发展较快。严友进等[111]通过采用钢槽装填土石装置探索人工降雨条件下表土剥离后喀斯特坡地侵蚀产沙特征及机制，表明坡地侵蚀产沙以地下流失为主。增大地下孔（裂）隙度能显著提高地下产流量和产流系数，并促进地下孔（裂）隙产沙量和产沙比重的增加。Dai 等[112]研究地表和地下的产沙率及其分布比，研究表明地表产沙率对降雨强度响应较大，基岩裸露度对地表和地下的产沙分布影响较大。Li 等[113]研究表明，地下水随着雨强的增大，洪峰呈现明显增加趋势，弱降水条件下，土壤水对产流起着主导影响作用；在强降水条件下，裂隙水起着重要的调蓄作用。Fu 等[114]利用人工降雨模拟研究表明，地下水流主要沿土壤 – 表层岩溶界面发生。表层岩溶带对岩溶区径流的产生起到了很强的控制作用，并将表岩溶调水能力定义为表岩溶地表凹陷充填、表岩溶持水、表岩溶渗流和深层渗流之和。

岩溶区地下水土漏失观测方面，主要以径流小区结合同位素 137Cs 观测、探地雷达观测研究较多。魏兴萍等[115]运用同位素 137Cs 和配比法研究土壤地下漏失机理，认为岩溶槽谷区土壤存在地下漏失现象，在有落水洞发育的溶蚀洼地内，土壤从落水洞流失明显；而土石界面的土壤可以通过裂隙进入地下河，但量很少。Wei 等[116]通过监测径流小区内的径流，在径流小区内的桩、墙上绘制痕迹等常规方法，并测定中、小型岩溶区的同位素 137Cs 活性，定性、定量地描述重庆岩溶区的土壤渗漏现象。结果表明，在小、中、大的空间尺度上，土壤渗漏现象随作用过程的不同而不同。彭韬等[117]基于探地雷达解译黔中高原黔西县喀斯特坡地表层岩溶带空间分布特征研究，表明地面物质组成和表层岩溶带发育厚度关系密切，坡地石质化比例提高，表层岩溶带发育较深。同时还指示了喀斯特坡地土地石质化是表层岩溶带地质历史时期不断溶蚀发育演化、土壤地质历史持续漏失的结果。王升等[118]利用探地雷达观测了典型的峰丛洼地，并建立了不同自变量下的线性回归模型和 GEP 模型估算坡地土层厚度。

岩溶区地下水土漏失模型模拟研究在国内也取得了许多进展。龙明忠[119]在贵州利用 WEPP 模型模拟石漠化地区土壤侵蚀过程，并有新的认识，应用 WEPP 模型对喀斯特地区土壤侵蚀模数模拟计算，必须考虑水土的地下漏失、地表裸岩率、地形高度破碎等环境条件。陈美淇等[120]研究表明，坡度对土壤侵蚀的影响大于坡长，陡坡耕作是导致贵州喀斯特区耕地土壤侵蚀严重的主要原因。Feng 等[121]基于物理的、空间分布的侵蚀模型，即修正的 Morgan 模型和 Finney（RMMF）模型，用以估算中国广西西北部喀斯特集水区表层土壤侵蚀率及其空间格局。结果表明，用 137Cs 模拟的坡面年土壤侵蚀速率与野外观测侵蚀速率吻合较好。利用 137Cs 进行地下水土漏失研究与模型模拟相结合是现阶段发展的趋势。李成志等[122]基于 GIS 技术和 RMMF 模型，对环江县土壤侵蚀进行模拟，并采用邻近水文站和径流小区泥沙监测数据进行验证。

近年来岩溶化学侵蚀和溶蚀速率研究主要集中在样地观测和影响因素方面的进展。黄芬等[123]研究表明，农业地区过量施用氮肥形成的硝酸对碳酸盐岩的溶解会减弱岩溶碳汇效应，其量可达到 7%~38%。黄奇波等[124]通过在山西晋中盆地西南，吕梁山东侧的半干旱岩溶区典型小流域开展标准试片与当地试片的对比溶蚀实验研究，结果显示当地试片的溶蚀速率明显小于标准试片，表明使用标准溶蚀试片法会使岩溶碳汇强度被高估。范周周等[125]研究表明，岩溶地区针叶林根际土壤微生物有利于碳酸盐岩的溶蚀，加快成土速率，碳酸酐酶对碳酸盐岩的溶蚀具有促进作用。

岩溶区水土漏失过程特殊、复杂，需要针对其环境的特殊性研发水土保持模式和技术，包括地表侵蚀和地下漏失的阻控技术措施。总体而言，目前喀斯特区坡地水土流失的阻控措施主要包括工程措施、耕作措施和生物措施 3 大类。Jiang 等[126]认为，喀斯特区水土保持必须结合石漠化的综合防治，以水土资源的有效保护和充分合理利用为原则，以生物措施为主，其他措施为辅。罗鼎等[127]对紫羊茅、高羊茅、黑麦草、早熟禾、扁穗雀麦、紫穗槐、红三叶、刺梨、白三叶、火棘等进行了水土漏失阻控效果研究，优化了植物篱配置模式。研究还表明，渗透性高的土壤，植物篱的减流减沙作用得到增强；不同类型植物篱，在喀斯特山地条件下的减沙效果表现都很好，平均减沙率在 70% 左右。王恒松和张芳美[128]利用根系密集的刺梨作为植物篱，其在生长发育过程中，分泌大量高分子黏胶物质和多糖类物质，将土壤团聚体缠绕串联，形成强大的黏结力，加强土壤抗侵蚀能力。研究结果还表明，岩溶区土壤抗侵蚀能力与 d<1mm 的须根密度呈极显著正相关关系。选择根系强大的植物如桂牧一号、银合欢等进行水土漏失防治，不仅可以在成土过程中起到作用，强大的根系系统能固定裂隙、管道中的土壤，增强土壤结构稳定性与抗冲能力，还可以减弱降雨的动能，抑制水土漏失的发生。周梦玲等[129]利用南阳淅川县丹江口库区喀斯特小流域 9 场降雨的产流产沙观测，结果发现，喀斯特石漠化区不同植被类型径流小区产流量呈现疏林地 > 灌草地 > 乔木林地 > 坡耕地，产沙量呈现坡耕地 > 疏林地 > 灌草地 > 乔木林。黄承标等[130]通过连续五年对木论喀斯特森林及其灌草坡两种植被类型水土保持效益的定位监测对比，得出结论喀斯特森林植被侵蚀模数极微弱，充分表明该区森林植被对保持水土、防止土壤退化等方面具有极重要的功能。

三、应用前瞻 / 热点问题

岩溶区水土漏失阻控是目前亟须解决的科学难题。水土漏失机理的突破和水土漏失阻控技术的发展，对防治我国西南岩溶区石漠化有重要意义。由于岩溶裂隙、洼地内的落水洞、漏斗、竖井等地下漏失的潜在危害度高，导致地表土壤瘠薄，基岩大量裸露，而其与地下水管道系统的联系强，土壤大量流入地下水管道系统后，被地下河源源不断地带走，导致河道输沙量增高，危害河道环境。阐明岩溶区水土漏失机理，可以为如何进行水土漏失防治，通过哪些漏失途径防治提供重要支撑。而岩溶区生物措施对水土漏失阻控技术的发展，将大大促进岩溶石漠化区植被恢复。由于生物措施布置减少水土漏失，将有利于水源涵养和土壤保持，从而利于植被生长；另一方面，水土漏失防治植物模式的筛选，有利于进行因地制宜，建立适宜于石漠化区生长的稳定群落。

四、未来预测

喀斯特地区土流失特征具有特殊性，土壤流失叠加了化学溶蚀、重力侵蚀和流水侵蚀的耦合作用，呈现地面流失和地下漏失的双重侵蚀机制。国内外对水土漏失越来越关注，许多学者对水土漏失的过程、方式、机理、危害以及防治措施进行了研究与探索。针对岩溶地区水土漏失阻控研究未来可以从以下几个方面深化。

1）发展地下水土漏失观测新技术和新方法，加强溶洞沉积物法、同位素示踪法以及溶洞水化学特征法进行地下水土漏失观测，并探索新技术、新方法。加强水土漏失监测设备研发与监测方法创新，构建监测水土流失 / 漏失的综合体系，为岩溶水土漏失模型的构建和模型验证提供技术支持。

2）针对水土漏失缺乏实测数据支撑，着力建设长期定位监测体系。由于岩溶地下系统的特殊性，岩溶地区土壤沿孔隙、管道、落水洞以及地下河等途径漏失，漏失过程复杂，而没有定量实测数据支撑，目前观测数据还难以能够对地下水土漏失进行定量化。有必要通过野外长期定位监测体系建立，研究水土漏失的变化特征，进行定量化研究。

3）对不同岩溶背景、地貌类型坡面—洼地—落水洞水土漏失的生物与工程协同阻控技术体系研究。由于岩溶地区存在二元结构特征，导致水土漏失多样性与复杂性，以目前的技术手段较难对漏失途径进行判断，同时方法存在着较大而白云岩与石灰岩等岩性背景的差异，峰丛洼地、断陷盆地、岩溶高原、岩溶槽谷等岩溶类型的差异，水土漏失规律差异显著，有必要加强对不同岩溶背景、地貌类型的生物与工程协同阻控技术体系研究。

第四节　喀斯特循环经济特色产业模式构建技术

一、最新研究进展评述

喀斯特石漠化地区生态系统退化，生物多样性急剧减少，水土流失逐步加剧，已经成为制约我国西南喀斯特地区区域经济社会发展的重大生态问题[131]。石漠化地区已成为我国农村贫困程度最深、社会经济发展严重滞后的地区。生态产业是喀斯特地区经济社会持续发展对良好生态环境的客观需求，是践行创新、协调、绿色、开放、共享五大发展理念的战略选择。

龚德勇针对贵州喀斯特山区农业生态系统脆弱性，最早提出林–果–茶–药–粮–菜–畜（禽）立体农业生态模式[132]。朱富寿针对贵州长顺，首次提出以沼气为纽带的粮–鸡–猪–沼、秸秆–食用菌–畜禽–沼、绿肥饲草–畜禽–沼生态农业模式[133]。增加了沼气的应用，延长了产业循环链条。苏维词、易显凤、吕世勇等都也进行了沼气方面的研究，但没有重大的突破。蒋忠诚提出要引进特色饮料加工厂，逐步发展自己的加工业[134]。万军伟提出以蔬菜为主，林业、经济作物和名贵中药材以及加工业为辅的多种产业结构并存的发展模式[135]。陈志颖提出"生态食品工业园"建设模式、循环经济型煤电化磷一体化生态模式。万里强针对中国南方喀斯特低海拔平坝地区，理论性的提出建立优化粮食作物—经济作物—饲料作物"三元种植结构"[136]。周游游等针对喀斯特丘陵山区生态农业建设，最先建立了以养殖为基础、以沼气为纽带、以种植业为重点的种养循环模式，也称"恭城模式"[137]。张凤太等针对三峡库区岩溶山区生态农业发展，首次提出了生态观光农业模式[138]。邹细霞提出生态种植业–旅游业共建模式[139]，罗朝斌提出将生态桑园与旅游结合开发模式[140]。他们都提出在发展生态农业的基础上，选取特色精品农业园区开展生态旅游，是生态产业发展模式的重大创新。近年来，在喀斯特地区研究中，影响力较大、知名度较高的生态产业模式有"弄拉模式""果化模式""恭城模式""毕节鸭池模式""清镇红枫湖模式"和"关岭–贞丰花江模式"模式。具体为：

蒋忠诚等根据广西马山县弄拉峰丛山区地貌结构和不同地貌部位生态环境的特殊性，在峰丛洼地不同地貌部位发展不同的植被或作物，构建了立体生态农业模式，也称"弄拉模式"[141]。该模式逐步实现了种养结合的喀斯特峰丛洼地立体生态农业模式，是喀斯特峰丛洼地地貌发展生态产业的成功典范。2008年以来，针对喀斯特大洼地套小洼地的复合型峰丛地地貌，在广西弄拉立体生态农业模式的基础上叠加多种农林牧复合模式，将岩溶石质山地综合治理与水资源开发利用、土地综合整治、林草植被恢复、产业结构调整等有机结合，发展生态产业，形成了具有引领作用的"果化模式"。截至 2019 年，"果化模式"实现了年产值达 30 多亿元，带动了近 20 万人脱贫致富，取得了巨大的社会、经济和生态效益。

熊康宁等针对提出了喀斯特高原山地潜在轻度石漠化环境、喀斯特高原盆地轻－中度石漠化环境、喀斯特高原峡谷中－强度石漠化环境，总结性地提出了混农林业复合经营、生态产业集约经营、生态建设循环模式[142]。分别简称为"毕节鸭池模式""清镇红枫湖模式"和"关岭－贞丰花江模式"。

二、国内外对比分析

全球石漠化分布大约从英国中部到地中海，再到中东，到东南亚俄罗斯和北美，因人口和经济压力相对较轻，生态地质环境问题不是很严重，地质环境背景的脆弱性较小，基本只是一个保护问题，有喀斯特发育并没有形成石漠化。因此，国外关于喀斯特区生态产业方面的研究较少。中国西南地区是全球喀斯特集中分布区中面积最大、发育最强、人地矛盾最尖锐的地区。国内从 1988 年开始就有关于喀斯特地区生态产业的研究，经过了 30 年的发展，学者们从种植、养殖、能源等方面着手，提出了影响力较大、知名度较高的生态产业模式有"弄拉模式""果化模式""恭城模式""毕节鸭池模式""清镇红枫湖模式"和"关岭－贞丰花江模式"模式等。

三、应用前瞻／热点问题

（一）石漠化治理与经果林（药）标准化种植

水土流失是导致喀斯特地区生态环境退化的一个重要因素，其对喀斯特地区农业的可持续发展危害严重，如何合理利用喀斯特地区的植物资源是控制水土流失，改善生态环境的关键[143]。中国南方自然条件十分优越，经济植物品种繁多，是我国发展多种经营和建设特色经济植物产业的重要基地，同时利用喀斯特地区的植物资源来控制水土流失是国家石漠化治理工程的重要措施。

以喀斯特地区独特的自然环境为基础，已经形成一批以民营企业为主体经果林衍生产业发展链条。在国家政策的引导下，通过扩大资金投入，加快技术改造，提高质量管理水平和综合竞争能力，不断扩大企业规模。西南喀斯特地区已初步形成现代经果林加工体系，形成神奇、同济堂、百灵、信邦、汉方等跨地区、跨行业的大批企业及企业集团。在石漠化地区广泛涌起的主要有：一是某些有资源优势的经果林系列产品开发，如火龙果、刺梨、花椒、核桃、脐橙、石榴、山药、猕猴桃、花椒、香椿籽等产业化开发；二是中药材产业化经营，如杜仲、黄柏、石斛、五倍子、金银花、天麻等系列产品种植。

（二）石漠化草地建植与生态畜牧业模式

强化草地改良与建设，适度发展草食畜牧业也是石漠化地区产业发展的重要模式。喀斯特生态畜牧业是指针对喀斯特脆弱的特殊生态系统，利用生态位、食物链、物质循环再生等基本原理，采用系统工程方法，结合现有先进科技成果，以发展畜牧业为主，综合开发利用草、畜、林、农，发展喀斯特生态畜牧业的产业体系。发展草食畜牧业是兼顾生态治理、农村扶贫和调整农业产业结构，促进农业产业化发展的重要举措。岩溶地区整体气候湿润，降雨充沛，雨热同季，黑山羊、黄牛等牲畜在岩溶地区培育历史悠久，且部分中高山地区及土层瘠薄地区仅适合于草本植物营养体的生长与繁衍，通过因地制宜地开展草地改良、人工种草等措施恢复植被，提高草地生产力；按照草畜平衡的原则，充分利用草地资源以及农作物秸秆资源，合理安排载畜量，加强饲料贮藏基础设施建设，改变传统放养方式，发展草食畜牧业以及牛羊肉系列产品开发，如关岭、惠水等地的黄牛，沿河、望谟、威宁等地的黑山羊等具地方特色的畜禽产品的产业化开发。

（三）石漠化治理与生态旅游相结合模式

旅游是一个具有经济功能又有资源环境保护功能的产业，把旅游开发作为石漠化综合治理中区域经济发展的重要途径和开发理念，有助于提高资源利用率，实现石漠化（治理）景观价值转变，增加居民收入及改善人居环境。石漠化旅游是一种打破石漠化地区"生态经济恶性循环链"行之有效的手段和途径，是石漠化生态系统中一个新的文化系统和产业发展方向。如洞穴、峡谷、石林等自然风景点及多姿多彩的少数民族风情，可发展洞穴探险、峡谷漂流、民风民俗游等。比较知名的云南石林、广西的桂林山水、贵州织金洞、重庆天坑等均是以石漠化地质景观、喀斯特本土文化景观、石漠化治理景观为核心的旅游资源。

颜廷武认为坚持生态开发与喀斯特山区扶贫相结合，以发展生态旅游农业来发展该区经济。苏维词认为喀斯特山区生态旅游资源丰富奇特，应重点优先发展生态旅游及相关服务业来优化调整喀斯特山区的产业结构；熊康宁等在对贵州花江石漠化治理中，认为贵州喀斯特生态环境类型多样，特殊的地理环境造就了独特的生态文化艺术，旅游资源丰厚，具有发展生态产业和多种经营的优势条件，并在花江开展了社区发展与石漠化综合防治的公众参与实践，并取得初步成效。李阳兵等[144]指出典型石漠化地区不同岩性的土地利用分布存在一定的规律，不同土地利用类型的石漠化发生率有很大差异，并指出石漠化治理重点，提出以社区为基础的自然资源管理。给当地居民以机会或责任，管理他们自己的资源。这些设想和探讨为本研究奠定理论基础和提供经验总结。这些石漠化治理研究包含旅游开发思想，但没有形成系统理论和技术体系。国家"九五""十五""十一五"展打下了一定基础。因此，提出石漠化旅游发展思路，不仅能有效利用闲置浪费的自然资源，实现自然资源价值转化，而且能从生态建设和社区可持续发展互利共进出发，优化农村产业结构，设计特定的生态旅游活动让游客参与到生态保护及社区发展中来。为构建适合石漠化地区生态—社会—经济复合生态系统的产业及社会文化提供一种途径和方法；对生态恢复的成果巩固、当地居民收入提高有一定的帮助。

四、未来预测

1）喀斯特区特色资源挖掘、示范与推广：西南喀斯特地区生态重建初见成效，石漠化面积逐渐减少，石漠化治理已进入深入推进的转型阶段，已经从前期增加植被覆盖度转到植被资源的有效利用阶段。喀斯特石漠化地区特色植物资源丰富，具备较强的开发潜力，然而目前特色物种产业欠开发，特色产业示范工程少，现存产业形式缺乏系统理论指导，缺乏适应性监测，因此不具备广泛借鉴性。喀斯特植被区域的特殊性及其环境的脆弱性决定了应大力挖掘本地特色产业的潜力，开发特色果林产品，将传统特色产业在科学理论指导下进行逐步推广示范和发展，最终实现当地经济产业的特色化、现代化、规模化。

2）复合型林－灌－草立体空间优化配置：在现有石漠化治理模式中，多关注立地条件或经济效益，模式缺乏针对性，基于生物多样性的林灌草复合搭配较少，群落稳定性差。因此，未来研究中应优选合理的生态经济型物种，以植物功能群为单位，优化植被配置措施。使物种配置、密度和所处的空间位置均处于最佳状态。形成生态和经济相统一的复合型林灌草空间优化配置模式。

3）变化环境下水土资源优化配置与气候适应性：喀斯特石漠化地区可有效利用的水土资源俱缺，温饱问题尚未完全解决。发展生态产业必须依靠先进的适用技术，高效合理利用有限的水土资源，把生物节水（如培植推广耐旱作物品种等）、农艺节水（如地膜覆盖、聚拢耕作等）、工程节水（修建鱼鳞坑等）和管理节水结合起来，通过实施"沃土工程"、坡改梯等培土培肥工程和间作套种、立体种植等措施来提高石漠化地生态产业的持续和发展，尤其应该加强气候变化背景下生态产业结构的调整以及对生境的适应性研究。

第五节 喀斯特生态系统服务功能评估

一、最新研究进展评述

石漠化问题由来已久，石漠化区的人地关系的冲突尤为激烈，但是当前对于石漠化的研究多集中在机理机制以及演变过程，对于石漠化与生态系统服务的相关研究却相对较少，不过这两年来呈现明显的增长的趋势。分别以石漠化（rocky desertification）和生态系统服务（ecosystem services）为关键字在中国知网（CNKI）和Web of Science进行检索，得到的中文和英文文献的数量（图4-1）。对于石漠化和生态系统服务的关系主要都是国内的学者进行研究，且主要集中在评估石漠化区或是喀斯特区生态系统服务的状态以及功能区的划分，如凡非得等[145]通过遥感影像对桂西北典型的喀斯特区的多种生态系统服务进行了综合价值的评估，并分析了环境因子与生态系统服务价值的关系以及生态功能区的划分；吴光梅等[146]对贵州毕节示范区、清镇洪湖示范区以及关岭–贞丰花江示范区的涵养水源、保育土壤、固碳释氧、有机质产生以及净化大气的服务价值进行了评估；张斯屿等[147]利用InVEST模型，分析了晴隆县水源涵养、土壤保持和碳存储的时空变化以及与不同程度的石漠化的关系；高建飞等[148]通过对比石漠化治理前后生态系统服务的变化，分析了石漠化治理对生态系统服务的响应关系；Tian等[149]利用SWAT模型和CASA模型对喀斯特区的产水、产沙和固碳进行分析，并衡量三者之间的权衡关系；Wang等[150]运用CASA模型模拟了固碳服务，运用InVEST模型模拟产水服务，运用土壤流失方程评估土壤保持服务，将三种生态系统服务进行权衡，评估云南西北部"绿色换粮计划"实施后对生态系统的影响；Liao等[151]运用压力–状态–响应（PSR）框架，基于生态系统健康（ESH）指数，评估喀斯特生态系统的人类压力和状态，将生态系统服务供给能力与植被恢复程度相结合，综合评估广西壮族自治区石漠化生态修复项目修复效果；Lang等[152]运用生态系统服务权衡综合评估预测喀斯特山区2030年三种土地利用情景，即自然增长，经济发展和生态保护，结合InVEST模型，评估不同情景下土地利用对产水服务的影响；张靖宙等[153]构建起三种不同的情景，分析了石漠化情景对区域内生态系统服务的提升作用最为明显；Zhang等[154]分析了西北部的生态系统服务与石漠化治理工程的关系，得出了人类的治理工程对生态系统服务起到了重要的正向影响；Zhang等设计实施了一个公众参与地理信息系统（PPGIS）方法的分析框架，探索当地利益相关者对典型喀斯特石漠化地区生态系统的偏好和社会价值。通过对不同学者对石漠化与生态系统服务的研究中，发现当前的研究重点依然在评估石漠化区生态系统服务的供给情况以及石漠化对生态系统服务的提升作用，还较少涉及石漠化区的生态系统服务的需求，石漠化地区供需关系的研究能够揭示喀斯特区人与生态系统的相互关系，为区域制定更加合理的石漠化治理措施提供重要保障，需要得到更多的关注和深入的研究。

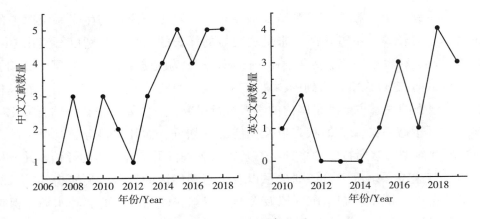

图 4-1　文献检索数量

二、应用前瞻／热点问题

（一）生态系统服务分类

生态系统服务的分类是价值评估和应用的基础，恰当的分类方法对生态系统服务的研究起到至关重要的作用。最早系统的提出的分类是由 Daily 和 Costanza 等完成的，Daily 将生态系统服务分为 13 类，而 Costanza 则将其分为 17 类，包括调节气候、干扰控制调节、调节水供应、水的供给平衡、维持沉积物、预防侵蚀、土壤培育、废物吸收、养分循环、获取食物、传送花粉、避难场所、生物控制、提供原材料、遗传基因库、休闲场所和文化价值。这些分类成为后面学者参考的重要依据。De Groot 等将生态系统服务分为五大类，分别为维持基本为生态过程和生命支持调节功能、为野生动植物提供栖息地功能、自然资源的供给功能、为认知发展提供机会的信息传递功能和为人类活动和基础设施提供适合的基础和媒介的载体功能。而当前使用最为广泛的则将生态系统服务分为供给服务、调节服务、支持服务和文化服务者四大类。后来的学者在此基础之上，进行了完善，提出了新的分类方式。Wallace 等[155]提出了一个基于自然资源的管理系统的分类体系，即良好的物理和化学环境。充足的资源、疾病、天敌和寄生虫的防护以及社会文化的满足与实现。Costanza 等[156]在 Wallace 的基础之上，添加了两类 Wallace 没有包含的依据空特征的分类和依据排他性和竞争性分类，前者分为 5 类，包括全球非空间位置依存服务。局部空间位置依存服务、与方向相关的服务、原位服务与用户迁移有关的服务，后者则依据排他性／非排他性和竞争性／非竞争性二维矩阵将生态系统服务归为 4 类。Fisher 和 Turner 以联结起生态系统服务和人类福祉为出发点，构建了中间服务、终点服务和收益的概念框架。从不同学者对其分类的角度，可以看出，早期的学者主要是按照生态系统服务的功能性来分的，而当前的学者则是将生态系统服务与人类的关系联系起来分的。在今后的研究中，当前的分类会更有利于分析生态系统服务对人类福祉的影响。

（二）生态系统服务价值评估

最早系统评估生态系统服务的货币价值量是《Nature》的一篇文章中，运用了多种价值评估方法对全球的生态系统服务价值进行了第一次核算，其评价的方法与结果引起了学术界的广泛关注，推动了全球范围内的生态系统服务价值评估的研究与应用。同年，Pimentel 等[157]基于生态系统最佳估算模式和维持生物多样性的支付意愿两种方法，对全球和美国的生物多样性经济价值进行了比较研究，估算了全球生物多样性各类功能的年度经济价值；而 Andrew 等通过对 Costanza 等人研究进行相应的指标系数的修正，以巴西湿地为研究对象，评估了其生态系统服务；在国内，欧阳志云等运用影子价格、替代工程或损益分析等方法综合评估了中国陆地生态系统六大类生态系统服务功能的间接经济价值；陈仲新等[158]学者利用 Costanza 研究的价值系数估算了我国生态系统服务价值。谢高地等[159]改进了 Costanza 提出的评价模型，通过对国内生态学者进行问卷调查的方式，最终制定出反映不同土地利用类型的生态价值的中国生态系统服务价值当量因子表。在此之后，国内外有大量的学者基于前人的价值评估方法进行修正和改进，研究了全世界各地区的各种生态系统的服务价值量。货币估值法还常与参与式方法相结合使用，即以支付意愿调查作为生态系统服务需求量化指标。货币估值法的优势在于其可以直观地呈现生态系统服务的经济价值，提高人们对生态系统服务退化所涉及的经济风险认识；并可用于各种生态系统服务间的价值比较与经济权衡。

（三）生态系统服务模型模拟

在生态系统的物质量评估方面，对于不同的生态系统服务类型，采用不同的分析方法与模型，如 Stürck 等[160]利用水文模型 STREAM（Spatial Tools for River Basin Environment Analysis and Management）以及相关数据，测算了欧洲地区洪水调节服务的供给状况；Schmalz 等[161]利用 SWAT（The Soil and Water Assessment Tool）模型以及土壤、土地利用等数据分析了俄罗斯西伯利亚三个地区的水调节服务和土壤侵蚀控制服务；Kandziora 等[162]基于土地利用数据以及统计数据等计算了德国 Bornhöved Lakes 地区的供给服务情况。这些方法大多都是计算特定一种或几种类型的服务，在 2007，由斯坦福大学、世界自然基金会和大自然保护协会共同开发的 InVEST 模型综合了 10 多种生态系统服务，极大地促进了生态系统服务在供给方面的研究。大量的国内外的学者利用该模型评估了全世界各地区的多种生态系统服务供给水平，在国外，Nelson 等[163]运用该模型对威拉米特河流域，通过设置 3 种不同情境计算了土壤保持、碳储存以及水质净化服务，并进行了空间分异评估分析；Outeiro 等[164]利用了 InVEST 模型中的海洋模块，对智利 Los Lagos 的南部地区的三种海洋生态系统服务（生态旅游和娱乐、野生动物濒危物种和栖息地形成）进行了评估，同时基于环境保护与本土开发相结合的情景和工业发展的情景下生态系统服务的变化。在国内，最早利用 InVEST 模型对北京森林生态系统的土壤保持服务功能进行了系统研究。此后，又分析了水源涵养、生物多样性和碳储存服务功能，这些研究为全面认识和管理北京森林生态系统的服务提供了重要的参考；吴瑞等[165]该利用模型对北京和河北的官厅水库的地区的产水服务、水质净化服务进行了时空变化的分析，为该区域的水源地保护方面提供了重要的建议；Yang 等[166]利用 InVEST 模型评估了中国的延河流域生态恢复工程以来固碳服务、栖息地质量、营养保留、泥沙控制以及产水服务的时空变化及权衡关系同时构建了 5 种情景来衡量生态工程和土地政策对生态系统服务的影响。总体上来说，生态系统服务质量的研究由于其方法的众多性呈现出蓬勃的发展，取得了一系列的杰出的成果，其中 InVEST 模型由于可以评估多种生态系统服务而受到了学者的关注。此外也有一些学者强调要将人类对生态系统服务的认知纳入文化服务的评估中，例如 Sherrouse 等[167]将社会价值定义为不同利益相关方所感知的生态系统服务的情况，并开发了基于 GIS 的空间化社会价值的 SolVES（Social Values for Ecosystem Services）模型，并对美国的美国科罗拉多州圣伊莎贝儿国家森林公园的社会价值进行了分析。通过这些模型和方法的研究，对生态系统服务的评估不再局限于某一个方面，而是考虑多种价值，综合分析生态系统给予人类的福祉，这也是当前以及未来生态系统服务评估的重要的方向。

（四）生态系统服务权衡协同／分析

生态系统服务之间协同与权衡关系的表现形式研究是生态系统服务管理的基础，有利于明确管理决策的最优和次优空间。权衡常常发生在小区域与大区域、短期与长期以及可逆与不可逆之间，因而可以从空间、时间和可逆性三个方面去研究生态系统服务关系的表现形式。空间权衡指的是生态系统服务供给和需求在空间上存在一定差异，导致生态系统服务在空间上的此消彼长，即一种生态系统服务的提高会导致该区域内其他生态系统服务的降低；时间权衡指的是由于不同生态系统服务供给和需求在时间上存在一定差异，对于刺激和干扰的反应周期不同所造成的在时间上的供给权衡，即在当前与未来供给的分配关系。可逆性权衡是指生态系统服务在引起权衡的干扰因素消失后，能否恢复到原本状态的能力。当人类对生态系统的干扰过度时，生态系统服务会出现退化甚至永远不能恢复。因此，在生态系统管理决策时必须考虑生态系统的恢复性和稳定性，人类活动不能突破生态系统服务的阈值，要在可逆与不可逆之间寻求平衡点，并且在生态系统服务遭到破坏时及时治理修复。目前常用的生态系统服务协同与权衡研究方法有空间制图、统计分析、情景分析和模型模拟等。林泉等[168]探讨了草地生态系统畜产品供给服务功能和防风固沙功能价值之间的最优组合，构建了畜产品供给服务和防风固沙之间的定量权衡模式。张靖宙等基于情景模拟，分析了喀斯特断陷盆地不同石漠化治理模式和情景对区域生态系统服务的影响。李俏等[169]尝试在荒漠化地区基于不同利益相关群体对土地生态系统服务的不同诉求，研发人机交互式的土地优化系统。

（五）生态系统服务空间流动及其供需分析

近些年来，对生态系统服务的研究越来越强调服务和人类的福祉的关系以及关注人类的需求，离开人类受益者，生态系统的结构和过程无法形成生态系统服务。生态系统服务供给和需求的空间特征及空间匹配状况反映了环境资源的空间配置及生态系统服务对经济发展的促进与制约作用，有助于生态系统有效管理及自然资源合理配置，对实现生态安全和社会经济可持续发展具有重要推动作用，已成为当前生态系统服务研究领域的热点之一。

生态系统服务的供给和需求在空间上往往会出现不匹配的情况，因此，需要对生态系统服务从产生、流动到使用的全过程进行研究，厘清生态系统服务从供给到需求的流动过程，才能明确生态系统服务变化究竟对人类福利产生了何种影响，辅助管理者进行生态资源管理，同时解决各种生态环境问题。但是当前对生态系统服务流的研究仍然处于起步阶段，大量的研究集中在描绘供给的空间分布特征，缺乏描绘对生态系统服务空间流动路径、流量和范围等空间特征及其之间反馈机制的研究，因此，对生态系统服务流的研究仍需要大量的探索。

生态系统服务本身具有强烈的空间异质性特征，往往会导致生态系统服务的供给与需求在空间上发生错位，自然和人类社会往往会产生调控的作用，保持供需平衡，生态系统服务流就应运而生。生态系统服务流的研究还处于基础阶段，对于生态系统服务流的内涵不同学者就提出了不同的观点，其中比较典型的有两种理解：第一种认为生态系统服务流是生态系统服务从生态系统到人的传递过程。第二是将生态系统服务流看成生态系统服务实际上为人们所使用的那部分。

此外，尝试从生态系统服务空间关系的分类角度理解生态系统服务流，提出生态系统服务流可分为原位服务流（in situ）、全向服务流（omni-directional）和定向服务流（directional），其中定向服务流又可分为受坡度依赖的和不受坡度依赖的定向服务流。原位服务流指生态系统服务的供给区和使用区基本重叠，如土壤形成；全向服务流是生态系统服务从供给区沿各方向传递到使用区，如碳汇和气候调节等。定向服务流是服务从提供区沿某一方向传递到使用区，如污染物传输与河岸防护等。

生态系统服务供给的空间制图及其特征的研究是生态系统服务流研究的萌芽，生态系统服务供给与需求制图是生态系统服务流研究的基础，生态系统服务流则是对生态系统服务供给与需求关联研究的深化。大量的学者通过研究生态系统服务的供需关系来刻画生态系统服务流的特征，还有学者尝试将生态系统服务流的过程划分为3个部分，即将能够提供产品或生态系统服务的生态系统称为服务供给单元（service providing unit，SPA），相应的消费服务区域称为服务使用单元（service using unit，SUU），而连接二者之间中间区域就称为生态系统服务连接单元（service connecting unit，SCU），其本质还是对供需之间的探讨，但是所认识生态系统服务流的视角却较为新颖。

三、未来预测

1）丰富生态系统服务研究理论基础，建构多学科综合研究体系：生态学、地理学等自然学科是生态系统服务的理论基础，而社会学科的理论和思想较少被应用。生态系统服务涉及自然、经济和社会的方方面面，是研究自然—经济—社会关系的主要概念和手段，是生态系统和人类福祉的主要连接。目前，生态系统服务分类与评估中已经引入了经济学相关理论，通过将各类服务货币化进行服务间的比较分析，但所涉及的经济和社会学科内容还不够全面，还需要引入更多合适的理论对生态系统服务协同与权衡关系的分析和管理决策提供支撑，譬如市场均衡理论、生产理论、供需理论等，以达到生态系统服务利用综合效益最大化。同时，在研究过程中还要加强地理学科和社会学科的交叉和衔接，充分发挥其互补作用，构建完整全面的"格局—过程—服务—关系—人类福祉"的综合研究框架。

2）完善生态系统服务分类体系：自生态系统服务内涵得到广泛认识以来，国内外学者根据不同研究目的形成了多种服务分类体系。但由于生态系统的复杂性和多样性，服务与过程并不一一匹配，很多服务之间存在交叉，这使得很多生态系统服务分类体系存在重复或者遗漏的问题。而且由于社会经济发展和人类需求使然，人们更注重生态系统服务直接的近期的价值，而往往忽略了一些间接的远期的效益，如生态和文化效益，这使得在生态系统服务分类和评估中部分服务被低估甚至被忽略，评估具有很大的主观性和不确定性，评估结果不能准确反映生态系统服务的真实价值和关系。一个区分度高且指向明确的生态系统服务分类体系是生态系统服务价值评估和关系研究的基础。今后要进一步完善生态系统服务分类体系，加深对服务与过程并非一一匹配关系的认知，加强人地系统耦合，把人类福祉作为目标导向融入服务分类体系的考虑中。

3）推动生态系统服务成果在国土领域的应用：在明确生态系统服务协同与权

衡关系的时空分布和变化的基础上，要进一步解释关系的形成机理和驱动机制，并在此基础上优化各类服务输出，进行合理功能分区，提高生态系统管理水平。目前，理论研究与实践应用的关系还不够密切，将理论研究成果科学的应用到规划、利用、管理实践中，对生态和经济社会的可持续发展以及人类福祉的提高都具有重要意义。生态系统服务的研究成果可运用在经济补偿、功能分区、生态红线划定等多个国土领域。如制定生态补偿时，协同与权衡研究可以帮忙解决在哪、对谁、以何种方式进行补偿等重要问题。再例如在进行总体规划时，协同与权衡研究可以识别各区域的主导功能和影响因素，从而确定各区域的规划目标和方案，并对各区域进行差别化管理。

第六节　技术路线图

		2030 年	2050 年
需求		土地石漠化作为一种极端的土地退化形势，严重影响我国岩溶地区社会经济的发展，我国岩溶面积高达国土面积的 1/3，因水土流失、植被破坏导致基岩裸露面积达 90 万 km^2，数亿人口受其影响，石漠化防治将是我国今后一项长期必须坚持的国家发展战略，其意义重大	
总体目标		系统揭示岩溶动力学机制与岩溶土地退化机理，建立岩溶区山水林田湖草系统修复与综合治理技术体系，促进喀斯特区人地关系协调发展，岩溶生态系统服务整体功能提升	全面岩溶关键带生物地球化学循环过程与驱动机制，促进喀斯特山区生态、经济、社会的可持续发展
目标	目标 1	岩溶关键带不同界面物质流动过程与典型区域生物地球化学循环过程	阐明岩溶动力学机制
	目标 2	构建可持续、稳定的岩溶地区植被恢复模式	促进岩溶山区林草植被自然恢复与修复
	目标 3	促进岩溶区水、土资源的可持续开发利用	促进山、水、林、田、湖、草生态要素的协调发展，生态产业的持续发展

续图

		2030 年	2050 年
关键技术	关键技术 1	岩溶关键带生物地球化学循环动态监测关键技术	系统构建岩溶关键带生态定位监测体系
	关键技术 2	抗旱、耐瘠薄、高钙优良植物材料的筛选与培育	岩溶区种植资源库建设
	关键技术 3	水土漏失阻控与水土资源高效利用技术	构建岩溶关键带水、土资源的可持续利用技术体系
	关键技术 4	喀斯特特色生物资源的挖掘与产业化技术	打造喀斯特特色生态产品,发展循环经济
	关键技术 5	岩溶区特色作物的连作障碍的消除技术	形成岩溶区不同生境的特色产业持续发展模式
	关键技术 6	岩溶生态系统服务分类体系的构建	形成不同尺度的生态系统服务功能评估技术体系
发展重点	重点 1	应对气候变化的岩溶山区植被恢复模式研究与示范	构建基于生态水文地质背景的岩溶石漠化综合治理与生态修复技术体系
	重点 2	岩溶区山水林田湖草系统修复与保护技术的研究示范	建设高度融合协同发展的综合实验示范区
	重点 3	西南岩溶石漠化系统治理与生态产业协同关键技术研究与示范	形成岩溶山地生态治理与生态产业协同的新模式
战略支撑及保障建议		设立岩溶石漠化防治领域的研究专项,集中力量突破岩溶石漠化植被恢复困难、水土流失严重、自然资源利用效率低下的突出问题,提高我国岩溶石漠化综合治理水平,促进区域可持续发展	
		重点支持岩溶石漠化治理国家创新联盟建设,发挥联盟与石漠化综合治理专业委员会等平台作用	
		加强岩溶区石漠化防治相关技术标准体系的制定与成果的应用推广	
		加强国际与交流,促进"一带一路"沿线 50 多个岩溶分布国家的联合研究,为生态治理提供"范例样板"和"中国方案"	

图 4-1 石漠化防治工程学技术路线图

参考文献

[1] US NSF.Solving the Puzzle: Researching the Impacts of Climate Change Around the World [EB/OL]. https://www.nsf.gov/news/nsf09202/index.jsp,2011-5-26.

[2] Richter D D, Billings S A. One physical system：Tansley's ecosystem as Earth's critical zone [J]. New Phytologist, 2015, 206（3）：900-912.

[3] 杨建峰，张翠光. 地球关键带：地质环境研究的新框架 [J]. 水文地质工程地质, 2014, 41（3）：98-104, 110.

[4] 张波，曲建升，丁永健. 国际临界带研究发展回顾与美国临界带研究进展介绍 [J]. 世界科技研究与发展, 2010, 32（5）：723-728.

[5] Guo L, Lin H. Critical zone research and observatories：Current status and future perspectives [J]. Vadose Zone Journal, 2016, 15（9）：1-14.

[6] 安培浚，张志强，王立伟. 地球关键带的研究进展 [J]. 地球科学进展, 2016, 31（12）：1228-1234.

[7] 袁道先. 现代岩溶学 [M]. 北京：科学出版社, 2016：253-255.

[8] 袁道先，蔡桂鸿. 岩溶环境学 [M]. 重庆：重庆出版社, 1988.

[9] 袁道先. 碳循环与岩溶地质环境 [M]. 北京：科学出版社, 2003：240.

[10] Stothoff S A, Or D, Groeneveld D P, et al. The effect of vegetation on infiltration in shallow soils underlain by fissured bedrock [J]. Journal of Hydrology, 1999, 218（3-4）：169-190.

[11] 邓艳. 西南典型峰丛洼地岩溶关键带植物－表层岩溶水的耦合过程 [D]. 北京：中国地质大学, 2018.

[12] Saranga Y, Flash I, Paterson A H, et al. Carbon isotope ratio in cotton varies with growth stage and plant organ [J]. Plant science, 1999, 142（1）：47-56.

[13] Daniella M R, William E D. Direct observations of rock moisture, a hidden component of the hydrologic cycle [J]. Proceedings of the National Academy of Sciences, 115（11）：2664-2669.

[14] 陈洪松，聂云鹏，王克林. 岩溶山区水分时空异质性及植物适应机理研究进展 [J]. 生态学报, 2013, 33（2）：317-326.

[15] 蒋忠诚，裴建国，夏日元，等. 我国"十一五"期间的岩溶研究进展与重要活动 [J]. 中国岩溶, 2010, 29（4）：349-354.

[16] 周念清，李彩霞，江思珉，等. 普定岩溶区水土流失与土壤漏失模式研究 [J]. 水土保持通报, 2009, 29（1）：7-11.

[17] 蒋忠诚，罗为群，邓艳，等. 岩溶峰丛洼地水土漏失及防治研究 [J]. 地球学报, 2014, 35（5）：535-542.

[18] 侯满福. 不同碳酸盐岩地球化学背景下的植物物种多样性和物种组成研究 [D]. 桂林：广西师范大学, 2005.

［19］郭柯，刘长成，董鸣. 我国西南喀斯特植物生态适应性与石漠化治理［J］. 植物生态学报，2011，35（10）：991–999.

［20］喻理飞，朱守谦，叶镜中，等. 退化喀斯特森林自然恢复评价研究［J］. 林业科学，2000，36（6）：12–19.

［21］王将克，常弘，廖金凤，等. 生物地球化学［M］. 广州：广东科技出版社，1999：1–637.

［22］曹建华，袁道先，潘根兴. 岩溶生态系统中的土壤［J］. 地球科学进展，2003，18（1）：37–44.

［23］蒋忠诚. 中国南方表层岩溶带的特征及形成机理［J］. 热带地理，1998，18（4）：322–326.

［24］刘天财. 喀斯特山地表层岩溶带发育厚度空间分布规律研究［D］. 贵阳：贵州师范大学，2016.

［25］Bakalowicz M. Epikarst［J］. Tokyo：Encyclopedia of Caves (2nd Edition), 2012.

［26］Ford D, Williams P D. Karst hydrogeology and geomorphology［M］. Chichester：John Wiley and Sons Ltd, 2007, 1–561.

［27］陈植华，陈刚，靖娟利，等. 西南岩溶石山表层岩溶带岩溶水资源调蓄能力初步评价［C］// 岩溶地区水，工，环及石漠化问题学术研讨会. 中国地质学会，2003.

［28］覃小群，蒋忠诚. 表层岩溶带及其水循环的研究进展与发展方向［J］. 中国岩溶，2005，24（3）：250–254.

［29］曹建华，周莉，杨慧，等. 桂林毛村岩溶区与碎屑岩区林下土壤碳迁移对比及岩溶碳汇效应研究［J］. 第四纪研究，2011，31（3）：431–437.

［30］易淑棨，胡预生. 土壤学［M］. 北京：中国农业出版社，1993.

［31］朱永官，李刚，张甘霖，等. 土壤安全：从地球关键带到生态系统服务［J］. 地理学报，2015，70（12）：1859–1869.

［32］Banwart S. Save our soils［J］. Nature, 2011, 474（7350）：151–152.

［33］Epron D, Cabral O M, Laclau J P, et al. In situ（CO$_2$）–C–13 pulse labelling of field–grown eucalypt trees revealed the effects of potassium nutrition and throughfall exclusion on phloem transport of photosynthetic carbon［J］. Tree Physiology, 2016, 36（1）：6–21.

［34］Schmidt M W, Torn M S, Abiven S, et al. Persistence of soil organic matter as an ecosystem property［J］. Nature, 2011, 478（7367）：49–56.

［35］Yue Y, Ni J R, Ciais P, et al. Lateral transport of soil carbon and land–atmosphere CO$_2$ flux induced by water erosion in China［J］. Proceedings of the National Academy of Sciences of the United States of America, 2016, 113（24）：6617–6622.

［36］曹建华，王福星. 初探藻类、地衣生物岩溶微形态与内陆环境间的相关性［J］. 地质论评，1998，44（6）：656–661，676.

［37］Xiao B, Lian B, Sun L L, et al. Gene transcription response to weathering of K–bearing minerals by Aspergillus fumigatus［J］. Chemical Geology, 2012（306–307）：1–9.

［38］余龙江，吴云，李为，等. 微生物碳酸酐酶对石灰岩的溶蚀驱动作用研究［J］. 中国岩溶，2004，23（3）：59–62.

［39］李为，余龙江，袁道先，等. 不同岩溶生态系统土壤及其细菌碳酸酐酶的活性分析及生态意

义［J］. 生态学报，2004，24（3）：438–443.

［40］Wang C，Li W，Shen T，et al. Influence of soil bacteria and carbonic anhydrase on karstification intensity and regulatory factors in a typical karst area［J］. Geoderma，2018（313）：17–24.

［41］Shen T，Li W，Pan W，et al. Role of bacterial carbonic anhydrase during CO_2 capture in the CO_2–H_2O–carbonate system［J］. Biochemical Engineering Journal，2017（123）：66–74.

［42］Bennett P C，Rogers J R，Choi W J，et al. Silicates，silicate，weathering，and microbial ecology［J］. Geomicrobiology Journal，2001，18（1）：3–19.

［43］Weber K A，Achenbach L A，Coates J D. Microorganisms pumping iron：Anaerobic microbial iron oxidation and reduction［J］. Nature Reviews Microbiology，2006，4（10）：752–764.

［44］Maurice P A，Vierkorn M A，Hersman L E，et al. Dissolution of well and poorly ordered laolinites by and aerobic bacterium［J］. Chemical Geology，2001，180（1–4）：81–97.

［45］Schwertmann U. Solubility and dissolution of iron oxides［J］. Plant and Soil，1991，130（1–2）：1–25.

［46］连宾，陈骏，傅平秋，等. 微生物影响硅酸盐矿物风化作用的模拟试验［J］. 高校地质学报，2005，11（2）：181–186.

［47］谌书，郑厚义. 磷矿石的微生物风化作用——以一株黑曲霉（Aspergillus niger）为例［J］. 2007，16（3）：1007–1013.

［48］White A F，Schulz M S，Vivit D V，et al. The impact of biotic/abiotic interfaces in mineral nutrient cycling：A study of soils of the Santa Cruz chronosequence，California［J］. Geochimica et Cosmochimica Acta，2012（77）：62–85.

［49］Remy W，Taylor T N，Hass H，et al. Four Hundred–Million–Year–Old Vesicular Arbuscular Mycorrhizae［J］. Proceedings of the National Academy of Sciences of the United States of America，1994，91（25）：11841–11843.

［50］Smith S E，Read D J. Mycorrhizal Symbiosis［M］. 3rd ed. Salt Lake City：Academic Press，2008.

［51］Taylor L L，Leake J R，Quirk J，et al. Biological weathering and the long–term carbon cycle：integrating mycorrhizal evolution and function into the current paradigm［J］. Geobiology，2009，7（2）：171–219.

［52］Brantley S L，Holleran M E，Jin L X，et al. Probing deep weathering in the Shale Hills Critical Zone Observatory，Pennsylvania（USA）：the hypothesis of nested chemical reaction fronts in the subsurface［J］. Earth Surface Processes and Landforms，2013，38（11）：1280–1298.

［53］王俊丽，张忠华，胡刚，等. 基于文献计量分析的喀斯特植被生态学研究态势［J］. 生态学报，2020，40（3）：1113–1124.

［54］刘丛强. 生物地球化学过程与地表物质循环：西南喀斯特土壤—植被系统生源要素循环［M］. 北京：科学出版社，2009.

［55］郭柯，刘长成，董鸣. 我国西南喀斯特植物生态适应性与石漠化治理［J］. 植物生态学报，2011，35（10）：991–999.

［56］王世杰，李阳兵，李瑞玲. 喀斯特石漠化的形成背景、演化与治理［J］. 第四纪研究，2003（6）：657–666.

［57］张信宝，王世杰，曹建华，等. 西南喀斯特山地水土流失特点及有关石漠化的几个科学问题［J］. 中国岩溶，2010，29（3）：274-279.

［58］Jiang Z，Lian Y，Qin X. Rocky desertification in Southwest China：Impacts，causes，and restoration ［J］. Earthence Reviews，2014，132（3）：1-12.

［59］袁道先. 西南岩溶石山地区重大环境地质问题及对策研究［M］. 北京：科学出版社，2014.

［60］陈洪松，岳跃民，王克林. 西南喀斯特地区石漠化综合治理：成效，问题与对策［J］. 中国岩溶，2018，37（1）：37-42.

［61］国家发展改革委. 岩溶地区石漠化综合治理工程"十三五"建设规划［EB/OL］. https://www.ndrc.gov.cn/，2016-3-21.

［62］Tong X，Brandt M，Yue Y，et al. Increased vegetation growth and carbon stock in china karst via ecological engineering［J］. Nature Sustainability，2018，1（1）：44-50.

［63］国家林业和草原局. 中国岩溶地区石漠化状况公报，2018.

［64］朱斌，刘丹一，岩溶地区石漠化综合治理经验、问题及策略［J］. 林业经济，2015（5）：80-85.

［65］袁道先，蔡桂鸿. 岩溶环境学［M］. 重庆：重庆出版社，1988.

［66］韦启番. 我国南方喀斯特区土壤侵蚀特点及防治途径［J］. 水土保持研究，1996，3（4）：72-76.

［67］曹建华，袁道先，潘根兴. 岩溶生态系统中的土壤［J］. 地球科学进展，2003，18（1）：37-44.

［68］张信宝，王克林. 西南碳酸盐岩石质山地土壤 - 植被系统中矿质养分不足问题的思考［J］. 地球与环境，2009，37（4）：337-341.

［69］Liu Y，Liu C，Wang S，et al. Organic Carbon Storage in Four Ecosystem Types in the Karst Region of Southwestern China［J］. PLOS ONE，2013，8（2）e56443.

［70］Liu C，Liu Y，Guo K，et al. Influence of drought intensity on the response of six woody karst species subjected to successive cycles of drought and rewatering［J］. PHYSIOL PLANT，2010，139（1）：39-54.

［71］周运超，潘根兴. 茂兰森林生态系统对岩溶环境的适应与调节［J］. 中国岩溶，2001（1）：50-55.

［72］孙永磊，周金星，庞丹波，等. 喀斯特断陷盆地不同植被恢复模式土壤水分动态变化. 林业科学研究，2018，31（4）：104-112.

［73］喻理飞，朱守谦，叶镜中，喀斯特森林不同种组的耐旱适应性［J］. 南京林业大学学报（自然科学版），2002，26（1）：19-22.

［74］Liu C，Liu Y，Guo K，et al. Effect of drought on pigments，osmotic adjustment and antioxidant enzymes in six woody plant species in karst habitats of southwestern china［J］. Environmental and Experimental Botany，2011，71（2）：174-183.

［75］沈有信. 石林喀斯特地带性植被及其自然演替动力［M］. 昆明：云南科技出版社，2016.

［76］屠玉麟. 论亚热带喀斯特植被的顶极群落——以贵州喀斯特植被为例［J］. 贵州林业科技，1992（4）：9-15.

［77］张祝平，何道泉. 粤北石灰岩山地主要造林树种的生理生态学特性［J］. 植物生态学与地植物学学报，1993（117）：133-142.

［78］邓艳，蒋忠诚，曹建华，等. 弄拉典型峰丛岩溶区青冈栎叶片形态特征及对环境的适应［J］. 广西植物，2004，24（4）：317-322，331-386.

［79］容丽，王世杰，刘宁，等. 喀斯特山区先锋植物叶片解剖特征及其生态适应性评价——以贵州花江峡谷区为例［J］. 山地学报，2005（1）：35-42.

［80］李涛，余龙江. 西南岩溶环境中典型植物适应机制的初步研究［J］. 地学前缘，2006，13（3）：180-184.

［81］刘长成，刘玉国，郭柯. 四种不同生活型植物幼苗对喀斯特生境干旱的生理生态适应性［J］. 植物生态学报，2011，35（10）：1070-1082.

［82］姚小华，任华东，李生. 石漠化植被恢复科学研究［M］. 北京：科学出版社，2013.

［83］宋同清. 西南喀斯特植物与环境［M］. 北京：科学出版社，2015.

［84］Du Y, Pan G, Li L, et al. Leaf n/p ratio and nutrient reuse between dominant species and stands：predicting phosphorus deficiencies in karst ecosystems, southwestern china［J］. Environmental Earth Sciences，2011，64（2）：299-309.

［85］Liu C, Liu Y, Guo K, et al. Concentrations and resorption patterns of 13 nutrients in different plant functional types in the karst region of south-western china［J］. Annals of Botany，2014，113（5）：873-885.

［86］Wei Z, Jie Z, Pan F, et al. Changes in nitrogen and phosphorus limitation during secondary succession in a karst region in southwest china［J］. Plant & Soil，2015，391（1-2）：77-91.

［87］Liu X, Zhang W, Wu M, et al. Changes in soil nitrogen stocks following vegetation restoration in a typical karst catchment［J］. Land Degradation & Development，2019，30（1）：60-72.

［88］李先琨，苏宗明，吕仕洪，等. 广西岩溶植被自然分布规律及对岩溶生态恢复重建的意义［J］. 山地学报，2003，21（2）：129-139.

［89］邓艳，曹建华，蒋忠诚，等. 西南岩溶石漠化综合治理水-土-植被关键技术进展与建议［J］. 中国岩溶，2016，35（5）：476-485.

［90］卢立华. 岩溶区植被恢复与模式构建技术与实践［A］. 中国治沙暨沙业学会石漠化防治专业委员会. “石漠化综合治理与生态文明建设”学术研讨会暨2015年石漠化防治专业委员会年会获奖论文集［C］. 2015：10.

［91］郭红艳，万龙，唐夫凯，等. 岩溶石漠化区植被恢复重建技术探讨［J］. 中国水土保持，2016，3：34-37，73.

［92］杨苏茂，熊康宁，喻阳华，等. 我国喀斯特石漠化地区林草植被恢复模式的诊断与调整［J］. 世界林业研究，2017，30（3）：91-96.

［93］陈洪松，付智勇，张伟，等. 西南喀斯特地区水土过程与植被恢复重建［J］. 自然杂志，2018，40（1）：41-46.

［94］姚小华，王开良，黄勇，等. 小果油茶不同居群种仁含油率及脂肪酸组分变异特征分析及评价［J］. 林业科学研究，2013，26（5）：533-541.

［95］王克林，苏以荣，曾馥平，等. 西南喀斯特典型生态系统土壤特征与植被适应性恢复研究［J］. 农业现代化研究，2008，29（6）：641-645.

［96］蒋勇军，刘秀明，何师意，等. 喀斯特槽谷区土地石漠化与综合治理技术研发［J］. 生态学

报，2016，36（22）：7092-7097.

［97］熊康宁，朱大运，彭韬，等. 喀斯特高原石漠化综合治理生态产业技术与示范研究［J］. 生态学报，2016，36（22）：7109-7113.

［98］陈洪松，冯腾，李成志，等. 西南喀斯特地区土壤侵蚀特征研究现状与展望［J］. 水土保持学报，2018，32（1）：10-16.

［99］彭旭东，戴全厚，李昌兰. 中国西南喀斯特坡地水土流失/漏失过程与机理研究进展［J］. 水土保持学报，2017，31（5）：1-8.

［100］蒋忠诚，罗为群，邓艳，等. 岩溶峰丛洼地水土漏失及防治研究［J］. 地球学报，2014，35（05）：535-542.

［101］张信宝，王世杰. 浅议喀斯特流域土壤地下漏失的界定［J］. 中国岩溶，2016，35（5）：602-603.

［102］郭红艳，周金星. 石漠化地区水土地下漏失治理［J］. 中国水土保持科学，2012，10（5）：71-76.

［103］周永华，罗为群，蒋忠诚，等. 岩溶峰丛洼地水土漏失研究进展［J］. 人民珠江，2018，39（10）：13-19.

［104］苏俊磊，罗为群，谷佳慧，等. 岩溶峰丛洼地水土漏失过程、机理及综合防治研究进展［J］. 贵州师范大学学报（自然科学版），2019，037（002）：16-22.

［105］马芊红，张科利. 西南喀斯特地区土壤侵蚀研究进展与展望［J］. 地球科学进展，2018，33（11）：30-41.

［106］Eris E, Wittenberg H. Estimation of baseflow and water transfer in karst catchments in Mediterranean Turkey by nonlinear recession analysis［J］. Journal of Hydrology, 2015,（530）：500-507.

［107］Katsanou K, Lamhrakis N, Tayfur G, et a1. Describing the karst evolution by the exploitation of hydrologic time series data. Water Resources Management, 2015, 29（9）：3131-3147.

［108］Elena P, Mikhail G, Yuriy K, et al. Erosion processes in karst landscapes of the Russian plain northern taiga, based on digital elevation modeling［J］. Journal of Mountain Science, 2016, 13（04）：569-580.

［109］Teixeiraparente M, Bittner D, Mattis S A, et al. Bayesian Calibration and Sensitivity Analysis for a Karst Aquifer Model Using Active Subspaces［J］. Water Resources Research, 2019, 55.

［110］Martin J B, Kurz M J, Khadka M B. Climate control of decadal-scale increases in apparent ages of eogenetic karst spring water［J］. Journal of Hydrology, 2016（540）：988-1001.

［111］严友进，戴全厚，伏文兵，等. 喀斯特坡地裸露心土层产流产沙模拟研究［J］. 土壤学报，2017，54（3）：545-557.

［112］Dai Q, Peng X, Yang Z, et al. Runoff and erosion processes on bare slopes in the Karst Rocky Desertification Area［J］. Catena, 2017（152）：218-226.

［113］Li GJ, Rubinato M, Wan L, et al. Preliminary Characterization of Underground Hydrological Processes under Multiple Rainfall Conditions and Rocky Desertification Degrees in Karst Regions of Southwest China［J］. Water, 2020, 12（2）：594-606.

［114］Fu ZY, Chen HS, Xu Q, et al. Role of epikarst in near-surface hydrological processes in a soil mantled subtropical dolomite karst slope: implications of field rainfall simulation experiments[J]. Hydrological Processes, 2016, 30（5）: 795-811.

[115] 魏兴萍, 谢德体, 倪九派, 等. 重庆岩溶槽谷区山坡土壤的漏失研究[J]. 应用基础与工程科学学报, 2015, 23（3）: 462-473

[116] Wei X, Yan Y, Xie D, et al. The soil leakage ratio in the Mudu watershed, China[J]. Environmental Earth Sciences, 2016, 75（8）: 721.

[117] 彭韬, 周长生, 宁茂岐, 等. 基于探地雷达解译的喀斯特坡地表层岩溶带空间分布特征研究[J]. 第四纪研究, 2017（37）: 1270.

[118] 王升, 陈洪松, 付智勇, 等. 基于探地雷达的典型喀斯特坡地土层厚度估测[J]. 土壤学报, 2015, 52（5）: 1024-1030.

[119] 龙明忠, 吴克华, 熊康宁. WEPP 模型（坡面版）在贵州石漠化地区土壤侵蚀模拟的适用性评价[J]. 中国岩溶, 204, 33（2）: 201-207.

[120] 陈美淇, 魏欣, 张科利, 等. 基于 CSLE 模型的贵州省水土流失规律分析[J]. 水土保持学报, 2017, 31（3）: 16-21.

[121] Feng T, Chen H, Wang K, et al. Modeling soil erosion using a spatially distributed model in a karst catchment of northwest Guangxi, China[J]. Earth Surface Processes and Landforms, 2014, 39.

[122] 李成志, 连晋姣, 陈洪松, 等. 县域喀斯特地区土壤侵蚀估算及其对土地利用变化的响应[J]. 中国水土保持科学, 2017, 15（5）: 39-47.

[123] 黄芬, 肖琼, 尹伟璐, 等. 岩溶系统中土壤氮肥施用对岩溶碳汇的影响[J]. 中国岩溶, 2014, 33（4）: 405-411.

[124] 黄奇波, 覃小群, 刘朋雨, 等. 不同岩性试片溶蚀速率差异及意义[J]. 地球与环境, 2015, 43（4）: 379-385.

[125] 范周周, 卢舒瑜, 李志茹, 等. 岩溶与非岩溶地区不同林分根际土壤微生物对碳酸盐岩的溶蚀作用[J]. 应用与环境生物学报, 2018, 24（04）: 751-757.

[126] Jiang Z, Lian Y, Qin X. Rocky Desertification in Southwest China: Impacts, Causes, and Restoration[J]. Earth-Science Reviews, 2014, 132（3）: 1-12.

[127] 罗鼎, 熊康宁, 王恒松, 等. 喀斯特山地不同类型植物篱的减流减沙作用[J]. 江苏农业科学, 2016, 44（4）: 430 — 435.

[128] 王恒松, 张芳美. 黔西北乡土植物篱对典型石漠化区石灰土侵蚀动力学过程的调控[J]. 水土保持学报, 2019, 4（33）: 16-23, 80.

[129] 周梦玲, 郭建斌, 崔明, 等. 喀斯特坡地侵蚀泥沙养分流失与粒径分布的关系[J]. 水土保持学报, 2019, 33（6）: 54-60, 71.

[130] 黄承标, 谭卫宁, 覃文更, 等. 木论喀斯特森林水土流失规律研究[J]. 水土保持研究, 2012（04）: 38-41.

[131] 熊康宁, 池永宽. 中国南方喀斯特生态系统面临的问题及对策[J]. 生态经济, 2015,（01）: 23-30.

[132] 龚德勇, 谢惠珏, 王朝珍. 贵州喀斯特山区生态农业建设刍议[J]. 贵州环保科技, 2000,

（01）：16–20.

[133] 朱富寿，陈建庚，赵翠薇，龙拥军. 贵州岩溶山区生态农业建设途径研究［J］. 耕作与栽培，2000，（05）：53–55，61.

[134] 万军伟，杨俊，王增银，潘欢迎. 鄂西火烧坪地区岩溶生态环境系统及生态农业模式初探［J］. 地质科技情报，2002，（01）：71–74，82.

[135] 陈志颖. 织金县生态产业环境建设机制探讨［J］. 现代农业科技，2012，（14）：245–246.

[136] 万里强，任继周，李向林. 大力发展草地畜牧业是我国西南岩溶地区脱贫致富的必由之路［J］. 中国农业科技导报，2003，（05）：28–32.

[137] 周游游. 峰丛山地的农业发展与生态环境改善途径刍议——以贵州省仁怀市峰丛山区为例［J］. 中国岩溶，1999，（03）：3–5.

[138] 张凤太，苏维词. 重庆三峡库区岩溶山区乡村生态农业发展模式与对策［J］. 农业现代化研究，2007，（02）：214–217.

[139] 邹细霞，杜芳娟，熊康宁. 喀斯特石漠化地区生态农业与社区旅游系统耦合研究——以清镇羊昌洞为例［J］. 中国岩溶，2009，（04）：406–412.

[140] 罗朝斌，韩世玉，王晓红，代方银. 桑树在贵州环境治理中的生态价值及综合利用［J］. 蚕学通讯，2012，（02）：13–20.

[141] 蒋忠诚. 广西弄拉峰丛石山生态重建经验及生态农业结构优化［J］. 广西科学，2001，（04）：308–312.

[142] 熊康宁，朱大运，彭韬，喻理飞，薛建辉，李坡. 喀斯特高原石漠化综合治理生态产业技术与示范研究［J］. 生态学报，2016，（22）：7109–7113.

[143] 苏维词，朱文孝，熊康宁. 贵州喀斯特山区的石漠化及其生态经济治理模式［J］. 中国岩溶，2002，（01）：21–26.

[144] 李阳兵，白晓永，周国富，兰安军，龙健，安裕伦，梅再美. 中国典型石漠化地区土地利用与石漠化的关系［J］. 地理学报，2006，（06）：624–632.

[145] 凡非得，罗俊，王克林等. 桂西北喀斯特地区生态系统服务功能重要性评价与空间分析［J］. 生态学杂志，2011，30（04）：804–809.

[146] 吴光梅，熊康宁，陈浒等. 喀斯特石漠化生态系统服务价值研究［J］. 贵州师范大学学报（自然科学版），2012，30（03）：25–30.

[147] 张斯屿，白晓永，王世杰等. 基于InVEST模型的典型石漠化地区生态系统服务评估——以晴隆县为例［J］. 地球环境学报，2014，5（05）：328–338.

[148] 高渐飞，熊康宁. 喀斯特石漠化生态系统服务价值对生态治理的响应——以贵州花江峡谷石漠化治理示范区为例［J］. 中国生态农业学报，2015，23（06）：775–784.

[149] Tian Y, Wang S, Bai X, et al. Trade–offs among ecosystem services in a typical Karst watershed, SW China［J］. The Science of the Total Environment, 2016, 566–567（1）：1297–1308.

[150] Wang J, Wang K, Zhang M, et al. Impacts of climate change and human activities on vegetation cover in hilly southern China［J］. Ecological Engineering, 2015（81）：451–461

[151] Chujie, Liao, Yuemin, et al. Ecological restoration enhances ecosystem health in the karst regions

of southwest China［J］. Ecological Indicators Integrating Monitoring Assessment & Management，2018.

［152］ Lang Y, Song W, Deng X. Projected land use changes impacts on water yields in the karst mountain areas of China［J］. Ecological Indicators, 2018（104）：66–75.

［153］ 张靖宙，吴秀芹，肖桂英. 云南省建水县不同石漠化治理模式下碳储量功能评估［J］. 北京林业大学学报，2018，40（08）：72–81

［154］ Zhang M, Wang K, Liu H, et al. Effect of ecological engineering projects on ecosystem services in a karst region：A case study of northwest Guangxi, China［J］. Journal of Cleaner Production, 2018（183）：831–842.

［155］ Wallace K J. Classification of ecosystem services：Problems and solutions［J］. Biological Conservation, 2007, 139（3–4）：235–246.

［156］ Costanza R. Ecosystem services：Multiple classification systems are needed［J］. Biological Conservation, 2008, 141（2）：350–352.

［157］ Pimentel D, Wilson C, Mccullum C, et al. Economic and environmental benefits of biodiversity［J］. Bioscience, 1997, 47（11）：747–757.

［158］ 陈仲新，张新时. 中国生态系统效益的价值［J］. 科学通报，2000（1）：17–22，113.

［159］ 谢高地，鲁春霞，冷允法，等. 青藏高原生态资产的价值评估［J］. 自然资源学报，2003（2）：189–196.

［160］ Stürck, Julia, Poortinga A, Verburg P H. Mapping ecosystem services：The supply and demand of flood regulation services in Europe［J］. Ecological Indicators, 2014（38）：198–211.

［161］ Schmalz B, Kruse M, Kiesel J, et al. Water–related ecosystem services in Western Siberian lowland basins—Analysing and mapping spatial and seasonal effects on regulating services based on ecohydrological modelling results［J］. Ecological Indicators, 2016（71）：55–65.

［162］ Kandziora M, Burkhard B, Felix M ü ller. Mapping provisioning ecosystem services at the local scale using data of varying spatial and temporal resolution［J］. Ecosystem Services, 2013, 4（18）：47–59.

［163］ Nelson E, Mendoza G, Regetz J, et al. Modeling multiple ecosystem services, biodiversity conservation, commodity production, and tradeoffs at landscape scales［J］. Front Ecol Environ, 2009, 7（1）：4–11.

［164］ Outeiro L, HÃ¤ussermann, Vreni, Viddi F, et al. Using ecosystem services mapping for marine spatial planning in southern Chile under scenario assessment［J］. Ecosystem Services, 2015, 16：341–353.

［165］ 吴瑞，刘桂环，文一惠. 基于 InVEST 模型的官厅水库流域产水和水质净化服务时空变化［J］. 环境科学研究，2017，30（3）：406–414.

［166］ Yang S, Zhao W, Liu Y, et al. Influence of land use change on the ecosystem service trade–offs in the ecological restoration area：Dynamics and scenarios in the Yanhe watershed, China［J］. Science of The Total Environment, 2018, 644（dec. 10）：556–566.

［167］Sherrouse B C，Clement J M，Semmens D J. A GIS application for assessing，mapping，and quantifying the social values of ecosystem services［J］. Applied Geography，2011，31（2）：0-760.

［168］林泉. 草地生态系统服务权衡的方法研究——以浑善达克正蓝旗地区为例［D］. 北京：北京林业大学，2012.

［169］李俏，吴秀芹，王曼曼. 荒漠化地区县级潜在土地利用冲突识别［J］. 北京大学学报自然科学版，2018，54（003）：616-624.

撰 稿 人 周金星　刘霞　关颖慧　万龙　吴秀芹　彭霞薇　崔明　刘玉国

第五章　山地灾害防治工程学

第一节　国内外发展现状与分析

一、预警预报

（一）起动机理角度

泥石流发生与松散固体物质的土体性质有密切关系，因此，研究人员从土体理化性质入手分析泥石流起动。美国地质调查局的 Iverson 等[1]从事的研究主要从这一角度进行，通过大量室内和野外实验，研究泥石流起动的土壤颗粒级配、孔隙水压力、黏粒含量等土体内部物理性质的变化，进而通过监测这种变化预测泥石流的发生。意大利的 Fiorillo 和 Wilson[2]，通过分析降水和蒸发的关系，利用 Wilson[3] 提出的"Leaky barrel"模型分析强降水的累积水量与土壤孔隙水压力之间的关系，识别出不同的暴雨对孔隙水压力的影响，提出了新的降水强度－持续时间泥石流起动条件。英国的 Brooks 等[4]针对新西兰森林采伐区，根据观测数据，通过模型方法研究降水－孔隙水压与泥石流滑坡灾害之间的关系，并给出了灾害发生的最大和最小的概率阈值。

国内基于泥石流起动机理的预测预报以崔鹏[5]的研究最具代表性。其在系统分析泥石流的发生、发展和成灾特点的基础上，提出了准泥石流体的概念，分析准泥石流体转化为泥石流体的力学过程，建立了以影响准泥石流体力学性质、便于测定的底床坡度 θ、细粒含量 C 和水分饱和度 S_r 为自变量的应力状态函数，通过 100 余次模拟实验，揭示出随细粒含量的增加，准泥石流体弹性减弱，塑性增强，起动依次表现加速机理、分离机理和连接机理，建立了泥石流起动临界条件数学模型和解析曲面。并进一步分析起动模型，导出了起动势函数，建立了泥石流起动的尖点突变模型。泥石流起动时主要因素的状态值，就是泥石流预测的临界值。对给定了相对固定的可测定的沟谷、沟床比降和固体物质组成等特征，则由准泥石流体起动的临界条件即可确定出预测水量指标。在此基础上提出了判断预测法、距离预测法和方差预测法等。

（二）单纯降水角度

降水是导致滑坡、泥石流暴发最直接的触发因素。降水预测预报研究，主要是通过

129

对降水量资料的统计分析，确定临界水量和触发水量。西班牙的 Corominas 和 Moya[6]，通过分析东比利牛斯山 Llobregat 河附近的降水资料和泥石流发生的关系，得出：①无前期降水，短历时高强度降水触发泥石流的条件是 24h 降水 190mm 左右，或者 48h 降水超过 300mm；②有前期降水的条件下，中等强度的降水（24h 降水量达到 40mm）即可发生泥石流。Berti 和 Simoni[7] 研究了意大利阿尔卑斯山白云岩区的泥石流，利用流域观测的降水强度和持续时间及其对应的水文反应之间的关系，建立了一个简单的水文模型，用以预测不同降水条件下，不同的水文反应，从而为理解泥石流的起动阈值提供水文学基础。Aleotti[8] 以意大利西北部 Piedmont Region 为例，通过研究降水事件与泥石流发生之间的统计关系，确定了该区导致泥石流发生的降水阈值。德国的 Glade 等[9] 利用 Crozier 和 Eyles 提出的"前期日降水经验模型"，研究了新西兰北岛地区的典型灾害区，证实模型的结果能够代表区域特定降水条件下泥石流灾害事件的发生概率。Bell 和 Maud[10] 建立了南非 Durban 地区临界降水系数，其中考虑了前期累计降水对泥石流起动的影响。研究表明，当一次降水量超过年平均降水量的 12% 时，小规模的泥石流就会发生。当超过 16% 时，中等数量的泥石流事件发生，而主要的泥石流事件则与超过 20% 的年平均降水时间密切相关。

在美国，早在 1997 年，内务部和地质调查局就开展了滑坡、泥石流预测预报研究。根据旧金山海湾地区 1982 年 1 月 3—5 日暴雨触发的 18000 处滑坡、泥石流资料，通过分析多年平均日降水强度与持续时间之间的关系，建立了 24h 和 6h 降水指数阈值等值线，用于区域滑坡泥石流预报[3]。

我国铁道部科学研究院西南分院最早利用成昆铁路甘洛预报实验区、陇海铁路拓石预报区、兰新铁路兰州预报实验区 157 沟次，黄河水利委员会天水、西峰、兰州水土保持科学实验站 195 沟次，宝成、成昆、北京市郊、湖南等地铁路沿线及地方泥石流灾害调查资料 80 沟次，总计 432 沟次的资料，提出了泥石流组合预报模式[11]：

$$Y=R \cdot M \tag{1}$$

式中，$R=k\left[H_{24}/H_{24}(D)+H_1/H_1(D)+H_{1/6}/H_{1/6}(D)\right]$；$M$ 为环境动态函数，由流域面积、松散物质储量、坡度、植被覆盖率、松散物质储量、沟床比降等要素所确定。

中国科学院成都山地灾害与环境研究所、甘肃省交通部门以及铁道部门分别在云南东川蒋家沟、藏波密古乡沟、加马其美沟、四川西昌黑沙河、甘肃武都火烧沟以及四川省攀枝花三滩沟进行了泥石流及降水条件的观测。根据大量、长系列的观测数据，提出了蒋家沟泥石流预报模型[12]：

$$\begin{cases} R_{10}=5.5-0.098\,(P_a+R_t)>0.5\text{mm} \\ R_{10}=6.9-0.123\,(P_a+R_t)>1.0\text{mm} \end{cases} \tag{2}$$

式中，R_{10} 为 10min 降水；R_t 为泥石流发生时刻前的当日降水；P_a 为泥石流发生前 20 天内的有效降水；$R_{10} = \Sigma_{t=1}^{20} R_i (K)^i$；$K$ 为递减系数，取 0.8；$i=1，2，...20$；R_i 为泥石流发生前 i 天降水量。式（2）在云南东川蒋家沟应用的结果是：预报提前时间为 17 ～ 20min，预报准报率为 86%，错报率为 3%，漏报率为 11%。

钟敦伦等[13] 通过对成昆铁路泥石流的研究，提出了泥石流的预报模型为：若碎屑物聚集总量 / 暴发泥石流的碎屑物质最低标准 ≥ 1，且日降水量 ≥ 50mm 则泥石流暴发，否则泥石流不暴发。

进入 20 世纪 90 年代，以谭万沛为首的研究团队承担了国家自然科学基金"山地区域性暴雨泥石流与滑坡短期预报研究"课题，以攀西地区为实验研究对象，建立了四川省攀西地区暴雨分级泥石流短期预报研究的概率模型[14]：

$$\begin{cases} P_1 = P_{kb} \times P_{bd} \\ P_2 = P_{kb}P_{bj} + P_{kd}P_{dj} \\ P_0 = 1 - (P_1 + P_2) \end{cases} \tag{3}$$

式中：P_{kb} 为预报结果为 k 级雨量而实际出现暴雨的概率；P_{kd} 为预报结果为 k 级雨量而实际出现更大降水量的概率；P_{bd} 为预报区在出现暴雨时泥石流大面积发生的概率；P_{bj} 为预报区在出现暴雨时泥石流局部地段发生的概率；P_{dj} 为预报区在出现大雨时泥石流局部地段发生的概率；P_1 为预报区泥石流大面积发生的概率；P_2 为预报区泥石流局部地段发生的概率；P_0 为预报区基本无泥石流发生的概率。k 的可能取值为 3 种：当预报日雨量为小雨到中雨时，$k=1$；当预报日雨量为大雨时，$k=2$；当预报日雨量为暴雨时，$k=3$。

（三）地表径流角度

沟床堆积物再搬运形成的泥石流，一般认为是由于流域径流量超过了一定的限度所致，不同流域泥石流发生存在一个临界的径流水深界限值，于是从水文学和径流量角度，提出了一些泥石流预报模式。

苏联克列姆库洛夫研究了沟床地形和水深的侵蚀能力极限之间的关系，认为泥石流的发生存在一个临界径流水深（清水流量的极限值），提出了泥石流发生预报的洪水模式，不同流域水深值不同[14]。铃木雅一等根据流域洪水流量变化过程可以用水深变化间接表示的原理，研究了泥石流发生降水量与水深之间的关系，提出了用三级水深做指标，对泥石流的发生进行注意预报、警戒预报、避难预报的分级模式，不同地区因环境条件差异，水槽水深指标不同。利用该模式对六甲地区泥石流做分析，有90% 的泥石流的避难预报时间可以提前 1 ～ 2h[15]。棚桥由彦也是从地表径流角度出发，从理论上推导出了泥石流发生的临界积水面积预报模式[14]。

（四）天气系统和气象因子角度

部分研究人员将泥石流预报的复杂问题转变为天气过程形势的分析和降水量的预报问题，从而可借助天气过程预报，对泥石流发生区域和时间作出预报。

张顺英[16]根据西藏古乡沟的冰川泥石流资料，利用昌都气象站 500hPa 上的温度、露点观测，提出了该沟泥石流发生的温度湿度气象因子预报模式：

$$\delta \geqslant 0.62T - 5.4 \tag{4}$$

式中，$\delta = \delta_{t-1} + \delta_{t-2}$，为 500hPa 上前两天的露点温度之和；$T = T_{t-1} + T_{t-2}$，为 500hPa 上前两天的空气温度之和。

根据 90 次资料，满足式（4）条件的有 43 次，其中发生泥石流 36 次，占 85%；不满足式（4）的有 47 次，其中发生泥石流 17 次，占 36%。苏联研究者总结了泽拉夫尚河流域泥石流洪水形成的高空天气学条件，归纳出破坏性泥石流发生日 50hPa 上的 4 种特殊环流类型，得到中亚地区冷空气侵入和高空气旋生成条件下泥石流发生危险性的判别函数[17]。久保田哲也和池谷浩[18]考虑到泥石流发生在很大程度上取决于 1h 的雨强，同时认为在一次降水过程中，下游泥石流地区降水量与上游某些代表地区（站）降水强度有联系，并利用日本野吕川 28 年的 12 例台风灾害暴雨资料进行相关分析研究，提出了由上游两个代表站的小时雨量、涡度方程、散度方程建立的下游在滞后 2 ~ 4h 降水量回归方程，作为下游泥石流发生预报的判据，其 3 个方程的合并形式为：

$$R_i = K_1 R_1 + K_2 R_s + K_3 rot_j + K_4 div_j + C \tag{5}$$

式中，R_i 为下游地区（站）第 i 小时的小时降水量；R_s 为上游地区相关性好的代表站 i 小时前的平均小时水量；tot_j 为上游相关性好的代表站的涡度；div_j 为上游相关性好的代表站的散度；K_1、K_2、K_3、K_4、C 为常数，由资料分析确定[14]。总体来看，泥石流的时间预报，尤其是短期预报，除了分析地表泥石流形成背景条件之外，与气象科学紧密结合，利用降水及其相关的其他参数是一种必然的趋势。

二、典型预警预报系统

（一）香港的山泥倾泻预警系统

香港的山泥倾泻包含浅层滑坡和坡面泥石流两种灾害类型。20 世纪 80 年代初期，香港政府土力工程处设立了覆盖全港的降水自动监测网络，此后，该监测网络又得到不断完善。目前由土力工程处管理的 86 个自动雨量计和由香港天文台运作的 24 个自动雨量计通过先进的数据采集和传输系统每 5min 向土力工程处传送降水数据。1984 年香港政府启动了山泥倾泻预警系统，确定小时降水量 75mm 和 24h 降水量 175mm 为山泥倾泻警报的临界降水量。香港的预报结果显示，小时降水量大于 75mm 时，平均发生山泥倾泻 35 处，实际发生山泥倾泻 5 ~ 551 处。自从预警系统启动以来，平均每年发布 3 次山泥倾泻警报，实际警报每年 1 ~ 5 次。山泥倾泻警报发布通常在每年的最强降水时段。另外，即使降水量低于警报值，当 1 天发生山泥倾泻 15 处或更多时，山泥倾泻警报也会立即生效。为了不断修正和完善山泥倾泻预警系统，1984 年以后，香港政府加大了对山泥倾泻的研究力度，除每年进行调查，出版调查报告以外，还从更深层次上研究山泥倾泻与降水的关系，山泥倾泻分布发育规律，降水入渗水文地质模型，以及应用概率统计和其他数学方法建立更精确的山泥倾泻 – 降水关系（图 5-1）。

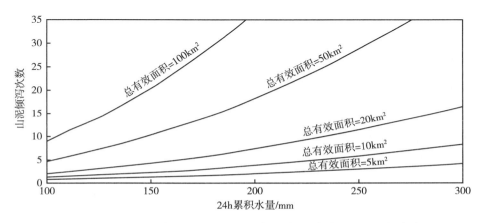

图 5-1　山泥倾斜次数与 24h 累计雨量及总有效面积的关系

（二）美国加利福尼亚滑坡、泥石流预警系统

1982 年 1 月 3—5 日美国加利福尼亚旧金山湾地区 34h 内降雨 616mm，在 10 个县内诱发了数千处滑坡、泥石流，造成 25 人死亡以及 6600 万美元直接经济损失。随后，美国地质调查局立即启动了旧金山湾地区详细的滑坡、泥石流灾害调查研究项目，同时与国家气象局一起筹备建立实时的滑坡预警系统。项目组成员分成数个小组分别从现场调查、历史数据分析、理论模型等不同方面研究滑坡、泥石流的发育特征和发生规律。在查清滑坡、泥石流发育特征、分布规律的基础上，对旧金山湾地区做出了详细的滑坡、泥石流灾害敏感性分区，据此布设了覆盖全区的 45 个遥测雨量计。旧金山湾滑坡实时预报系统于 1985 年正式建成。1986 年 2 月 12—21 日，旧金山湾地区降雨 800mm，根据遥测水量计实时数据和国家气象局预测的降雨变化趋势以及已有研究结果，美国地质调查局依据对实际条件的判断和国家气象局预测的未来 6h 可能降雨 50mm，连同国家气象局于 1986 年 2 月 14 日太平洋时间中午 12 点第一次发出未来 6h 泥石流、滑坡灾害警报，并直接通知加利福尼亚州地质人员和该州紧急

服务办公室，做好应急准备。警报发出时，整个旧金山湾地区的前期降水量已经超过预测临界值 250～400mm，加之旧金山湾的 Lexington 地区，山坡植被曾被大火烧光，坡面裸露，因此美国地质调查局与国家气象局于 1986 年 2 月 17 日太平洋时间 2 点发出第二次灾害警报，预报 1986 年 2 月 17 日太平洋时间 2 点至 2 月 19 日太平洋时间 14 点的 60h 内 Lexington 可能发生滑坡、泥石流灾害，第二次警报与当地的山洪警报一同发出。暴雨之后，研究人员调查了 10 处已知准确发生时间的滑坡、泥石流，与预测结果进行对比，发现其中 8 处与预报时间完全吻合。其余两处滑坡发生稍早或稍晚于预报时间。从总体上看，美国对旧金山湾滑坡泥石流的实时预报是非常成功的。

1986 年的预报实践后，美国地质调查局研究人员根据实地调查结果，结合现场监测和理论分析，对预报模型又做了进一步的修正，并于 1991—1993 年暴雨期间发出 3 次建议性的警戒提示。旧金山湾地区滑坡、泥石流的成功预报后，夏威夷州、俄勒冈州和弗吉尼亚州分别于 1992 年、1997 年和 2000 年在滑坡、泥石流频发区建立了类似的预报模型，并进行了数次实时预报。此外，美国地质调查局研究人员于 1993 年在加勒比海的波多黎各也建立了与旧金山湾类似的预报模型。目前，美国地质调查局研究人员已经或正在加勒比海其他国家，如委内瑞拉、萨尔瓦多、洪都拉斯等，合作建立滑坡、泥石流实时预报系统。

尽管后来旧金山湾滑坡实时预报系统被迫中止，但旧金山湾地区的滑坡、泥石流研究工作一直继续。1997 年，美国地质调查局在进一步研究成果的基础上，修正了旧金山湾模型，初步完成了旧金山湾地区泥石流起动的 6h、24h 临界降水量等值线图。

（三）国家气象局和国土资源部联合地质灾害预报

在我国，国家气象局和国土资源部于 2003 年 4 月 7 日签订《关于联合开展地质灾害气象预报预警工作协议》，并于当年 6—9 月的地质灾害高发期开始发布地质灾害气象预报预警提示信息，提醒预警区居民和有关单位防范地质灾害、注意人身和财产安全。

从技术层次来看，该预报方法根据引发地质灾害的地质环境条件和气候因素，将全国划分为七个大区、28 个预警区。根据对历史时期所发生的地质灾害点与灾害发生之前 15 日内实际降水量及降水过程的统计分析，建立了滑坡泥石流气象预警等级判别模式图。选择 1 日、2 日、4 日、7 日、10 日和 15 日过程降水量 6 个指标进行统计分析，根据泥石流滑坡与降水关系的研究，制作滑坡泥石流与不同时段临界降水量关系的散点图，并根据散点集中状况，用 alpha 字母线、β 线分割出 A、B、C 三个区域（图 5-2）[19]。

其中横轴是时间，纵轴是相应的过程降水量，并规定 alpha 字母线和 β 线为两条滑坡泥石流发生临界水量线，alpha 字母线为预报临界线（预报等级二级、三级分界线），β 线为警报临界线（预报等级四级、五级分界线）。alpha 字母线以下的 A 区为不预报区（一级、二级，可能性小、较小），alpha 字母线和 β 线的 B 区为滑坡泥石流预报区（三级、四级，可能性较大、大），β 线以上的 C 区为滑坡泥石流警报区（五级，可能性很大）。预警区划图使用 1:500 万 ~ 1:600 万比例尺。

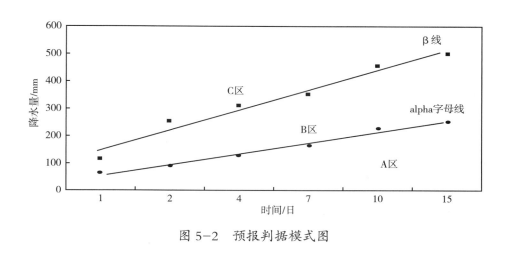

图 5-2 预报判据模式图

三、灾害风险评估

（一）研究现状

20 世纪 60 年代以前，国外区域滑坡研究主要局限于灾害形成机理、分布规律及趋势预测研究，有关灾害评价的内容多以宏观定性分析为主。70 年代后，随着滑坡灾害破坏损失的急剧增加，人们开始进行滑坡灾害定量化评价工作。Radbruch-hall 等开展了全美大陆 1:750 万比例尺滑坡灾害评价图的研绘工作。该研究使用单元多因指数综合评价方法使得以往对地质灾害的纯定性描述向定量化方向前进了一大步。80 年代初，Radbruch-hall 又研绘了 1:750 万全美大陆环境地质评价图系，选择了滑坡、岩溶、火山灾害等地质问题作为评价因子，通过图形叠加生成环境地质质量评价图。近年来，随着计算机技术、信息技术、数学模型分析方法以及专题图编制理论技术等的发展，为区域滑坡灾害评价提供了全方位的支持。90 年代初，Gupta 等将地理信息系统技术应用在喜马拉雅山麓 Rumgana 流域滑坡灾害危险性评价中，将各因子依权重进行叠加，勾绘了滑坡危险性分区图，从而奠定了基于地理信息系统技术的滑坡灾害危险性定量评价的基础。此后，GIS 在地质灾害评价中逐步发展并广泛应用。

　　各国根据具体情况对于滑坡危险性评价采用的评价指标不尽相同。美国进行危险度区划主要采用了与滑坡相关的地形因素和岩性因素，以及滑坡分布现状，将滑坡危险性划分为 5 个等级进行评价[20]。美国开展的此项研究较早，并逐步标准化。美国1977 年（Cotton 和 Assiates）采用 1∶3000 的土地利用图，对加利福尼亚 Saratoga 地区进行滑坡编目和危险性区划；1978 年采用 1∶10000 地形图，对 Switzerlard 地区的建筑、公路以及其他设施区进行了滑坡编目和危险性区划[21]；1983 年采用 1∶24000 地形图对加利福尼亚北部的山林伐木规划进行了滑坡危险性编目和区划。1988 年通过航片判译对加利福尼亚地区的暴雨滑坡进行危险度区划，注明了防灾重点地区和一般地区。瑞士国家水文局 1995 年以政府行为规定，对全国的坡地进行危险性评价，其中对滑坡危险度划分提出特殊评价标准，采用的评价指标主要为坡度和滑动速度，评价等级分为高、中、低三级。日本采用坡度、切割密度、降雨、滑坡分布等因素对日本部分流域滑坡危险度进行区划，并提交生产部门使用。日本对地震区的滑坡危险性评价采用了地震震级、坡度、降水量三项指标，划分了地震区的滑坡危险度。

　　张业成[22]针对我国崩塌、滑坡、泥石流、岩溶塌陷等灾害，建立了地质灾害危险性指数评价模型和危险性评价分析模型，并研绘了地质灾害强度分布图和区划图。郑乾墙[23]用模糊综合评判方法对江西典型滑坡进行了半定量危险性评价，选取了滑坡前缘、滑体滑坡后缘、母岩岩性残坡积土厚度、人工切坡几个评价因子，因子赋值与权重采用定性赋值和专家打分方法确定。将危险度等级分为：危险、次危险、不危险三类，通过模糊综合评判方法和最大隶属度原则计算滑坡的危险度。乔建平[24]通过对斜坡表面的变形迹象、斜坡本身的内部条件及外部触发因素进行统计研究，建立了12 项定性和半定量的评价指标，分别赋予 1~6 的判别指数，运用判别因子指数直接叠加法建立了危险斜坡的半定量评价模型和划分了 6 级危险度，并运用该模型对木里县城古滑坡进行了危险度评价。王成华[25]从滑坡的内部条件、外部条件和变形现状三大条件入手，建立了高速滑坡危险度三级评价指标体系，并依据专家经验对各个指标赋予作用指数，对各个指标进行叠加的方法对高速滑坡危险度进行判断并给出了危险度的三级划分，最后通过叠溪滑坡和查纳滑坡两个典型滑坡对模型进行了检验。樊晓一等[26]运用层次分析法 AHP 方法，通过专家意见建立成对比较矩阵，将成对比较矩阵的特征向量作为典型滑坡评价因子的权重，确定了评价因子的影响力排序，得到了基于专家意见的滑坡 9 个评价因子的主观权重，在前人研究基础上建立典型滑坡危险度评价模型，并对宝塔滑坡进行了危险度评价。唐红梅等[27]通过对重庆库区松散土体滑坡灾害危险性影像因素的分析方法，提出对典型滑坡危险性评价和分区的方法，并用层次分析方法得到各个因子权重系数以及用专家系统评分法给每一危险因子赋值，对吴家湾滑坡进行危险性分区并对其进行半定量评价。

（二）危险性评价方法

目前，国内外区域滑坡危险性评价的预测模型主要有数理统计模型（回归分析、判别分析、聚类分析等）、信息模型、模糊判别模型、灰色模型、模式识别模型（专家系统、神经网络法等）和非线性模型（分形理论）等。具体的方法主要有层次分析法、逻辑回归方法和信息量法等。

层次分析方法是一种层次权重决策分析方法，采用定性与定量相结合的多目标决策分析方法，是半定性、半定量问题转化为定量问题的一种有效方法，适合在目标结构复杂且缺乏必要的数据时使用。层次分析法将各种有关因素层次化，逐层比较多种关联因素的相对重要性，为分析、决策、预测和控制事物的发展提供可比较的定量依据。这种方法的优势体现在对复杂决策问题的本质、影响因素及其内在关系等进行深入分析后，利用较少的定量信息数学化决策思维过程，从而为多目标、多准则或无结构特性的复杂问题提供简便的决策方法，尤其适合于对决策结果难于直接准确计量的场合[28]。层次分析法可归结为各层次的排序问题，其中每一层次中的排序可简化为一系列因素的相互比较，将这种比较用 1 ~ 9 定量化，由此构建一个判断矩阵，再计算出判断矩阵的特征值与特征向量，这样可以得到某一层次中各因素相对于上一层次中某一因素的权值，然后检测这一矩阵排序的一致性，以避免构造判断矩阵的片面性[29]。

逻辑回归方法，是一种对定性变量预测的方法。回归分析用于拟合影响滑坡各要素之间的具体数量关系，进而预测发展趋势。滑坡灾害的形成具有很大的不确定性，滑坡影响因子包括岩性等定性因素和坡度、海拔等定量因素，它们也有很强的随机性和不确定性，这都增大了滑坡灾害预测的难度。对于作为因变量的滑坡来说，所能获得的取值仅有发生与没有发生两种状况，即表示为 1 和 0 两种状态，对应在栅格上，就是二态性变量[30-31]。在建立模型时，原有针对定量影响因素成立的假设检验、参数估计等内容也适用于定性数据，采用逻辑回归模型能很好地解决灾害评价中出现的二态性变量的问题。

信息量法是以已知灾害区的影响因素为依据，推算出标志危险性的信息量，建立评价预测模型，依照类比原则外推到相邻地区，从而对整个地区的危险性做出评价。信息量法相对于其他预测方法在单元划分数量较大的灾害区划中更具优势，虽然信息来源广泛，数据繁杂庞大，但借助计算机的处理。与其他模型相比此方法变得更加简单。信息量法实际上是先了解已变形或破坏的滑坡体的已有情况和提供的目前信息，将反映各种影响滑坡体稳定的因素实测值转化为信息量值，即用影响滑坡体稳定的各因素的信息量来表征其对滑坡体变形破坏的"贡献"的大小，进而评价滑坡体稳定性程度[31]。

用神经网络进行斜坡稳定性空间预测的基本思路是：用研究程度较高的斜坡地段作为典型单元，将可能影响斜坡稳定性的各因素或能将各种斜坡稳定性程度区别开来的因素输入层各节；依据各单元危险性程度的不同，将各斜坡划分为不同的稳定性等级，并将其作为输出层各节点的期望输出。用这些斜坡作为已知样本的信息对网络进行训练，直至网络已掌握数据间的关系为止，然后用该地区其他稳定性未知的斜坡地段作为预测样本，输入到已调练好的网络中，网络便可通过其联想记忆功能直接输出预测结果[32-33]。人工神经网络分析具有独特的学习特性，收敛速度快，容错能力高，因而被广泛应用于灾害预测等各个方面，并且已取得了比较满意的效果。考虑到实际运算的复杂度等情况，系统采用三层有指导学习模型，学习规则采用反推学习规则，但是由于人工神经网络对输入层和输出层有着严格的要求，而在滑坡灾害评价中输出层（危险性等级）和实际数据（灾害是否发生）一致，使得在滑坡灾害中应用人工神经网络技术的难点集中在训练样本的选择上。

模糊综合评判方法是应用模糊关系合成的特性，从多个指标对被评价事物隶属等级状况进行综合性评判的一种方法，它把被评价事物的变化区间做出划分，又对事物属于各个等级的程度做出分析，这样就使得对事物的描述更加深入和客观，故而模糊综合评判方法既有别于常规的多指标评价方法，又有别于打分法[34]。在实际运用模糊综合评判的过程中，常常首先遵循灾害发生的规律，将评价总目标划分为几个子目标，每个子目标又对应数个评价因素指标，对每个子目标进行模糊综合评判，然后再以子目标为评价因素，对评价总目标进行模糊综合评判，称之为两级模糊综合评判。国内有不少学者用两级模糊综合评判对滑坡进行危险性评价[35]。

（三）泥石流灾害风险

泥石流灾害风险分析是当今世界减灾领域关注的焦点。在国际上，美国的 Petak 和 Atkission 所著的《自然灾害风险评价与减灾政策》一书，系统地阐述了自然灾害风险评价的基本理论与方法，把灾害风险分析的内容概括为灾害风险识别、风险估算和风险评价三个相互联系的组成部分。

在泥石流危险性方面，19 世纪后半期，俄罗斯斯塔科特夫斯基初步涉及泥石流危险度的问题；日本学者足立胜治等[37]首先开展了泥石流危险度的判定研究，他们主要从地貌条件、泥石流形态和降雨三方面分析来判定泥石流发生概率；日本高桥堡等开展了泥石流堆积过程和堆积范围的模型实验，开始从水力学的角度探讨这一问题，并运用连续流基础方程首次建立了泥石流危险范围预测的数学模型[38-39]。奥地利、瑞士等欧洲国家对泥石流灾害危险性评价，较早地提出了采用类似于交通信号中红、黄、绿三色的特定含义，来划分泥石流危险区、潜在危险区和无危险区[41-42]。王礼先[43]对泥石流沟的危险性进行了量化分析；谭炳炎[44]提出了泥石流沟严重程度的数量化综合评判方法；刘希林[45]于 1988 年提出了泥石流危险度的判定方法；唐川等[41]应用泥石流二维非恒定流理论建立了危险度评价的数学模型，并初步应用于实践。20 世纪 90 年代以来，随着泥石流运动基本方程和流变特性研究的日益成熟[46-48]，泥石流数值模拟方法也得到迅速发展[49-53]，唐川等[41]利用 4 种流速和流深的不同组合，确定了泥石流危险性的四级标准；韦方强等[54]利用流速和流深 2 个因素建立了泥石流危险性动量分区模型，并对中国山区常见的建筑物结构进行了建筑物破坏性冲击力模拟实验，确定了不同结构类型的建筑物在冲击作用下的极限荷载，以该极限荷载为危险性分区的分级依据确定了分级的量化标准，使分区结果具有广泛可比较性；胡凯衡等[55-56]利用流速和流深 2 个参量建立了泥石流危险性的动能分区法，并用等方差法对动能进行分级来确定不同的危险区。因此，目前泥石流危险度的研究已发展到了能够精确定量、模型模式化操作的阶段。在泥石流易损性方面，国内外专门研究泥石流易损性的文章不多，只在少数文章中分析讨论泥石流灾害的易损性，并给出了计算公式[57-58]。

早在 1981 年，国际上成立了国际风险协会，开展灾害风险分析、风险管理与政策研究[59]，但专门进行泥石流灾害风险评价和分析的研究工作是随着"国际减灾十年"活动的开展，在 20 世纪 90 年代才逐渐在世界各国兴起，目前还仍处于起步探索阶段。关于泥石流灾害风险分析与评价研究成果创造的直接效益尚不明显。目前，泥石流灾害风险分析与评价仍然是前沿探索性领域，中国学者相继开展了一系列有关泥石流的风险研究[60-65]。刘希林、苏经宇等对区域泥石流风险评价进行了研究，给出了区域泥石流危险度评价的 8 个指标和人与财产的易损性计算公式[64-66]。日益丰富的研究成果使泥石流灾害风险分析的内容、方法与技术手段日趋丰富，逐渐形成了泥石流风险分析的雏形。

综上所述，泥石流风险分析包括危险性分析和易损性分析。前人已经在泥石流灾害风险分析方面做了大量的工作，泥石流灾害风险评价的研究也由过去的定性描述或简单定量转为现在的定量化、模型化操作，其中危险性分析研究较多，相对成熟，而对易损性的研究相对较少，缺少实用性的易损性分析方法，本研究将重点研究易损性的评价方法，并结合现有的危险度研究成果，建立具有实用价值的泥石流风险分析方法。

第二节　国际方向预测与展望

一、形成机理

斜坡变形灾害（滑坡、崩塌等）、泥石流、山洪和堰塞湖的形成是流域内水土物质在不同空间尺度上的耦合作用结果，并表现为流域地貌快速演化的产物。降水入渗到岩土体中，会通过改变岩土体的结构和组成而降低其强度，导致岩土体破坏；降水在坡面形成地表径流，会侵蚀和携带松散固体物质形成山洪或泥石流。流域内这种水土耦合过程可以分为细观尺度、坡面（体）尺度和流域尺度，这三个尺度上的耦合作用决定着斜坡变形灾害、山洪和泥石流的形成过程。

细观尺度的水土耦合作用决定着滑坡的形成过程，主要研究固体介质和流体之间的力学耦合基本规律，在力学领域，渗流场与应力场的耦合作用又称为流固耦合作用，这些耦合过程对滑坡稳定性具有决定性影响，是滑坡工程评价和治理的关键，对泥石流和山洪松散物源的产生和空间分布以及堰塞坝破坏溃决也非常重要。对于岩石的流固耦合已有大量专门的研究，今后研究的重点应是弱固结宽级配土的流固耦合，即水土耦合。在进行一般的流固耦合中渗流场与应力场分析时，首先必须确定主动变化者和被动接受者，摸清是渗流场影响应力场还是应力场影响渗流场的问题。宽级配土体内由于粗孔隙的优先流具有侵蚀和搬运能力，应力边界明显变化，渗流场的补给和排泄等条件也在变化，使得水土（流固）耦合变得更为复杂。因此，对于宽级配土细观尺度的水土耦合必须考虑两个问题：一是固液两相运动的相互耦合作用；二是固体颗粒的非均匀性，特别是大相颗粒与细颗粒不同的运动和结构特性及其对固液两相分界的影响。宽级配土中水土耦合作用关键是土的细观结构力学。

土力学的纵深发展关键在于结构性问题的解决。宽级配土的结构具有明显的非连续性和不确定性。很难用传统的基于线性分析的技术方法加以表达。但是，土的宏观工程性状（尤其是非饱和土强度）却在很大程度上受到微观和细观结构的系统状态或整体行为的控制，任何一种基于适度均匀化处理的连续介质模式都难以准确地表述其结构的复杂性。因此，土的结构性本构模型建立将成为 21 世纪土力学的核心问题。这一问题的突破将意味着人们在深化土体力学的本质认识方面完成了第二次飞跃，同时对于坡体的破坏、水土耦合过程中土体变形破坏特性将有新的认识。土的结构性本构模型建立的重要意义：在理论上，可以有效地摆脱连续介质力学的长期束缚，引起某些传统观点的改变。如土的应力历史和应力路径将被赋予结构性含义；在实践方面，结构性本构模型的建立和应用，将提高各种土力学问题的计算精度，可以用于准确分析滑坡等斜坡变形灾害的稳定性，防止或减少各类因认识不清和计算不准造成的工程事故。

细观结构土力学的主要研究问题包括土体结构要素量化体系的完善与结构状态描述综合参量的确定，在三轴剪切条件下的强度特征、结构变化和破坏标志，土体微结构特征及其力学效应，结构状态参数与其对应的宏观力学参量之间的联系，量化结构模式与土体结构损伤张量表示方法，土体结构损伤过程模拟与本构模型，土体结构强度理论与方法及其在灾害预测中的应用等。

细观尺度水土耦合作用达到土体破坏的条件后，对于一个坡面（体）而言，只是满足了它破坏的必要条件，能否真正破坏、什么时间破坏、什么地点破坏、发生多大规模的破坏，还要依赖水土耦合过程的发展（激发因素如降水的进一步增强）。由于土体物质组成级配较宽，结构具有非连续性，降水的入渗水分在土体内的活动（即细观水土耦合过程）具有非均匀性，土体强度降低程度和过程在坡面上是非均匀、非连续的。也就是说，坡面土体在降水作用下的破坏在时间上和规模上是随机的。汶川地震区松散坡体上的人工降雨实验证实了坡体坍塌破坏具有时间和规模上的随机性，土体坍塌时间间隔呈现泊松（Poisson）过程特征，坍塌规模满足帕累托（Pareto）分布。

对于物质组成和结构复杂的宽级配松散土，在研究坡面土体宏观破坏时，应该考虑土体细观结构的非均匀性带来的坡面尺度水土耦合过程的随机性，使得应力集中的区域随机出现，导致破坏的随机性。如何把握这种随机性，利用随机理论研究坡面尺度的水土耦合作用，建立坡体破坏时间与规模的随机模型，是未来研究的重要课题，也是提高滑坡灾害和泥石流固体物源供给预报精度的重要途径。

在降雨条件下，不仅一个坡面上土体的破坏时间、位置和规模具有随机性，而且流域中不同坡面、主沟和支沟、上游和下游的土体破坏在时间、空间与规模上都具有随机性，而流域范围内的降雨则在时间和空间上属于连续过程。由于下垫面的复杂性和空间差异性，降雨产流过程在流域内具有时间和空间的差异。只有当松散固体物质和水分（入渗土体的水和地表径流）在时间上和空间上达到合适的耦合条件时，泥石流和山洪才会形成。这种坡面与沟道、主沟与支沟的水土交汇就是流域尺度的水土耦合。利用随机理论和分布式水文模型来研究流域尺度的水土耦合过程与机理，是研究未来泥石流和山洪形成机理与汇流过程的重要课题。

二、灾害链过程

山洪、泥石流和斜坡变形灾害（滑坡等）往往在开始形成时规模不大，破坏力不强，但是在发展运动中不断增大其规模而产生巨大的破坏能力形成毁灭性灾害。大规模灾害在演化中会发生性质的改变，或者激发新的灾害，使得灾害在时间和空间上延拓而形成巨灾。灾害的规模放大效应和链生机制是本学科又一个前沿科学问题（图 5-3）。

山洪或者泥石流在沟道的运动过程中，将源源不断地受到沿程物源补给。物源补给主要包括以下三方面：沟床堆积物在挟沙水流或泥石流的冲刷作用下被侵蚀挟带并

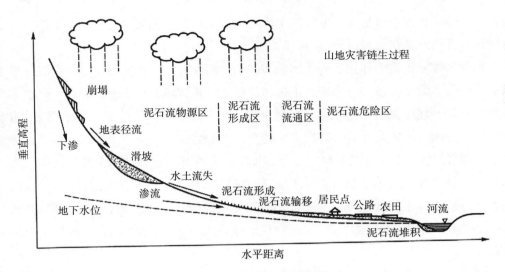

图 5-3　环境山地灾害链生机制与灾害链演化

向下游输移，即沟床物质被冲刷补充从而成为泥石流物源；沟道侧岸被侵蚀失稳和沿程坡面水土流失入汇，提供物源；沟道两侧的滑坡体、前塌体或支沟的泥石流堵塞泥石流沟道形成天然堵塞坝，这些堵塞坝在上游来流的冲刷作用下溃决，坝体物质随之被冲刷输移成为物源。

三种沿程侵蚀及物源补给方式并不是孤立存在的：在挟沙水流或泥石流的冲刷作用下，沟床堆积物质被向下游冲刷输移，从而沟床被刷深；伴随着沟床下切侵蚀；沟岸的岸脚被淘刷使得岸坡变陡，伴随着岸坡临空面的形成和逐步增大，导致沟岸的失稳坍塌；沟岸坍塌土堆积于沟道并解体成为沟道堆积物，补充泥石流的物源。由此可见，在运动过程中，挟沙水流或泥石流的上述三种沿程侵蚀方式相互影响，协同作用，形成一个复杂的沿程侵蚀产沙输沙系统。另外，在挟沙水流或泥石流沿程演进过程中，由于堵塞体的堵塞使坝体上游蓄积产生壅水；在坝体溃决时，蓄积的库容迅速释放，使泥石流规模和能量突然增大，会造成巨大的灾害。滑坡特别是远程滑坡也具有在运动过程中侵蚀（铲刮）、携带沿程沟道和坡面物质而增大规模的特性。因此，对沿程侵蚀特征及规模放大效应的研究，是一个复杂的前沿科学问题。

山区流域内的滑坡、崩塌、泥石流、山洪在其形成和运动的过程中，相互关联、相互转换、相互激发形成灾害链。一个灾害如何引发另一个灾害、在什么条件下可以引发（地形、规模、能量、作用方式、时间等）、被引发次级灾害的性质（类型、规模、运动状态、危害特征等）、两种灾害之间的能量传递和转换的动力过程等，都是目前尚未深入研究的科学问题。对于巨灾防治而言，灾害链的演化过程、链生条件与动力过程等灾害链生机制的研究，是新的科学问题。

142

三、预测预报模型

目前，能在实际中应用的预测预报方法，多数是经验公式或基于降雨和灾害事件统计关系建立的模型，但由于灾害体物质特性和发育条件等的差异性，使得这些基于统计和经验模型的应用及精度均受到一定限制。而建立在灾害形成机理和形成条件基础上的预测预报模型与方法，是对灾害做出科学和相对准确预测预报的核心，是提高灾害预测预报水平的根本出路，也是学科的前沿科学问题。

试图建立一个统一的基于形成机理的预报模型来解决灾害预报问题，在目前的认识水平上仍是一种理想状态。可行的探索途径是依据灾害预报的时间、空间（地点和范围）、性质（类型、规模和破坏力）等要素，分阶段、分层次建立基于形成和运动机理的预测预报模型，实现灾害的机理预报。因此，基于灾害形成机理的预测预报科学问题的解决，可以分解为以下几点。

1）预测预判模型：深入分析灾害成因和动力过程，基于对灾害形成动力过程的控制条件的认识，遴选灾害形成的基本因素，进而确定灾害形成的必要条件，依据必要条件，建立潜在灾害判识指标和模型。

2）预报模型：分析坡体或流域的水土耦合过程，探讨和定量描述降雨等激发因素在灾害发生过程中的功能，结合土体强度变化和破坏过程，确定灾害形成的控制因素和激发因素，揭示控制因素和激发因素与灾害形成动力过程之间的定量关系，建立基于本构关系的以控制因素和激发因素为变量的灾害预报模型。

3）破坏力预报模型和方法：目前的预测预报模型和方法，主要是对事件的预测，还难以实现对灾害过程的预测，能够预测灾害的发生时间和地点，但很难预测灾害的性质、规模和破坏能力。尽管已经发展了多种运动模拟方法并用于灾害分析和研究中，这些模拟方法可以较好地重现已经发生的事件，但难以实现对未知事件的性质、规模和危害范围的预测。发展具有预测功能的灾害运动模拟方法，是科学预测灾害的第三个科学问题。

以上三种模型和方法的建立，可以对未知潜在灾害做出预判，解决隐患排查不准的问题；较准确地预测灾害发生的时间和地点，便于及时启动临灾预案；较准确地判断危害范围、危害特征和危害能力，支撑疏散撤离和采取预防措施的决策及组织实施。

四、气候变化

气候变化导致的气候系统紊乱和极端天气常态化趋势，增大了山地灾害发生的频度，特别是大规模灾害和群发性灾害暴发概率增高。2010 年，全国多个省份出现局地性历史记录最大降雨造成福建、甘肃、四川、云南等地特大山洪、泥石流和滑坡灾害，发灾数量为正常年份的近 10 倍，仅泥石流和滑坡就造成 2915 人死亡和失踪，为近 10 年平均数（约 600 人）的 5 倍。研究气候变化引发的极端天气（如高强度降雨、极端干旱和高寒山地的高温）出现特征，分析极端天气对不同地区、不同类型环境山地灾害造成的影响建立定量关系，预测未来巨灾，减免气候变化导致的巨灾，是今后环境山地灾害研究的前沿科学问题。

气候变暖具有区域差异性，特别是由气候变化引发的极端降雨在不同地区有不同的表现。据初步分析，东南沿海地区极端降雨（最大 1 日降水量和最大 5 日降水量）随气温升高有明显的增加趋势，横断山区则变化不明显，但是甘肃省舟曲 2000m 以上山区却在 2010 年 8 月 7—8 日发生历史记录的最大暴雨 97.3mm，激发了三眼峪和罗家峪的特大山洪泥石流，造成 1765 人死亡或失踪的巨灾。进一步研究气候变化对极端天气（降雨和干旱事件）的影响，确定两者之间的关系，建立极端天气的预测模型，将有助于地面环境山地灾害的预测和预防，这为气象预报研究提出了新的课题，如对极端降雨的准确预报目前仍然是暴雨预报研究的难点。

极端天气往往容易造成特大灾害。在极端天气条件下，山地灾害的形成特征与正常气候条件有所区别，灾害的形成与规模已超出常规的认识与判断。根据初步研究的认识，在高强度极端降雨条件下，滑坡等斜坡变形灾害、泥石流和山洪的暴发往往具有群发性和类型的多样性；泥石流和山洪的形成过程随降雨强度增加有一个规模放大的临界值，大于该临界值的降雨会使得泥石流和山洪在形成与演进过程中出现规模放大现象，基于现有降雨频率—灾害规模认识的计算公式不再适用；长期干旱会导致土体内部孔隙结构和水稳性的变化，极端干旱后土体强度的水敏性增加，干旱与极端降雨的交替出现更容易激发灾害，特别是大规模灾害。研究特大暴雨或极端干旱与极端降雨交替出现条件下滑坡、泥石流和山洪的形成机理与活动特征，建立极端天气因素与灾害形成、灾害规模等参数之间的定量关系，是特大灾害的预测和防治的关键科学问题。

青藏高原气温升高导致的冰雪消融存在区域差异，在藏东南海洋性冰川区升温幅度大，冰雪消融最强烈，使得发生冰湖溃决洪水、冰湖溃决泥石流、冰川泥石流和冻融滑坡的风险增大。目前，关于冰雪消融对冰湖溃决、冰川泥石流和冻融滑坡影响的研究还处于初期阶段，加之受观测手段的限制，缺乏定量分析和有效观测数据，限制了对气候变化导致的这些灾害形成临界条件、演化过程、灾害风险定量认识的深度，这将是难度较大的研究课题。

五、灾害风险分析

发展基于动力学过程的灾害风险分析方法，已成为满足日益精细化的防灾减灾需求的必然选择。由于灾害运动和致灾机理的复杂性以及承灾体组成结构和抵抗能力的差异性，目前风险分析结果仍不足以达到灾害风险的准确预测，需要从灾害危险和易损性两方面进一步深化。

进一步深化运动过程模拟的灾害危险性分析，需要解决如下科学问题。

1）确定各类灾害频率与规模的定量关系：灾害发生频率和规模是表达危险性的主要参量。目前的灾害监测时间尺度（数据）尚不足以通过统计手段建立灾害频率与规模关系，需要选取替代方法延长灾害序列，如地层学方法、树木年轮反演和地衣测年等。

2）灾害运动方程改进与参数确定：由于灾害动力学机理认识的局限，目前的运动方程多为经过简化假设得到的，尽管可以通过调整参数取得满意的反演和模拟效果，但难以实现预测功能。还需要不断深化对灾害运动机理的认识，针对不同类型、不同性质灾害确定适当的参数，不断完善模型，增强其危险性预测的能力。

3）基于动力作用的灾害危险性定量分区：以往的灾害分区多以定性的方式描述（如高、中和低危险等），这种划分方式会对灾害威胁区的科学规划带来不确定性，不能体现具体的危险度。以数值模拟获取的动力学参数为依据划分灾害危险区，将是今后的方向。例如，山洪、泥石流可采用流深、流速、动量和冲击力等；滑坡则可采用厚度、动量和距离等。

目前的承灾体易损度经验曲线多依据典型灾害事件确定，具有一定的局限性，需要建立基于动力学方法的承灾体破坏模型，提高计算精度和普适性，进而把灾害动力学性质和承灾体强度特征结合起来，并考虑灾害体—承灾体相互作用动力机制的承灾体易损性分析方法和评价模型。这需要通过实际灾害案例调查、物理实验和数值模拟等手段，研究灾害体在演进中性质的变化及其导致的破坏特性变异、不同类型和性质灾害破坏力的定量确定、灾害体—承灾体相互作用的动力学机制、不同类型承灾体对灾害冲击的动力学响应特征、承灾体损毁在时空上的概率特征，建立基于灾害体—承灾体相互作用机制的承灾体易损性分析方法和评估模型。

灾害的发生往往具有链生和共生的特点，多灾种风险分析可有效地增强人类对大灾甚至巨灾的防范能力。美国国家应急管理中心（FEMA）和建筑科学研究所（NIBS）开发了针对地震、洪水及飓风等灾害的风险评估软件，形成了多种自然灾害的风险评估系统[67]。经历"5·12"汶川地震以后，我国在山地灾害风险研究方面已取得丰硕的成果，以这些研究成果为基础形成我国自然灾害综合风险评价体系是近期的任务。

六、灾害与生态

环境山地灾害不仅会直接毁灭局地植被，而且会破坏生态环境，影响局地生态安全。良好的生态可以调节孕灾环境因子，起到抑制灾害形成的作用，但植被的防护功能发挥缓慢且有限度。岩土工程措施发挥作用快速，也有防治标准和适用寿命的限制。研究灾害与生态的互馈机制中植被的减灾原理，定量评价植被的防灾功能，科学配置植物措施和岩土工程植施达到最优治理的目标，是迄今尚未引起重视的科学问题。

滑坡、泥石流和山洪等环境山地灾害对生态的直接破坏作用是比较简单的动力学问题，但灾害破坏植物生存环境如掩埋、水淹、土壤剥离和水文条件改变等，会对植物生长、群落演替和生态健康造成较长时期的影响，在灾害毁灭植被以后的迹地上，植被恢复与群落演替、生态系统恢复与重建等过程，是比较复杂且迄今尚未深入研究的科学问题。

植物通过改良坡面松散堆积体的土体结构特征、调节坡面水分、拦截泥沙、网络固结松散土体等作用，达到抑制灾害形成的作用。目前，对植物地上部分的减水减沙机理和效益研究较多，对植物地下部分特别是根系的减灾机理研究较少，对不同类型植被不同发育阶段、不同群落结构以及不同物种配置的植物措施与岩土工程措施组合效益的研究不够深入，特别是对"植物—土体—工程—水分"系统的结构组合及其对孕灾环境调控的力学机理研究更为鲜见。令后应注重开展植物措施灾害防治机理的研究，为灾害治理的植物措施规划、设计、物种选择、措施设计及其与岩土工程措施有机配置等提供理论依据。

目前，对植物措施的减灾功能评价主要侧重于蓄水减沙、稳坡固土的作用。现有评价不仅大多限于观测数据的统计分析，缺少调控过程和机理的定量研究，而且对地下部分的功能评价较少，对不同植物措施固结松散堆积体能力的评价更加少见。植物措施的定量评估应从植物个体到群体的保水固土作用出发，定量确定植物根系对土体的固结能力与根系作用的临界深度，基于机理分析量化地上部分的减灾效益，并结合植物措施的社会效益与经济效益，建立植物措施的减灾效益综合评价指标体系。

植物措施与岩土工程措施结合治理灾害，已成为国内外的共识而得到广泛运用，但在滑坡治理中，主要强调植物措施的绿化和景观效果，对其减灾功能虽有认同但尚未量化，在山洪灾害防治中，对植物措施调节产沙汇流条件和限制侵蚀产沙的机理认识比较清楚，但定量评价缺乏依据；在泥石流治理过程中，岩土工程措施以稳坡固沟、拦排泥沙为主，未考虑植物措施与岩土工程措施的空间配置，由于尚未实现植物措施灾害防治功能的定量评价，难以对植物措施与岩土工程措施的综合减灾效益特别是两者互补性做出客观定量的认识。今后的任务是，在实现基于机理的植物措施灾害防治功能定量评价基础上，研究植物措施与岩土工程措施的协调互补机理和优化配置原理，为建立沟道 – 坡面 – 小流域的灾害综合治理体系提供科学依据。

第三节　国内发展分析与规划路线

一、预报理论与新技术

遥感、合成孔径雷达（SAR）、3D 扫描以及近景摄影测量技术的发展和引入，极大地提高了灾害预测预报数据采集、传输和分析能力，促进了预测预报的发展，在减灾中发挥了巨大作用。但基于形成机理和过程的山地灾害预测预报理论相对薄弱，成为限制泥石流预测预报发展的瓶颈。这主要表现在以下三个方面。

1）潜在灾害判识研究才刚刚开始，判识方法基本上利用数理统计工具对灾害形成因素进行权重及其组合的分析，还没有把形成因素及其变化与灾害形成的动力过程相结合，建立具有物理机制的潜在灾害判识模型和方法。

2）尽管数据获取的技术手段有了明显改进，但缺乏科学合理的灾害发生阈值和临界状态的确定方法，符合实际可以用于减灾业务的临界条件确定问题没有得到有效解决，仍然是制约预测预报的短板。这使得类型繁多的各种灾害预测系统与仪器设备的预测效果不理想，难以满足我国大力推广预测预报并提高预测精度的需求。

3）现有的大部分预测模型和运动模拟工具（包括流行的商业软件），可以用于已发事件的重现或"反演"，有些也可以用于防治工程的优化设计，但是由于对具体灾害的形成机理和动力学过程认识有限，基本不能用于对未知事件的预测，难以满足对预测灾害属性（灾害性质、规模和破坏力）的需求。

综上所述，今后灾害预测预报面临的主要任务就是：进一步深化灾害形成机理研究，认识斜坡变形灾害（滑坡等）、泥石流和山洪的形成过程、机理和控制条件、定量描述其运动和演进规律，确定不同类型灾害形成的临界条件，建立基于形成机理和运动规律的预测预报模型，突破限制预测预报的瓶颈。同时，还要有针对性地开发和引进新的监测技术，以实现基于形成机理和运动规律的预测模型参数的实时动态精确监测，满足模型运算的需求，达到理论与技术协调发展、提高预测预报水平的目标。

二、数值模拟

综合国内外研究现状和发展动态，山地灾害（斜坡变形灾害、泥石流和山洪）都是由大量跨尺度的颗粒材料和孔隙间流体（空气或水）所组成的多相介质。需要解决复杂介质运动和多过程耦合的问题，定量描述山地灾害水土耦合的动力过程，即研究高速远程的山地灾害（斜坡变形灾害、泥石流和山洪）促发－演进－致灾的全过程规律并开发高效的数值模拟，必须首先清楚地理解大量松散颗粒物质流动过程中所表现出的流变特性，尤其是颗粒流内部剪切速率对地表滑动面上的物质和能量交换的影响，以及相应的地表侵蚀对颗粒物质流动性的影响，合理考虑固－液相间作用力（如孔隙水压力和流体黏性拖曳力等），构建山地灾害新的数值计算模型。这样，模型中的各个参数都应是可以通过相应的实验，针对不同的颗粒材料和流体标定得到的。它们应该是可以直接用于数值计算，而不是只能通过传统反分析的方法确定。因此，今后应该关注以下三方面的研究。

1）颗粒物质运移规律和动力学特征：现阶段的前沿科学问题主要包括如下几点：山地灾害多相流中颗粒物质流动的流变性质与运动规律，尤其是运动阻力的计算方法；山地灾害多相流中固相和液相的相互作用及相关参数的获取（包括分界粒径的确定）；山地灾害多相流体对地表的侵蚀作用及机理（包括侵蚀率计算方法）；基于固液两相流的山地灾害运动物理方程和高效数值计算方法。目前的数值模拟能够计算多个大颗粒对流动的干扰，但泥石流体中粗颗粒数量众多，现有模型不能精确模拟泥石流这样一种复杂系统的内部运动过程。此外，研究泥石流对建筑物和工程结构体等的破坏作用还需要发展新的流－固耦合算法。

2）三维灾害运动模型：采用基于固液两相流的物理模型，并结合理论分析和大量的物理模型实验所建立的三维山地灾害（斜坡变形灾害、泥石流和山洪等）运动模型，将可以模拟再现大型环境山地灾害多相介质动力学过程，构建预测山地灾害促发－演进－致灾－危害范围的计算方法，为规避山地灾害运动路径上的直接冲击、降低灾害的危害提供科学依据和技术支撑。进一步的探究可以揭示山地灾害多相介质运动特征与沟床地貌演变之间的相互关系，促进地貌学、水力学、河流动力学、灾害学、计算力学的发展。

3）具有预测功能的全过程模拟：建立包括泥石流起动、汇流、运动和堆积全过程的动力学模型和数值模拟。其中主要有降雨的下渗、坡面产流产沙、上游支沟的汇流、主沟道的运动、堆积扇的泛滥堆积和主河的入汇。将这些动力学机理、物理变量、时间空间尺度等差异非常大的过程耦合在一起进行数值求解，并在动力学模型和数值计算中考虑可变参数，构建模拟系统，则可以解决灾害数值模拟不能对未知事件预测的问题。

三、风险判识与管理

减灾不仅涉及科学与技术问题，同时也涉及社会、经济、管理和人文等方面，是一项高度综合的学科（工作），没有其他方面相应措施的协调配合，仅依靠提高科学认识和发展技术，很难达到理想的减灾效果。认识灾害现象与过程是减灾的根本，工程措施是减灾的重要手段，管理措施是发挥减灾成效的重要保障。由于山地灾害的隐蔽性、复杂性、突发性、破坏性及防治工程设计自身存在一定经验性与工程标准的限制，当灾害规模超过灾害防治工程保护功能的上限时，承灾体可能面临较大的风险。近年来，国内外更加强调灾害风险管理，强调对潜在风险的判识和对潜在灾害产生原因的认识，通过工程措施与管理措施相结合的综合风险管理降低灾害风险，提高整体防灾能力（图5-4）。

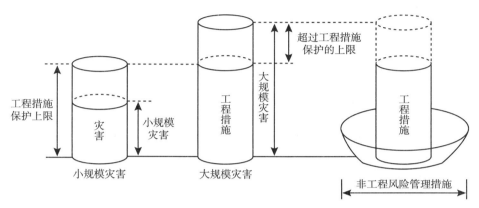

图5-4　利用非工程风险管理措施减轻特大风险示意图[5]

1）潜在风险判别和预测：如果事前就能够得到灾害发生的时间、地点、性质、规模、可能危及的范围和破坏程度等信息，则可以提前采取应对措施，最大限度地减少和避免灾害损失，这是减灾的理想状态，实现的关键环节就是对潜在风险源的判识和潜在风险预测。如果获得风险源的信息，则利用已有的风险分析知识（危险性分析、易损性分析、风险分析）可以较好地预测未来风险。因此，对潜在风险源的判识是核心问题。对于绝大多数包括山地灾害在内的自然灾害而言，这是短期内难以解决的前沿科学问题。这个问题的解决依赖于对灾害成因和机理的深入研究，需要认识并定量描述灾害形成因素（孕灾环境）的功能和贡献，确定灾害形成动力学过程及其关键环节与孕灾环境变化之间的关系，通过孕灾环境（形成因素及其组合状态）的变化判定灾害发生的时间、地点、性质和规模，为风险预测提供必要的信息，这将是未来灾害风险研究的核心科学问题。

2）风险管理：灾害风险管理是在对风险判识、分析和评估的基础上，采取行政、经济、法律、技术、教育等手段，有效地控制和处置风险，促进各利益体的协作，以较低的成本实现最大的安全保障，降低灾害风险，提升防灾减灾能力，促进可持续发展。灾害风险管理主要涉及防灾减灾、备灾、应急响应和恢复重建四个阶段。主要内容有减灾与防治规划、监测与预警、临灾预案、政策激励、科技支撑、财政支持、社区组织、宣传教育、风险转移（灾害保险）等（图5-5）。

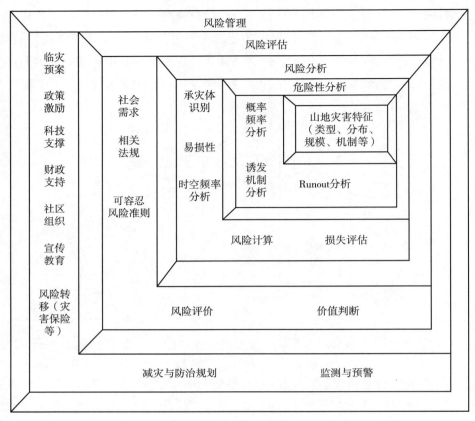

图 5-5　山地灾害风险分析与风险管理的层次与内容[68]

　　我国的风险管理以政府主导为主，尚未充分发挥社会、受灾对象和相关企业的积极能动作用，灾害风险管理还处于初级阶段。今后，需要深化灾害风险管理理论研究，逐步建立和完善风险管理机制、体制和相关法规，完善国家自然灾害风险管理体系；根据不同经济社会发展状况确定不同区域的可接受风险水平，发展灾害保险事业，建立风险的分担和转移机制，采取有效的激励、教育和组织措施，调动受灾对象参与灾害风险管理的自主性。

　　3）基于社区的参与式灾害风险管理模式：以社区为单元的灾害风险管理是一种有效的灾害管理模式，这种"自下而上"的灾害管理体制重视社区防灾减灾能力建设。《2005—2015年兵库行动纲领：加强国家和社区的抗灾能力》指出了社区减灾的重要作用，强调要利用知识、创新和教育建立一个安全的在各个层面对灾害具有适应力的文化[69]。社区灾害风险管理的挑战之一是保持社会层面防灾减灾的持久化[70]。因此，如何建立长效的社会参与激励机制，营造全民自觉参与灾害风险管理全过程的文化氛围，探索政府主导的"自上而下"型和发挥承灾社区自觉性的"自下而上"型相结合的基于社区参与式灾害风险管理模式，是值得进一步探索的重要课题。

第四节 技术路线图

		2030 年	2050 年
	需求	山地灾害的发生造成了巨大的人员伤亡、财产损失和生态破坏，严重威胁山区人民生命财产与工程建设安全，制约山区资源开发与经济发展。山地灾害的防治是构建山区人与自然和谐共存格局，实现社会可持续发展的基本保障	
	总体目标	充分利用案例多、素材丰富的研究资源，深入认识山地灾害发育条件、形成机理、运动规律和成灾机制，在新理论和新认识的基础上发展适合中国需求、具有中国特色的减灾技术体系	提出灾害资源化利用的技术方法，实现灾害的科学管理，有效减轻灾害和利用灾害资源，进一步提升中国山地灾害研究和防治水平
目标	目标 1	阐明山地灾害的启动机理	促进减灾工程的规范化和标准化，提高灾害治理技术水平
	目标 2	预警预报技术中结合新理论新技术	促进灾害地林草植被自然恢复与修复
	目标 3	建立基于形成机理和运动规律的预测预报模型	结合植物措施的社会效益与经济效益，建立植物措施的减灾效益综合评价指标体系
关键技术	关键技术 1	建立在灾害形成机理和形成条件基础上的预测预报模型与方法	系统研究植被的防灾功能，提出科学配置植物措施和岩土措施的理论和技术
	关键技术 2	建立基于水－土耦合的山地灾害动力学分析模型	发展灾害治理优化设计技术，不断完善灾害防治工程技术指南和技术规范，促进减灾工程的规范化和标准化，提高灾害治理技术水平
	关键技术 3	构建灾害与生态环境之间的响应机制	

续图

		2030 年	2050 年
发展重点	重点 1	气候变化对山地灾害的影响与巨灾预测	灾害防治技术的完善
	重点 2	灾害对生态的响应机制	突破风险判识难点，提高灾害风险管理水平
	重点 3	发展基于形成机理的灾害预报模型	山地灾害预警预报系统
战略支撑及保障建议		建立山地灾害环境数据共享平台	
		构建一套山地灾害风险分析与风险防控技术体系	
		加强国际与交流，促进"一带一路"自然灾害风险与综合减灾国际研究计划	

图 5-6　山地灾害防治工程学技术路线图

参考文献

［1］Iverson R M , Reid M E , Lahusen R G . Debris-flow mobilization from landslides ［J］. Annual Review of Earth & Planetary Sciences, 2003, 25（1）：85-138.

［2］Fiorillo F , Wilson RC. Rainfall induced debris flows in pyroclastic deposits, Campania（southern Italy）［J］. Engineering Geology, 2004，75（3-4）：263-289.

［3］Wilson RC. Normalizing rainfall / debris-flow thresholds along the U.S. Pacific coast for long term variations in precipitation climate ［C］// Debris-flow hazard mitigation. New York：ASCE，1997.

［4］Brooks SM , Crozier MJ, Glade TW. Towards establishing climatic thresholds for slope instability：Use of a physically-based combined soil hydrology-slope stability model ［J］. Pure and Applied Geophysics, 2004，161（4）：881-905.

［5］崔鹏. 中国山地灾害研究进展与未来应关注的科学问题［J］. 地理科学进展，2014，33（02）：145-152.

［6］Corominas J, Moya J. Reconstructing recent landside activity in relation to rainfall the Llobregat River basin. Eastern Pyrenees，Spain ［J］. Geomorphology，1999，30（1-2）：79-93.

［7］Berti M , Simoni A. Experimental evidences and numerical modeling of debris flow intiated by channel run of ［J］. Landslides, 2005，2（3）：171-182.

［8］Aleotti PA. Warming system for rainfall-induced shallow failures［J］. Engineering Geology，2004，73（3-4）：247-265.

［9］Glade T，Crozier M. Smith P. Applying probability determination to refine landslide triggering rainfall thresholds using an empirical antecedent daily rainfall model［J］. Pure and Applied Geophysics，2000，157（6-8）：1059-1079.

［10］Bel FG，Maud R. Landslides associated with the colluvial soils overlying the Natal Group in the greater Durban region of Natal，South Africa［J］. Environmental Geology，2000，39（9）：1029-1038.

［11］谭炳炎，段爱英. 山区铁路沿线报与泥石流预报的研究［J］. 自然灾害学报，1995，4（2）：43-52.

［12］陈景武，吴积善，康志成，田连权，等. 云南蒋家沟泥石流观测研究［M］. 北京：科学出版社.

［13］钟敦伦，谢洪，王爱英. 四川境内成昆铁路泥石流预测预报参数［J］. 山地研究，1980，8（2）：82-88.

［14］谭万沛，王成华，姚令侃，等. 暴雨泥石流区域预测与预报［M］. 成都：四川科学技术出版社，1994.

［15］武居有恒. 土石流灾害知に関す研究の现状［J］. 新砂防，1979，31（4）：46-52

［16］张顺英. 西藏古乡沟泥石流暴发的气象条件及预报的可能性［J］. 冰川冻土，1980，2（2）：41-47.

［17］吕儒仁，李德基. 欧亚大陆季节增（融）雪盖面积变化特征分析［J］. 气候与环境研究，1989，14（5）：491-508.

［18］久保田哲也，池谷浩. 土石流生基准雨量に对する Neural Network のについて［J］. 新砂防，1995，47（6）：726-730.

［19］刘传正，温铭生，唐灿. 中国地质灾害气象预警初步研究［J］. 地质通报，2004，23（4）：303-309.

［20］舒斯特. 滑坡的分析与防治［M］. 北京：中国铁道出版社，1987.

［21］Wieczork GF. Evaluating danger landslide catalogue map［J］. Bulletin，1984，1（1）：337-342.

［22］张业成. 中国地质灾害危险性分析与灾变区划［J］. 地质灾害与环境保护，1995，6（3）：1-13.

［23］郑乾墙. 滑坡危险性的模糊综合评判［J］. 江西地质，1999，13（4）：299-303.

［24］乔建平. 瑞士的山地灾害研究［J］. 山地学报，1999，17（3）：284-287.

［25］王成华，谭万沛，罗晓梅. 小流域滑体危险性区划研究［J］. 山地学报，2000，18（1）：31-36.

［26］樊晓一，乔建平，陈永波. 层次分析法在典型滑坡危险度评价中的应用［J］. 自然灾害学报，2004，13（1）：72-76.

［27］唐红梅，林孝松，陈洪凯. 重庆万州区地质灾害危险性分区与评价［J］. 中国地质灾害与防治学报，2004，15（3）：1-4.

［28］马还授. 广德地区滑坡危险度区划的研究［D］. 合肥：合肥工业大学，2007.

［29］李月臣，杨华，陈晋，等. 重庆市滑坡灾害危险性区域评价研究［J］. 应用基础与工程科学学报（增刊），2004，12：199-206.

［30］高克昌. 基于 GIS 的万州区滑坡地质灾害危险性评价研究［D］. 重庆：重庆师范大学，2003.

［31］肖桐. 基于 GIS 的兰州市滑坡空间模拟研究［D］. 兰州：兰州大学，2007.

［32］冯夏庭，王泳嘉，卢世宗. 边坡稳定性的神经网络估计［J］. 工程地质学报，1994，3（4）：54-61.

［33］苏生瑞. 关中地区斜坡稳定性模糊综合评判［J］. 西北地质，1994，15（3）：74-78.

［34］王巨川，章前，王刚. 多指标模糊综合评判［J］. 昆明理工大学学报，1998，23（4）：69-71.

［35］柴贺军，黄润秋，刘汉超. 滑坡堵江危险度的分析与评价［J］. 中国地质灾害与防治学报，1997，8（4）：1-8.

［36］Petak W J，Atkission A A. 自然灾害风险评价与减灾政策［M］. 北京：地震出版社，1993.

［37］足立胜治，德山九仁夫，中筋章人，等. 土石流发生危险度的判定［J］. 新砂防，1977，30（3）：7-16.

［38］高桥堡. 土石流堆积危险范围的预测［J］，自然灾害科，1980（17）：133-148.

［39］高桥堡，中川一，佐藤宏章. 扇状地土砂泛滥灾害危险度的评价［J］. 京都大学防灾研究所年报，1988，31（2）：655-676.

［40］Takahashi T. Estimation of potential debris flows and their hazardous zones：soft countermeasures for a disaster［J］. Journal of Natural Disaster Science，1981（3）：57-89.

［41］唐川，刘希林，朱静. 泥石流堆积泛滥区危险度的评价与应用［J］. 自然灾害学报，1993，2（4）：79-84.

［42］Lateltin O，Bonnard C. Hazard assessment and land-use planning in Switzerland for snow avalanches，floods and landslides［J］. Contemporary Review，1999（1）.

［43］王礼先. 关于荒溪分类［J］. 北京林业大学学报，1982（3）：94-107.

［44］谭炳炎. 泥石流沟的严重程度的数量化综合评判［J］. 水土保持通报，1986，6（1）：51-57.

［45］刘希林. 泥石流危险度判定的研究［J］. 灾害学，1988，3（3）：10-15.

［46］Wang G Q，Shao S D，Fei X J. Particle Model for Alluvial Fan Formation［C］// Debris-flow Hazards Mitigation. ASCE，1997.

［47］费祥俊，朱平一. 泥石流的黏性及其确定方法［J］. 铁道工程学报，1986，2（4）：9-16.

［48］王裕宜，费祥俊. 自然界泥石流流变模型探讨［J］. 科学通报，1999，44（11）：1211-1215.

［49］O"Brien JS，Julien PY. Laboratory analysis of mudflow properties［J］. Journal of Hydraulic Engineering，1988，114（8）：877-887.

［50］Shieh C L，Jan C D，Tsai Y F. A numerical simulation of debris flow and its application［J］. Natural Hazards，1996，13（1）：39-54.

［51］罗元华，陈崇希. 泥石流堆积数值模拟及泥石流灾害风险评估方法［M］. 北京：地质出版社，2000.

［52］Fraccarollo L，Papa M. Numerical simulation of real debris-flow events［J］. Physics and Chemistry of the Earth，2000，25（9）：757-763.

［53］Hübl J, Steinwendtner H. Two-dimensional simulation of two viscous debris flows in Austria［J］. Physics and Chemistry of the Earth, 2001, 26（9）: 639-644.

［54］Wei F Q, Zhang Y, Hu K H, et al. Model and method of debris flowrisk zoning based on momentum analysis［J］. Wuhan University Journal of Natural Sciences, 2006, 11（4）: 835-839.

［55］胡凯衡, 韦方强, 何易平, 等. 流团模型在泥石流危险度分区中的应用［J］. 山地学报, 2003, 21（6）: 726-730.

［56］胡凯衡, 韦方强. 基于数值模拟的泥石流危险性分区方法［J］. 自然灾害学报, 2005, 14（1）: 10-14.

［57］张业成, 胡景江, 张春山. 中国地质灾害危险性分析与灾变区划［J］. 地质灾害与环境保护, 1995, 5（3）: 1-13.

［58］刘希林. 泥石流风险评价中若干问题的探讨［J］. 山地学报, 2000, 18（4）: 341-345.

［59］许世远, 王军, 石纯, 等. 沿海城市自然灾害风险研究［J］. 地理学报, 2006,（2）: 127-138.

［60］唐晓春, 唐邦兴. 我国灾害地貌及其防治研究中的几个问题［J］. 自然灾害学报, 1994, 3（1）: 70-74.

［61］张业成, 张梁. 论地质灾害风险评价［J］. 地质灾害与环境保护, 1996（3）: 1-6.

［62］罗元华, 张梁, 张业成. 地质灾害风险评估方法［M］. 北京: 地质出版社, 1998.

［63］任鲁川. 区域自然灾害风险分析研究进展［J］. 地球科学进展, 1999, 14（3）: 242-246.

［64］刘希林. 区域泥石流风险评价研究［J］. 自然灾害学报, 2000,（1）: 54-61.

［65］黄润秋, 向喜琼. GIS技术在生态环境地质调查与评价中的应用［J］. 地质通报, 2002, 21（2）: 98-101.

［66］苏经宇, 周锡元, 樊水荣. 泥石流危险等级评价的模糊数学方法［J］. 自然灾害学报, 1993, 2（2）: 83-90.

［67］FEMA. Multi-hazard loss estimation methodology earthquake model（HAZUS MH-MR4）［R］. Washington DC: FEMA and NIBS, 2003.

［68］吴树仁, 石菊松, 王涛, 等. 滑坡风险评估理论与技术［M］. 北京: 科学出版社, 2012.

［69］UNISDR. Hyogo Framework for action 2005-2015: Build the resilience of nation and communities to disasters［R］. Japan: World Conference on Disasters Reduction, 2005.

［70］Mano T. Community-based disaster management and public awareness［R］. Disaster Risk Vulnerability Conference, 2011.

撰 稿 人　马超　吕立群　杨文涛　王鑫皓　李通　代智盛　李牧阳

第六章 林草生态工程学

第一节 困难立地生态恢复技术

一、最新研究进展评述

世界上许多发达国家都尝过因重经济发展造成生态破坏的恶果，因此，在经济发展后大家开始反思，开始注重生态的恢复。水土流失和荒漠化问题亦是如此，为了经济的发展，资源大量无序开采，植被大量破坏、水土流失严重、土壤生产力下降、生态恶化，严重影响人类的生产和生活环境。

林草生态工程在生态恢复过程中发挥着重要作用，不仅可快速恢复植被覆盖，而且可改善土壤环境和小气候，促进形成复合生态系统的形成，改善人类生存环境。林草复合生态系统的思想并非新兴事物，自古至今已有 1300 年的历史，世界上很多国家在水土流失治理和环境保护中都在使用[1]。不同区域的林草生态工程建设存在一定差异，形成了多种类型的林草复合生态系统，要构建何种类型的林草生态系统主要取决于所治理区的气候条件和经济发展水平。目前，国外在林草生态系统的理论和实践研究方面走在前列的是欧洲、北美、新西兰、澳洲等。德国、英国中北欧国家较早就开始对退化生态系统开展研究，在森林营养和物质循环方面开展了较为深入系统的研究。另外，他们在寒温带针叶林采伐迹地的植被恢复方面也开展了较深入研究。英国和日本等国在东南亚热带森林破坏后的生态恢复方面开展了大量研究。另外，英国在矿山开采废弃地的植被恢复和重建，以及生态恢复方面开展了深入研究。日本的宫肋照教授在城市建设项目水土流失治理和植被恢复中，将植被演替的理论应用其中，加快了森林植被的恢复。北美从 20 世纪 30 年代开始开展草原恢复，根据生态系统的破坏程度采取相应的措施，对退化草原主要通过封禁进行自然恢复，并适当的辅以人工建植措施。对于一些破坏超过生态系统"阈值"的区域，则采用人工建林草生态工程措施促进恢复。

我国自 20 世纪 50 年代开始，在退化生态系统的监测和治理方面开展了系列工作。我国的学者根据中国不同区域生态系统破坏程度，并结合我国当下的社会经济发展，在全国不同分布区域的森林、草地、采矿废弃地、湿地等退化地开展了大量植被恢复和重建的研究，在恢复理论、治理技术等方面都取得了较大的成绩[2]。在大规模的"三北"防护林工程建设方面成绩显著[3]。但生态恢复研究工作主要集中在森林资源的质量评价上，对退化生态系统恢复的研究较少，未形成科学的技术体系。余作岳等在华南地区的退化坡地上开展了大量荒山绿化工作，开始在生态系统退化的原因、退化生态系统恢复与重建的技术与方法、生态学过程与机理方面进行探索[4]。近年来，随着植被破坏、生态恶化、环境污染等问题日趋严重，生态恢复受到关注和重视。在此背景下，有关学者在包括退耕还林草工程、青藏高原生态系统恢复与保护利用等一系列生态恢复工程等[5]。生态恢复的实践也得到进一步增强，相继有不同研究院所开展了不同规模和类型的生态建设实践与工程研究。

国外一些发达国家例如美国、德国、英国、法国等均在林草生态恢复过程中也曾实施过退耕还林草的措施。尽管各国实施生态恢复的基础、目的、政策等有所差异，但也有其共同之处，即都在一定的历史条件下，注重经济发展而忽略了生态环境，造成生态环境恶化给人类造成严重威胁，之后不得不采取措施改善环境。从开始的森林综合效益的单因子计量和评估，逐渐开始向多因子综合发展，累积生态系统恢复的参数和资料[6]。把林草生态系统作为一个系统开展研究，既考虑森林的资源功能，同时考虑其对水文、涵养水源、流域治理等方面的作用，实现流域水土资源的保护与合理利用，达到最优的生态效益与社会经济效益[7]。基于林草生态工程而构建的林草复合经营由此而生。许多学者对农林复合经营系统进行广泛探讨，研究涉及基础理论、系统分类、系统设计等方面。近年来，国外在农林复合经营的定量化方面开展深入研究，一些成果已广泛推广，一些国家也已从中获益。

二、国内外对比分析

我国是世界上水土流失最为严重的国家之一，据 2012 年第一次全国水利普查结果显示，我国现有水土流失面积由 2005 年全国第三次土壤侵蚀遥感调查的 356 万平方公里减少到了 294.91 万平方公里，水土流失面积大幅下降，水土流失得到了初步遏制，但仍很严重。目前我国森林资源主要集中在东北、西南等边远山区及东南丘陵，西北地区森林资源极度贫乏。林草生态工程是水土流失治理的主要手段，其效果也是评价水土流失治理成效和生态平衡的重要指标。目前我国平均森林覆盖率为 21.63%，其中森林覆盖率超过 30% 的有福建、江西、浙江、广东、海南、贵州、云南、黑龙江、湖南、吉林等 9 省，超过 20% 的有辽宁、广西、陕西、湖北等 5 省、区，超过 10% 的有安徽、四川、内蒙古等省、区，其余多在 10% 以下，尤其新疆、青海尚不足 1%，我国森林植被恢复还任重而道远。近年来我国在水土保持林草措施方面的工作主要集中在林草植被措施对水土流失的防治效果、不同退化立地植被种类和模式的筛选、退化生态系统植被演替规律、林草植被的生态服务功能、植被恢复动态变化及政策研究等方面。

（一）退化立地植被种类和模式的筛选

由于不同退化生态系统立地条件、土壤、气候等不同，在植被恢复过程中不可能有统一的模式，必须根据治理区的特点因地制宜地选择植物种类及配置模式。选择适合不同退化立地的乔灌草植物，对植被的快速覆盖、防治水土流失、改善治理区生态环境等具有重要意义。物种和配置模式的选择也是决定水土流失治理成败的关键。在植被的选择上应以乡土树种为主，选择耐旱耐贫瘠及其他逆境胁迫的物种，与治理区的产业结构相适应，同时也要考虑生态景观效果。在植被配置模式上应注意乔灌草搭配、喜阳耐阴植物搭配、深根和浅根植物搭配、豆科和非豆科植物搭配等。我国学者在水土流失治理中植物种类和配置模式方面开展了大量研究。黄土高原丘陵沟壑区山坡地人工草地营建模式、草灌带状间作模式、草田带状间作轮作模式、林粮带状间作模式，以及梁茆顶、梁茆坡、沟坡、沟边、山坡地经济林建设、乔木混交林等水土保持防护林模式，对黄土高原区林草植被恢复具有重要推动作用[8]。其中，茆顶退耕建设人工草地，干旱坡地选择抗旱、适应性强的优良草种，单重草或灌木以及草灌组配，作物和豆科牧草沿等高线隔带种植等治理理念不仅在黄土高原适用，也对其他水土流失区植被恢复具有重要指导作用。杨洁等[9]对16种植物对我国南方红壤侵蚀区水土保持效果评价，筛选出了马尾松、枫香、胡枝子、木荷、黄栀子、湿地松、硬骨草等优良水土保持植物，同时筛选出了适合不同红壤侵蚀区的植被配置模式。总结安太堡煤矿10多年的植被恢复经验指出，矿山废弃地植被恢复过程中，必须按照不同植物对水热条件的需求进行种植，喜光速生植物宜稀、耐性生长慢植物宜密、宽树冠大根系植物宜稀、窄树冠紧根系植物宜密、高海波土壤贫瘠区宜密、水分管理好区域宜密。并总结出了平台植被配置模式、边坡林木用地植被配置模式、排土场周边植被配置模式等[10]。矿山废弃地植被恢复过程中应按照生态结构稳定与功能协调原理，遵循生物相生相养原则，根据矿山废弃地立地条件及土壤状况，首先选择豆科植物达到改良土壤的目的，然后逐步增加一些耐旱耐贫瘠的灌木、乔木，最后形成乔灌草复合生态系统。王友生等[11]研究长汀稀土矿废弃地植被恢复模式，筛选出了宽叶雀稗、胡枝子、木荷、枫香、火力楠、山杜英、油茶等适合南方红壤区离子型稀土矿废弃地植被恢复应用的植物，以及草-灌-乔不同配置模式。这些治理的理念、模式和经验在其他矿山废弃地治理中都有很好的适用性。

（二）退化生态系统植被演替规律及限制因子

人工促建是退化地植被恢复普遍采取的措施，可以达到植被快速绿化覆盖的目的，但同时也会出现前期恢复后期退化的问题，究其原因主要是未真正掌握限制植被恢复的主要因子，以及植被选择和配置模式选择过程中未遵循植被演替规律。因此，许多学者在退化生态系统植被演替规律方面开展研究。贾希洋等[12]开展封育、水平沟壑鱼鳞坑 3 种生态恢复措施对合同丘陵区草原植被演替的研究发现，封育 15 年植被演替序列为本氏针茅＋百里香群落→本氏针茅＋大针茅群落→本氏针茅＋百里香群落→本氏针茅＋大针茅群落→本氏针茅＋铁杆蒿群落；水平沟为沙打旺＋白草群落→早熟禾＋赖草群落→本氏针茅＋百里香群落→百里香＋赖草群落→本氏针茅＋大针茅群，鱼鳞坑整地则为沙打旺＋白草群落→早熟禾＋本氏针茅群落→本氏针茅＋百里香群落→百里香＋本氏针茅群落；我们可以看出来自然恢复和人工干预下植被的恢复演替存在相似之处，但也有差异。本氏针茅无论在自然恢复和人工干预条件下都是 15 年后的主要物种，但自然恢复 15 年后另一种主要物种为铁杆蒿，而人工干预的则是大针茅和百里香，我们在植被恢复过程中是否按照演替阶段配置植物效果更好，这需要进一步的进行研究。另外他们发现鱼鳞坑和水平沟措施下优势植物物种随时间的变化是从根茎型到疏丛型，然后到密丛型演变，这也是植被恢复过程中的规律。影响黄土丘陵区典型草原植被演替的因子为土壤容重、有机质、全磷、真菌和蛋白酶。研究通过植被恢复示范可以在以前的云杉林上建立典型的山地荒山植被群落，恢复 4～5 年治理区就出现了代表植被演替的指示性物种，说明人工建植可使一些为达到破坏阈值的生态系统发生正向演替，从而实现恢复[13]。同时研究也发现要使得生态系统可以持续恢复还补充一些营养物质。这说明在退化地生态恢复过程中，林草植被措施的选择和配置要遵循生态演替的规律，而且不补充生态演替所需条件，这样才能事半功倍，加快治理区生态恢复。

　　植被恢复除了要尊重植被恢复规律外，更重要的是要抓住植被恢复的限制因子，但是不同退化生态系统植被恢复的限制因子各不相同，其中主要的限制因子也存在差异[14-15]。其中，土壤水分和养分是限制植被恢复的两个重要因素，对植被的生态演替方向及其功能具有决定性作用[16]。土壤不仅为植物提供支撑，同时也为植物的生长提供所必需的养分。土壤养分含量及空间分布情况对植物群落的组成有着重要影响，直接影响植物群落的分布和演替。另外，极端高温和季节性干旱也是退化生态系统恢复的一个重要限制因子。水土流失所造成的环境胁迫与干扰是限制植被恢复演替的重要因子，对植物生长、种子产量及活性、种子存活萌发造成干扰，最终影响植被恢复的进程与方向[17]。有关学者对不同退化生态系统植被恢复限制因子开展了大量研究。由于演替阶段的不同，喀斯特地区的植被形成了不同的生态环境，其小气候差异明显。其中乔木林、灌木林的生态环境和小气候条件较好，有利于植被生长，而草坡、石面环境较恶劣，植被生长明显受到影响[18]。随植被恢复时间的增加，群落内光强、气温、地温及其变化幅度呈现减小的趋势。俞国松等[19]的研究也得出了相似的结论，这说明随着植被演替的进行，森林小气候环境效应明显，随着植被的不断恢复，群落内小气候逐渐向着稳定的方向发展，群落的环境也逐渐得到改善。何圣嘉等[17]研究南方红壤侵蚀区马尾松林下植被的恢复限制因子，结果发现南方红壤区水土流失治理过程中，马尾松林可实现植被的覆盖，但存在"远看绿油油，近看水土流"的问题，原因包括马尾松林恢复初期由于幼树的快速生长使得原有贫瘠的地理进一步耗损，而初期林分结构简单，养分归还能力差，土壤不能形成自肥能力，成为林下植被难以恢复的主要内因，而人为干扰和破坏又加剧了地力的衰退。他们提出了马尾松林生态恢复中应因地制宜采取一些工程措施，减缓土壤退化。然后结合一定植物措施及抚育管理改良土壤，在林下水土流失有效控制的基础上，加强封禁管护减少人为干扰，为马尾松林生态恢复提供条件。土壤含水量低、土体结构不良、养分贫瘠和砾石自然是影响植被恢复的主要因子，提出了加强工程措施，引入先锋植物和乡土树种，加强植被的抚育管理的对策[16]。

（三）林草植被的生态服务功能

对生态服务功能的定义和分类上世界各国存在一定的差异。美国生态学家 Daily[21]将生态系统服务定义为"自然生态系统为维持人类生活而提供的一系列条件和过程"，他指出大气和水的净化、土壤的行程和更新、洪涝灾害的减少等指标是支持生态系统必需的功能，这些指标都与水土保持工作密不可分。水土保持的生态服务功能主要也是指其保护和改善人类生存环境的作用。水土保持的生态服务功能主要体现在拦蓄降雨和地表径流、改善土壤理化特性、增加入渗涵养水源、吸收污染物阻尘降噪、防风固沙、改善小气候、提高物种多样性和维持生态景观等。水土保持林草措施在生态服务功能方面起到了主导和关键作用。森林植被的生态服务功能主要是其对维持人类生命系统的平衡与稳定，促进物质的生物地球化学循环，提供美好生活环境。臧平[22]将水土保持的生态服务功能分为水土保持工程措施减少洪水流量和拦截泥沙作用，水土保持农业耕作和栽培技术措施主要通过增加地面粗糙度、改变微地形、增加植被覆盖、提高土壤抗蚀性等实现保持水土和改良土壤作用，水土保持林草措施维持、改良和保护自然环境的作用3个方面。吴岚[23]把我国水土保持生态服务功能划分为生态服务脆弱区、生态服务敏感区、生态服务监督区，西北地区生态服务功能总量最大，其次为西南地区、南方地区、华北地区，东北地区最小。三江源地区生态工程实施对林草生态系统的生态服务功能的影响，结果发现三江源地区生态工程实施后林草生态系统平均水源涵养功能增加了15.60%[7]。在当前我国生态文明战略背景下，如何实现科学化、系统化治理，如何构建人类命运共同体是我们必须要解决的问题，提升人们的水土保持和生态保护意识，合理利用和保护水土资源，才能实现生态经济和社会的可持续和谐发展。我们应该根据不同区域，因地制宜地创新改善机制、完善水土保持法律法规体系、创新集成技术等。但是，目前我国对水土保持生态服务功能的评价主要是采用经验模型的方法，精确性和准确性还有待提高，比如，按照目前评价方法西北地区生态服务功能比西南地区和南方地区大，结果并不能完全反映实际情况。因此，在我国生态文明战略背景下，今后我们应加强水土保持生态服务功能以及评价指标和方法的研究，特别是林草工程的生态服务功能研究。

（四）植被恢复定位监测

植被恢复过程并非是一劳永逸，往往需要反复的治理。这个过程中对植被恢复效果的监测预测，掌握植被恢复过程及动态就显得尤其重要。近年来，我国有关学者在植被恢复的动态监测以及驱动因子方面开展了一些研究。侯勇等[24]对内蒙古地区植被覆盖时空变化，以及其与国家政策和人类活动的关系开展研究。发现 2001—2015 年内蒙古植被覆盖度总体呈增长趋势，空间副本呈东北高西部低的特征，森林、草原和荒漠的植被覆盖度表现为森林、草原和荒漠的递减，植被覆盖度改善面积达到了 32.82%，植被覆盖度的增长主要受国家政策的影响，植被覆盖度的突变与降雨呈显著相关性。韩东等[25]利用无人机和决策算法对浑善达克沙地榆树疏林草原植被覆盖和生长的动态监测，结果表明榆树疏林生态系统中木本植被覆盖度变化较小，而草本植物的变化幅度较大，木本植物对总覆盖度的贡献率小于 30%，植被覆盖度主要受草本植物的影响。利用无人机进行植被监测是一种高效准确的手段，可在生态系统植被的监测中进行应用。郭秀丽等[15]研究生态政策对植被覆盖的影响，基于 NDVI 像元二分模型对生态政策实施前后杭锦旗地区植被覆盖变化表明，生态政策对植被覆盖度有显著影响，生态政策实施后植被覆盖的增长速度为实施前的 10 倍，生态政策是植被覆盖的主要因子，而降雨、温度等气候因子的影响并不显著。说明生态政策对植被恢复具有重要影响，一定程度上起到了决定作用。王静等[14]研究 2001 年以来宝鸡地区植被覆盖演变及驱动力，结果表明植被覆盖以轻度改善为主，严重和中度退化地变化较小。人为因素对植被覆盖的影响总体大于自然因素，贡献率在 90% 左右。徐凯健等[26]以福建长汀为例，研究人类活动对亚热带典型红壤区植被覆盖度及景观格局的影响发现，近 38 年长汀县植被覆盖度主要在海拔 600 米和坡度 25 度以下区域显著提升，长汀县生态恢复速度在水土流失治理和人类干扰驱动下呈不断提升的趋势。杨婷婷等[27]以 Landsat 数据为基础，利用 GIS 技术，对长汀县 2000—2014 年的 NDVI 值进行分析，结果表明，长汀水土流失治理的 15 年中，植被覆盖度明显上升，植被以恢复和完全恢复为主，但汀江两岸仍有 0.42% 的区域植被严重退化区，需加强水土流失治理保护。从上我们可以看出只有通过对退化地植被恢复的长期动态观测才能对植被恢复效果及趋势做出科学的判断，为今后治理指明方向。但是，目前由于各种原因，我国生态系统长期定位观测较少，不能真实地反映某个区域植被生态恢复的情况，造成一些技术和策略上的偏差。

（五）生态恢复政策研究

水土流失治理、退化地生态修复、环境治理等既需要先进的技术支持，政策也是强大的后盾，如果没有政策的支撑许多生态恢复只能是半途而废，不可能达到理想的效果。近年来，我国生态环境有了较大改善，这与国家的相关政策密不可分。政策的制定也需要以科学的推理和准确的预测为基础，否则错误的政策会带来更严重的生态破坏。我国学者在植被恢复生态政策方面也开展了一些探索性研究，主要集中在生态修复的管理保障、生态补偿机制、生态补奖政策、生态修复法律、生态修复财政支出政策等方面[28]。

人与自然的相互作用、相互依存、协同发展是人类社会发展永恒的主题，Ostrom[29]提出的社会－生态系统理论为我们提供了很好的研究框架，其中，生态系统的恢复力与人类社会发展的关系受到世界各国的普遍关注，在处理人类和生态系统关系中人们的思想观念和政策引导是生态恢复的重点。由于人口的增长和消费水平的提高，对资源的需求急剧增加，给生态系统带来了巨大的压力。因此，我国在20世纪90年代针对我国生态系统恶化问题，在草原退化地区实施"退牧还草"工程，在易产生水土流失坡耕地上实施"退耕还林"工程，在生境恶劣地区实施"生态移民"工程等，对我国后来生态环境的改善起到了重要作用。侯彩霞等[30]以宁夏盐池县为例分析生态政策对草原生态恢复的影响，并对现有生态补偿政策下草原生态系统未来10年的恢复力进行模拟，结果显示生态政策对草原生态系统恢复具有明显效果，生态补偿标准的提高和社会保障体系的完善使得人类对草原生态系统的冲击明显减小。在现有生态政策下盐池县未来10年草原生态恢复力逐渐增强。刘宇晨[31]研究表明草原补奖政策对不超载牧户的总收入和非畜牧业收入具有显著提升作用，分别增加了49.4%和142.8%。补偿机制应遵循政府主导、企业与社会公民介入和牧民自愿的递进关系；应提高暖棚补助、打草机械补助，以及实行相应的舍饲技术培训、饲草料价格补助和贷款优惠补贴等政策。姜佳昌[28]以甘肃省宁县为例分析生态保护补助奖励政策生态效果，结果表明，禁牧制度后，全县草原植被恢复效果明显，虽然植被种类和组成结构无明显变化，但植被盖度、产量和种群均有所提高，可促进经济社会和生态环境的协调发展。退耕还林对农村产业结构有一定影响，因此在退耕还林后应在提高农作物种植技术含量、发展特色产业、深化农产品加工、发展生态旅游等方面来促进退耕还林区产业发展，以使得农民真正受惠，保障政策的持续。另外，退耕还林补偿受偿政策的落实受农户受偿意愿的影响，年龄、用工数、农田面积、机会成本对农户的受偿意愿有显著影响。

潘晓瑞[32]分析后退耕还林时期生态补偿政策，指出我国需建立完善的生态补偿机制，生态补偿机制切忌一刀切，应与市场接轨，明确退耕还林后的生态受益主体。福建长汀为南方红壤侵蚀区的典型代表，近几十年水土流失治理成效显著，这当中水土保持技术发挥了重要作用，但"为民办实事""林权制度改革""煤补""电补"等政策起到了非常重要的推动作用。Cao 等[33]研究长汀县消除贫困陷阱的可持续环境恢复政策，阐述了综合环境和经济发展，改善私人土地所有者的生计是消除水土流失区"贫困陷阱"的前提条件，如果不能改善水土流失区人民群众的生计，鼓励农民更好地参与和管理治理，很难恢复退化生态环境。因此，我们只有对退化地植被恢复开展长期定位监测，才能掌握林草植被恢复的规律和趋势，才能为今后的治理指明方向。同时我们在植被恢复过程中除了关注技术的研究外，更应该关注与之相关的法律法规等政策的研究。此外，我国对矿产资源的生态补偿机制起步较晚，还需进一步完善。我国矿产资源从 1949—1981 年处于无偿使用期，从 1982 年开始进行有偿使用，1996 年以后矿山资源的补偿政策才陆续出台，到 2012 年全面建立了矿山生态恢复保障金制度。目前我国矿产资源生态补偿政策还亟待统一立法，才能促进生态补偿政策的落实促进矿山生态修复。

三、热点问题

近年来，随着国家对环境保护的重视程度加大，生态治理的力度的逐渐增加。我国在水土流失治理过程中林草生态工程实施效果在一定程度上和范围内得到了肯定，但仍存在以下问题，导致综合治理效果欠佳：①不同区域的生态系统退化的内在机制尚不明晰，许多治理措施的实施具有一定的盲目性，对恢复工程缺乏科学的理论依据。特别是林草生态工程实施后对生态系统的影响、生态系统的响应机理、人类活动对当地生态环境的影响等缺乏深入系统的了解；②生态恢复照搬国外或其他地区的模式，很难达到理想的效果。不同退化生态系统区域、不同退化类型区域的生态环境和产业结构存在较大的差异，不同生态系统的破坏程度、特点不同，干扰生态恢复的主导因子也各不相同，在治理过程中应针对不同区域的特点，结合当地的社会经济发展统筹安排，有针对性地采取相应措施；③支撑生态系统恢复效果长期维持的体系尚缺乏理论依据，尚未协调好经济发展与生态恢复之间的矛盾，从而阻碍了林草生态工程实施的程度；④由于人为过度干扰的影响，大尺度、长期定位监测很难持续，不同规模、不同恢复方式的林草恢复工程的影响强度、影响范围、影响机制等很难揭示，缺乏系统的长期研究；⑤未将林草复合生态系统作为一个整体进行治理，往往只关注单一指标，不能形成系统稳定、生态服务功能强的系统工程；⑥生态恢复的管理和政策保障尚不完善，人们往往在经济利益的追逐下，形成了治理—破坏—治理的恶性循环，一些地区治理速度甚至赶不上破坏速度。

针对目前我国水土保持林草生态工程方面存在的问题，在我国生态文明建设大背景下，今后我们应从以下几个方面加大力度开展工作。

1) 严重侵蚀劣地植被恢复的科技攻关。我国水土流失治理虽然已经取得了较大成绩，水土流失率也逐年下降，但仍存在大面积治理难度更大、林草生态更难恢复的侵蚀劣地。对于这部分区域，我们应加大植被恢复技术的科技攻关，针对不同区域的特点，提出精准治理措施。

2) 初步恢复区的持续治理及生态功能提升技术研究。虽然目前我国水土流失治理和生态恢复取得了阶段性的成果，但由于近几十年的强度破坏，已初步恢复区存在植被种类单一、群落结构简单、生物多样性低等问题，大大降低了其生态功能。特别是初步治理坡地由于林下灌草的缺失，水土流失强度比荒地和坡耕地更甚。在侵蚀坡地植被生物工程建设过程中，筛选适合不同类型侵蚀坡地立地条件的乔、灌、草种类及其最佳配置模式及其改造技术，进一步提高林草生态治理和恢复的实际成效。成为本项目研究要解决的难点问题。

3) 植被恢复理论的研究。生态文明是人与自然和谐共处、人与社会和谐共生、生态环境良性循环共同发展繁荣的社会形态。要实现生态文明人类就必须遵循人、自然、社会和谐发展这一客观规律。林草植被作为生态文明最重要的组成部分之一，在植被恢复过程中就一定要尊重植被演替的基本规律。

4) 生态政策研究，快构建系统完备的生态制度体系。林草生态不仅肩负着生产生态产品供给的任务，而且兼具生态、经济、社会等多种功能。在我国生态文明提升为"千年大计"的新的历史时期，林草生态系统质量不高，功能不强，公共服务能力不足的问题是目前为林草业发展面临的重要问题之一。保护生态环境，提供优质生态产品，满足人们日益增长的美好生态环境需求是国家和人民的共同期待。在这样的背景下，科学的生态政策、完备的生态制度势在必行，统筹山水林田湖草系统治理，这样才能为更好地满足人民群众对美好生态环境需要提供坚实的基础和有力的保障。

5) 大尺度长历时的生态监测预测研究。生态恢复不是简单的绿起来，而是一个长期可持续的过程。习近平总书记在对长汀水土流失治理中提出"进则全胜，不进则退"，人们往往只看到了短期的成效，而缺乏持续的观测，导致许多治理区域重新出现退化，治理成果功亏一篑。但是目前我们缺少大尺度长历时的监测，对治理效果的评价往往存在许多不足之处，误导了今后的治理方向。因此，我们应针对不同区域的特点，建立长期固定的监测网络，用先进科学的监测手段，对生态恢复进行监测，这样才能提出更科学更实用的指导性的成果。通过监测，建立生态系统的综合修复和评价体系及其配套技术，建立流域尺度综合组织、协调和管理体系。

四、未来预测

林草工程建设是脆弱区域生态系统修复的主要方式和措施之一，是人类大规模影响区域生态系统演变的主要途径。植被作为生态建设的主体，其恢复与建造决定于气候、地形、土壤和土地利用等因素，同时形成的植被规模、类型和时段也不断的影响和改造着环境，作用是复杂的。但由于退化生态系统的恢复目标、途径与方法受到过高的成本、低效益和社会经济条件限制，对争议很大，水土流失和土地沙化问题仍然没有从根本上得到治理。因此，未来我国水土保持林草生态工程应以生态文明为导向，以生态政策为保障，以人与自然和谐为目标，以先进技术手段为工具，建立生态恢复监测网络体系，攻坚克难消灭强度侵蚀区，维持初步治理区，强化林草生态服务功能，为不断推进我国生态文明进程服务。

第二节 防护林体系结构优化与功能提升技术

一、最新研究进展评述

防护林是为保持水土、防风固沙、涵养水源、调节气候等所经营的天然林和人工林，其在改善环境、维持生态平衡、防御自然灾害、保护生产和维护基础设施等方面均发挥了重要的作用。近年来，国内外在防护林树种的选择、结构布设、防护效果等方面均开展了不少研究和探索，取得了不少成功的经验和成果。我国"三北"防护林建设 40 年来在遏制沙漠化方面发挥了重要作用，防护区内荒漠化土地面积和程度均呈下降趋势。防护林在缓解水土流失和土壤侵蚀方面也发挥了重要作用。根据第八次全国森林资源清查数据，我国防护林面积在 20 年内增长 18.3%，其中水土保持林和水源涵养林为主体，占总体的 89.4%。防护林体系的建设大幅度地增加了林地面积、森林覆盖率及林木储蓄量，促进了森林资源的增长。农田防护林体系的建设可吸引大量劳动力，扩大农民就业。发展林下经济可调整农业产业结构，增加农民收入。防护林体系的建设同我国生态文明建设密切相关，是我国生态文明建设的重要组成部分。

目前，我国防护林体系建设因受自然条件、科技发展、产业结构调整等一些不可控因素的影响，还存在一些问题。防护林建设任务仍很艰巨，建设的目标还未达到，未治理区的自然条件、地形因素等更复杂，建设难度大幅增加。防护林建设生态效益显著，但经济收益缓慢，农民治理的积极性被削弱。由于物价、人工费上涨等因素影响，以及国家投入资金趋势减弱，防护林建设资金缺口较大，严重影响了防护林体系建设工程。防护林体系建设的科技含量还有待提高，在防护林特别是困难立地造林的技术方面、防护林接头优化方面、防护林体系监测方面等均具有滞后性，影响了防护林体系的建设。我国许多防护林均存在树种单一、结构简单、生物多样性和生态功能低等问题，一些纯林还存在病虫害的为害，因树龄过大、抗逆性低，受到病虫害等问题的威胁，导致防护林生态系统稳定性和抗逆性较弱。防护林体系重建设轻管理，后期抚育、管理技术和工作仍需加强。因此，防护林体系结构优化与功能提升技术已成为当前亟须解决的问题。

近年来，国内在防护林方面进行了不少研究，树种选择、林带疏密度以及宽度都是影响防护林体系系统优化与功能提升的主要因素，对防护林建设和持续发展具有重要作用。灰色关联分析法、典范分析法、指数法等是常用的集中防护林评价方法，李宁[34]采用除趋势典范对应分析法（DCCA）将辽西北地区的防护林与环境因子联系起来，寻找出最优树种，对物种进行适宜性分析；李荔[35]采用灰色关联分析法筛选出南疆防护林的物种为胡杨、竹柳等乔木，还需搭配灌木以加强防护林系统抗逆性；随着我国信息化技术的发展，天地一体化监测技术、图像处理软件等被广泛应用于防护林体系经营中，周杰[36]利用 IPP 图像处理软件计算胡杨林的林带密度，与实地观测结合可进一步提高数据的真实性和可靠性，从而为调整防护林的疏密度、提高防护林体系的生态效益提供依据；洪奕丰等[37]以 Landsat TM 影像为基础，构建多目标逐步宽容模型，找到了最适合浙东沿海防护林的空间分配方法，促进了防护林功能的发挥；朱教君等[38]提出"分层疏密度"的概念，可更直观地体现防护林的垂直结构特征，进一步推动了林业定量化研究的发展。通过流场分析可得到的防护林的实际需求，从而调节防护林林带间距与空间配置，为扩大农田防护林的防护范围以及经济效益提供依据[39]。

综上，国内外在防护林建设、经营管理、效果评价、结构调整等方面均开展了不少研究。但由于区域自然条件、社会经济条件、科技水平的差异，防护林的经营水平参差不齐，技术治理措施的科技水平还有待提高；目前还存在重建设轻管理、重形式轻效果、重眼前轻持续等问题；已建防护林体系的防护功能已有所发挥，但整体的生态功能普遍存在较低的问题。因此，未来很长一段时期内在防护林建设的科技水平、效果评价和长期维持、生态功能提升应加大研究力度。

二、国内外对比分析

1843 年，为了在不利天气条件下保护农田，苏联建立了草原农田防护实验林，是世界上最早营造防护林的国家之一。在 1962 年，苏联开始对不同类型防护林进行调查评价，优选合理的造林方法，使防护林规模和效果均得到很大提升。美国防护林建设从 19 世纪中叶开始，到 19 世纪末各州开始建立实验基地，筛选出适宜不同区域的造林树种。1924 年政府开始投入资金营造农田防护林。目前美国除中部大平原的水土保持林和固沙林为外，沿海岸也有一定面积的防护林。日本的防护林建设与山地绿化、治山治水等工程息息相关。从 1954 年开始，日本进行了 40 年的防护林建设工程，到 20 世纪 90 年代后，禁止大规模砍伐，进行流域综合管理。新西兰和澳大利亚防护林建设中，为了利于林分更新，特强调林带要由两种不同寿命的植物组成。在火灾易发区，还要考虑物种的耐火性以及自然更新。此外，还需考虑树种能否为野生动物提供食物来源与庇护所。美国大平原防护林工程建设过程中，从常用物种中筛选出适于平原生长的物种，提高体系的稳定，工程结束后有约 80% 的防护林保存良好并正常发挥其防护功能[40]。美国学者研究认为三角形栽植结构所产生的防护林效益要高于矩形栽植结构。而苏联则是与树种对不同土壤的适宜性为基础，从乔、灌木中筛选出最优物种，综合考虑树木生长与土壤条件的互作关系，结合草田轮作等计划，在苏联解体前防护林面积占全国森林面积的 19%，在防护林结构优化方面提供了参考[41]。

我国防护林的建设工作开始较早，但是大规模建设是在新中国成立之后，大概分为三个发展阶段：起步阶段，新中国成立初期为了保障农业生产发展，在东北西部、河北坝上、豫东、鲁西南建设农田防护林；扩展阶段，20 世纪中后期，为了改善区域自然因素的影响，防御各种自然灾害，在西北、华北平原、长江中下游、东南沿海等地建设防护林，此时，防护林体系以窄林带、小网格为主要结构模式，应用到当地混农林业；完善阶段，1978 年至今，防护林为人类带来了大量的林产品和生态产品。

我国防护林体系建设工程，首先是根据地区地质条件、气候条件、建设的目的与需求等因素，选择最适合的树种。通过借鉴苏联在防护林规划造林方面的经验，结合中国造林经验以不同地区、不同功能的防护林为基础进行详细筛选，找到了适合中国防护林建设的防护林方案[42]。在防护林结构优化方面，通过调节林分郁闭度，有效减少了降水对土壤的冲刷、使林下植被更好的发育、促进防护林发挥功能，同时增加了防护林的经济效益[43]。通过研究不同阶段防护林疏密度和防护效果的观测，可得到林带在不同阶段的疏密度数据，可更准确地评价林带结构的优劣性，为防护林经营提供依据[44]。除了疏密度外，地上生物密度也是影响防护林结构的因素[45]。利用数字图像处理法，将数据进行回归与推理分析，构建林带与疏透度关系的模型，可计算出疏透度的动态变化，为防护林不同生长阶段结构定量化提供依据[46]。但该类方法忽视了林带宽度疏密度的影响，会导致数据不准确等问题[47]。林带成熟后，高度对防护林防护功能的影响变化较小[48]；高度一定时，随着林带密度的增长，防护范围也随之扩大，最佳种植密度范围为 0.2 ～ 0.8，但当密度超过限度时，就会影响防护林的经济和生态效益的发挥[49]。不均匀的配置模式更能发挥出防护林的防风功能，不能仅靠天然降水来维持，可以通过水量平衡法的计算，调整防护林宽度和密度，从而保证树木的正常生长，同时还能增加防护林的稳定性[50]。最佳疏透度一直以来都是国内外学者的研究热点，疏透度在理论上也是林带优劣的定量化指标之一[51]。杜鹤强建立回归模型，通过分析得出疏透度与防护林系的防风功能呈负相关，并算出最适疏透度的范围，使防风效能达到29.94%[52]；有学者通过对比集中不同的防护林体系，分析出能够发出最大防风功能的林带疏透度，证明了疏透度也是影响防风效益的直接因素之一[53]；国外学者也得出类似结论，认为通透度作为林分特征，可通过对比防护效益获得较优的结构模式和参数[54]。但随着对防护林研究深入，以二维尺度作为结构特征的最佳疏透度具有片面性。于是，Zhou、朱教君等学者提出用"地上生物体积密度""分层疏透度"等概念作为新的指标，但又缺乏科学合理的测量方法[51]，仍需大量研究提供科学依据。病虫害是造成防护林退化的主要原因之一，"三北"工程第五期启动时，因病虫鼠害造成林地退化60.05万 hm²，病虫害已经对工程的建设和发展造成较大影响，不容忽视[55]。目前我国防护林普遍还存在树种单一、结构简单、生态脆弱、病虫害、生态功能低等诸多问题，"三北"防护林呈退化趋势。由于时间、经济、自然等因素，设计过程中没有对当地自然条件开展科学的评估，在物种选择和抚育管理上均有所欠缺，形成了低质低效的防护林[56]。"老头树"成为许多防护林面临的现实问题，已建的防护林生态脆弱易被破坏，防护林体系物种多样性低，生态功能低等，这些已成为限制我国防护林经营管理的主要问题。

三、热点问题

（1）低质低效防护林改造

低质低效是目前我国许多防护林普遍面临的问题，要解决此问题必须从防护林树种的优选、栽培技术、改良技术、抚育管理技术等方面入手，以防护林体系整体效益和功能发挥出发，对现有防护林体系特别是低质低效防护林进行改造。针对目前我国防护林存在物种单一、结构简单、生态脆弱等问题，开展防护林结构优化。首先应对防护林结构的科学系统评价，明确目前防护林结构中存在的问题，在此基础上建立适合不同区域的防护林结构模式，并确定结构参数。在这个过程中，结构优化模型的建立具有重要的指导作用，是目前的主要热点之一。

（2）防护林生态功能提升

通过设计不同防护林体系结构、植物配置模式及抚育管理方式，开展不同防护林体系对保护区植被群落、土壤理化性质、小气候等的影响差异，筛选出适合不同区域应用的防护林体系结构及生态功能提升改造技术。

（3）防护林生态景观改造技术

在我国生态文明战略背景下，防护林除了发挥其基础效益外，还应逐步发挥其为人民提供美好生活需求的作用。因此，应用景观生态学的理论和方法，采取不同改造措施，对防护林生态游憩化景观效果进行评价，提出可兼顾防护功能及生态游憩化景观效果的最佳防护林经营模式及改造技术。

（4）防护林病虫害防治

病虫害是造成防护林退化的主要原因之一，严重地阻碍了防护林体系建设的进程。因此在防护林建设和经营管理过程中应针对不同区域、不同树种、不同环境下病虫害的预防和治理开展研究，特别是在病虫害的生物防治方面，仍是目前的热点问题之一。

四、未来预测

根据目前国内外防护林建设情况，未来一段时间内完善防护林体系是一项重要工作。防护林的相关研究从小尺度到大尺度、综合性和景观水平上的深入研究。包括在树种选择方面，不仅仅从树种对环境的适宜性入手，更应该考虑树种的多样性，改善土壤特性和小气候等生态功能，增加防护林系统的稳定性和抗逆性，同时还能增加防护林体系的经济效益。研究方法从定性研究向定量研究转变，增加数据的准确性与实用性。研究防护林体系效益，尤其是较为空缺的经济效益，完善效益评估系统，量化评价各种防护林的效益。增强防护林的防护与监测体制，及时监测并反映防护林的相关数据，以便及时调整防护林结构，采取相应的措施，充分发挥防护林的功能效益。

第三节　复合农林构建与经营技术

一、最新研究进展评述

农林复合系统是一种传统的土地利用和经营方式，将树木、灌木、农作物及家禽结合起来，以期为人类提供更多资源的同时保护自然资源，达到可持续发展的目的[57]。农林复合经营不仅具有重要的生态、经济和环境价值，同时也是森林的可持续经营的重要组成部分。1968年，国际农林业研究委员会第一任主席King博士提出了农林复合经营的概念，从而推动了农林复合生态系统的研究和发展。目前，农林复合经营可减轻环境破坏、增加收入、提高对气候的适应性，其发展受到世界各国的普遍青睐。

虽然农林复合经营得到重视和快速发展，但缺乏对其长期影响的综合评估。

近年来，国内外学者对农林复合生态系统的构建、功能评价和经营技术方面开展了大量研究，国外学者对农林复合生态系统研究主要偏重于生物多样性、生态服务及农业景观等。在墨西哥的热带地区，土壤大型节肢动物的多样性与传统农林业系统中植物种类的丰富程度有关[58]。研究表示，农林复合种辣木的形态多样性，与贝宁（西非）的生态条件和农民管理做法有关[59]。一些学者的研究侧重于农林复合系统的分布格局以及树种筛选，也有主要从生物量和能量的角度研究农林复合系统在解决发展中国家对燃料和粮食需求问题。农林复合经营最早起源于我国，可分为原始农林复合、传统农林复合、现代农林复合三个阶段。我国学者对农林复合系统的类型、结构及模式进行了大量的研究，已形成了多林种有机结合、点带网片时空配置合理、生态经济和社会效益兼备的农林复合体系[60]。但与世界对农林复合生态系统研究相比，我国对农林复合生态系统的研究，理论落后于实践，尤其是缺乏定量研究。

二、国内外对比分析

早在 1856 年，缅甸就出现了农作物与薪炭林、饲料林或用材林间作的塔亚的系统。在 50 年代初，马来西亚政府将这种塔亚系统引进了国内并与国内需求结合，于是建立了柚木与水稻和烟草间作的模式。1977 年"国际复合农业研究委员会"正式成立，后改为"研究中心"。由此，复合农林正式提到研究机构的议事日程上，作为一门学科领域加以研究和推广。近年来，国内外在农林复合系统的建设和经营管理方面开展了大量研究，主要集中在生态系统的生物多样性、功能、效益评价等方面。相对于传统农业，农林复合经营对碳吸收有显著贡献，增加了一系列调节生态系统服务，并增强了生物多样性。林下植被是生物多样性保护和生物控制的宝贵生境，在农林复合系统的建设过程中应注意对其合理的利用。Sonja 等[61]采用跨学科的方法，评估了适宜农林系统的碳储存潜力，结果表明，针对性地建立农林复合系统可从战略和空间上为全球气候变化提供一种有效的手段，不仅可以使得碳排放达到温室气体排放标准，还为经济社会发展提供了动力。Song 等[62]研究农林复合系统的生物多样性和生态系统服务功能，结果发现农林复合系统和一般常规生产系统的生物多样性和生态服务功能虽然与顶级群落还存在差异，但远超传统生产系统，比传统生产系统高出 45% 和 65%。利用农林复合系统作为替代传统生产系统，可减少对生产地区生态系统的负面影响。但是，不同类型的农林复合系统之间存在较大差异。Kay 等[63]对欧洲 11 个以农林复合经营为主的景观与常规农业经营方式的经济效益进行了评估，利用环境模型和经济评价对农业活动和相关的环境影响评价的生产力和盈利能力进行了量化。研究结果发现，如果只考虑直接经济效益，地中海农林复合系统产出往往大于常规农业系统，但在大陆地区则相反。但如果将环境服务价值计算在内，农林复合系统的价值将大幅度提高。同时农林复合系统也对土壤环境产生了很大的影响，被认为是可持续的土地管理形式，在其对土壤理化特性的影响方面开展了大量研究。近年来，不少学者开始研究其土壤微生物多样性的影响，10 年生橡胶单季和间作（YRF）以及 22年生橡胶单季（MR）和间作（MRF）。管理类型和季节对细菌群落的影响小于林龄。与相应的单一栽培相比，间作可明显增加土壤细菌的多样性，尤其是在 0 ～ 5cm 和5 ～ 30cm 土壤[64]。

我国学者在农林复合系统的配置、效果评价等方面也开展了大量研究。农林复合系统可在时间和空间合理配置，在很大程度上减少了种间竞争，农林复合系统还能够调控太阳辐射分布及冠层热量平衡[57]。但目前对农林复合系统中时空格局的研究，特别是在其生态位互补机理方面的研究较少[65]。雷娜[66]在对砒砂岩区自然资源、经济和生态环境全面调查的基础上，应用系统分析归纳、类比分析等方法对不同农林复合系统进行评价，从而筛选出适合不同立地类型的复合农林系统模式。农林复合系统可以有效吸收和固定 CO_2，减轻温室效应。由于气候因子的差异，以及农林复合系统自身结构和特点的不同，不同农林复合系统中植被的固碳速率存在较大差异显著[67]。复合农林橡胶林可总体提高植被固碳潜力[68]。李勇美[69]对苏北沿海防护林杨树、水杉与农作物的不同农林复合经营系统光能利用率进行研究发现，复合系统可提高植物的光能利用率。

三、热点问题

（1）农林复合系统模式优化及时空配置

由于不同区域自然条件、社会经济条件、产业结构、人民的生活习惯不同，农林复合系统的模式也存在较大差异，如何实现物质、能量的高效合理利用，实现系统功能的最大化是目前农林复合系统研究的热点问题，但同时也是难点问题。需对不同农林复合系统模式进行系统研究，对系统的生物组分和环境组分进行合理配置，从时间和空间上构建系统。

（2）农林复合系统功能的综合评价

农林复合系统不仅是一种高生态效益的模式，同样也是一种高经济效益和社会效益的复合产业模式。如何准确地对农林复合系统的功能进行评价是目前研究的一个热点问题，长期以来由于不同学者研究的侧重点不同，评价的结果也存在差异。需对农林复合系统综合评价指标体系进行完善，对评价方法进行探索，研究出普遍认可的一致的评价体系。

（3）农林复合系统的一体化经营管理

目前我国对农林复合系统的理论研究落后于实践，对其经营和管理未能起到科学的指导作用，在经营管理上往往只根据市场的暂时需求而确定系统组分。不同区域应因地制宜地确定适合本地发展的经营模式，而且应充分考虑多学科、跨领域以及多产业的联合，为农林复合经营的持续发展提供科学依据。

四、未来预测

农林复合经营是一种具有良好生态效益的高效种植模式，在对自然的资源进行充分利用的同时，也提高了生物多样性，增强了生态系统稳定性。目前农林复合系统中营养元素的循环、农林复合经营系统的管理、环境效益、经济效益以及农林复合经营的不利影响等研究领域还需开展更加深入的研究。大力发展农林复合经营，建立农、林、牧、副等结构模型，推动农林业产业结构调整，通过多学科跨领域的联合调控，实现农林业生态系统可持续发展。

第四节　防护林效益评估

一、最新研究进展评述

防护林主要功能是防风固沙、保持水土、涵养水源，同时防护林还可以有效改善生态环境、调节气候，发挥其他防护功能。不同类型的防护林在效益评价存在一些差异，主要包括生态效益、经济效益、社会效益几个方面，以生态效益为主。生态效益主要为防风效益、水文效益、热力效益、土壤改良效应等。在防护林领域的研究已由纯经验的统计分析方面的研究上升到机理和理论分析方面的研究，由单条林带为研究对象转变为以林网或综合防护林体系为对象的研究。鉴于林带形成的非均匀流场的复杂性，一些问题目前难以解决，一是防护区风速分布一般规律及其数学表达形式，二是防护区湍流结构规律及其与林带结构特征和环境因子的关系。目前，许多学者均以林带网为对象的小尺度上进行多方面研究，如防风、土壤改良、水文、小气候等[3]。在防护林经济效益方面主要从其直接和间接经济效益两个方面进行评价，防护林本身以生态功能为主，经济效益主要是其对保护区植物本身增产及附加产品的增产效益。间接经济效益是直接经济效益的进一步转化而产生的效益，防护林的间接经济效益往往远大于直接经济效益，在经济效益的评价上必须进行计算。

虽然目前已有一些计算防护林经济效益的方法，但目前计算的误差较大，不同研究者评价结果也存在差异。对防护林的社会效益大部分只是对其在带动就业、提高人民生活水平、促进防护区经济发展、社会进步等方面的一些描述性介绍，还没有明确的指标和考核内容。综合效益可以比较客观地反映防护林的实际效益情况，但目前防护林综合效益是在生态、经济、社会等效益上的基础上开展，评价指标的选择、各指标权重的确定、评价方法的科学性等方面还有待提升，许多研究工作还处于探索理论的正确性和实践的可行性研究阶段。在评价方法、指标体系及评价模型等方面还存在诸多问题亟须解决。

二、国内外对比分析

国外在防护林的评价方法上主要分为效果评价方法和消耗评价方法两大类。苏联是营造防护林最早的国家之一；美国大规模防护林建设从 20 世纪 30 年代沙尘风暴席卷大平原后开始；丹麦防护林的营造与 1866 年以来犹特兰岛广大沙荒地区的开垦有关；此外，法国、英国、意大利、德国、瑞士、日本、奥地利、加拿大、阿根廷等许多国家也在防护林的营造和研究方面做出了大量贡献。各国的研究主要集中在防护林营造技术、防护林效益研究及防护林优化改造和更新技术研究等方面。其中，防护林效益评价对其营造、优化和技术更新具有重要的指导作用，因此，各国在此方面也开展了大量的研究，不同国家对防护林的效益评价主要是以其生态效益为主。美国有关研究表明防护林能降低植物蒸腾和土壤表层水分蒸发，减少干旱的危害。瑞典通过 GIS 对 300 年间的雪崩事件进行风险分析，根据航拍照片对森林结构进行分类，可以开发出不同的森林覆盖场景并模拟森林中潜在的雪崩释放区域，计算出森林上方潜在的雪崩释放面积和五种不同森林覆盖情况下的雪崩跳动距离。揭示雪崩防护林的保护作用的空间分布，进而确定了防护林的经济效益[70]。将动态生态系统模型与经济效益评估联系起来评估防护林生态系统对社会效益的贡献表明，增加物质生产会减少效益，而通过扩大连续覆盖林可以改善效益。通过应用景观尺度效应模型，可在空间上对多种资源的保护效益进行明确的估算。

我国的三北防护林工程是世界上最大的人工造林工程，是我国以国家运作方式实施的第一个重大林业生态工程，具有规模大、持续时间长、环境梯度大等特点。我国学者在三北防护林的建设和评价方面开展了大量研究。2017 年 100 余名专家及技术人员利用遥感技术、定位观测、抽样调查等方法，对三北防护林工程区水土流失、森林碳汇、生态服务功能价值、气候变化和沙化土地等进行全面评估，结果表明三北防护林三大效益有机结合，其中生态效应显著。三北防护林的森林水源涵养功能在持续增强，且森林水源涵养功能在植被分区和森林类型间差异显著，同时受其地形、状况与质量的影响显著[71]。防护林的种植能改善陕北地区的土壤养分含量，三北防护林植被覆盖的增加，SO_2 和 NO_x 的干沉降速度增加[33]。2000 年在新疆玛纳斯河流域，农田面积的迅速增长，有限的土地资源及水资源导致该区域土地严重退化。防护林在保护农田和改善华北平原小气候方面发挥着重要作用，但关于防护林与农作物水分关系的争论一直存在。Liu 等[64]利用稳定同位素对玉米及其杨树防护林的水源研究发现，杨树防护林的引入不会增加玉米的水分胁迫，可以降低区域水资源消耗。选择合理的树种配置，合理利用水资源，开发华北平原玉米农田附近的杨树防护林复合体系是可行的。

在防护林的综合效益评价方面，徐庆波等[72]利用频度分析法和专家会议法构建综合评价指标体系对松干沿岸防护林防护、景观、经济效益进行综合评价；使用层次分析法确定筛选的指标权重，最终构建了 3 个指标层次，选取 20 个具体指标，其中防护功能占 67.38%，景观功能占 22.56%，经济效益占 10.06%。唐巍[73]对赤峰市翁牛特旗农田防护林体系的综合效益进行客观的综合评价，分析其产生经济效益的程度，结果表明农田防护林的建设和实施改善了当地生态环境，促进了翁牛特旗的地方经济的发展，增加了社会就业，同时防护林建设区发挥了较高的农田防护增产效益，项目收益为正值。于微[75]在对基于作物倒伏遥感监测的农田防护林防风效能进行评价时，首先进行野外实地观测、调研及与大量的实验研究结果，获取农田防护林与作物倒伏的相互关系，明确影响农田防护林带防风效能的主要评价指标，包括：林网密度、林带宽度、林带面积、林带间距等指标。分析防护林带各个指标与倒伏面积之间的关系，并提出适宜的防护林布局指标，证明相关研究对防护林防风效能的假设，从而实现定量评价农田防护林的防风效能。池毓锋等[76]通过收集福建平潭综合实验区 2015 年 Landsat 8 OLI 遥感数据、ASTER 卫星 GDEM V2 产品，结合实地调查数据，运用 RS 与 GIS 技术手段，对研究区地物类型与沿海防护林的空间分布进行信息提取；筛选出适合的效益评级指标，运用灰色关联分析方法，构建线性评价模型，同时将该模型与 NDVI 进行拟合，结果表明，评价模型综合效益指数和 NDVI 指数的相关系数为 0.8，该评价模型可为评估综合效益提供参考。

在我国，随着农田防护林网建设的开展，特别是三北防护林体系、沿海防护林体系建设和实施，各地已形成一乡甚至几乡连片，一县甚至几县连片的大面积防护林体系，这类防护林网的建设对局地微气候和地方性气候均产生重要的影响。因此，许多学者开展了大中尺度范围内的研究，通过风洞实验及野外观测，进行防护体系生态效益及边界层物理特征研究[77]。运用卫星资料对综合防护林体系温度效应进行研究[78]。

三、热点问题

虽然国内外已在防护林效益评估开展了不少研究，但因在评价指标和方法上存在较大差异，评价结果各不相同，影响了对防护林建设的指导作用。目前的研究热点主要包括：

（1）防护林效益评估理论体系的构建

防护林效益评估的理论依据包括可持续发展理论、生态学理论、价值理论和系统评价理论等，构建防护林效益的综合评价理论体系，丰富防护林建设和经营管理理论是目前需要开展的重要工作之一。

（2）防护林效益评价统一指标体系和评估模型研究

防护林效益评价可分为两类，一类以经济学为主要理论依据的计量评价，一类以生态学为主要理论依据的定量评价。首先选择合适的数学方法确定一个定量数值，如综合效益指数，从而实现防护林综合效益的定量评价。目前防护林效益评估的研究热点集中在评价指标体系及评价方法上，总的发展趋势是从定性到定量，从单因素单目标到多因素、多功能、多指标的综合评价。

（3）防护林效益监测分析手段和方法研究

随着计算机技术的迅速发展以及 3S 技术的应用，为防护林综合效益评价提供更加科学、全面的基础资料，评价的方法和手段日益科学化与合理化。但如何将现代技术与防护林效益评价紧密有机结合，提高评价的精确性和准确性，为防护林效益评价提供科学支撑是目前需要解决的问题。

四、未来预测

虽然目前对防护林效益评价已有一些研究，但评价指标、评价过程、评价方法上尚不统一；评价结果可供参考，但往往没有定量的指标，不同评价结果也很难进行合理的对比。因此，认为今后应主要从防护林效益评估理论体系构建，制定防护林效益评价科学化指标、生态和社会效益的标准及量化参数、评价方法等方面深入研究。研究内容由林分尺度为主转向更微观和更宏观两个方向研究。

第五节　技术路线图

在我国生态文明建设战略背景下，在世界各国经济发展与环境生态产生矛盾的现实下，发挥林草生态工程的重要作用，统筹"山水田林湖草"、构建"人类命运共同体"是保护人类共同生存家园的必由之路。今后林草生态工程主要应从严重侵蚀劣地植被恢复的科技攻关、初步恢复区的持续治理及生态功能提升技术研究、植被恢复理论的研究、生态政策和制度体系研究、大尺度长历时的生态监测预测研究。

	2030 年	2050 年
目标	长历时大尺度的水土流失区植被恢复定位观测；建立植被恢复种类、生物学特性数据库；构建不同水土流失区林草生态恢复的理论体系	构建不同类型水土流失区生态功能提升和长期维持技术体系；形成完善的水土流失区植被恢复的生态政策和保障制度
关键技术	不同类型水土流失区植被恢复优化配置模式及其配套技术；植被恢复效益综合评价技术	不同类型水土流失治理区植被生态功能提升、综合评价及长期维持技术
发展重点	不同类型水土流失区植被恢复模式、过程及其过程机理；植被恢复效果的综合评价	不同类型水土流失区植被恢复自然进度模型；水土流失治理区生态功能的提升和长期维持
战略支撑及保障建议	形成不同类型水土流失类型区植被优化配置模式，揭示不同侵蚀区植被恢复过程及其驱动机理，构建植被—土壤的构效关系模型，为水土流失的持续和精准治理提供支撑	建立不同类型水土流失区植被恢复和生态功能提升技术体系，完善水土流失区植被恢复的保障制度，为我国水土流失的持续治理和生态文明建设提供支撑

图 6-1　林草生态工程学技术路线图

参考文献

［1］文华. 中国林草复合经营［M］. 北京：科学出版社，1994.

［2］孙鸿良. 我国北方地区扩大林草面积的成功模式及其纳入草地生态农业体系的生态学依据［J］. 中国生态农业学报，2009，17（04）：807-810.

［3］陈婉.《三北防护林体系建设40年综合评价报告》发布三大效益有机结合生态效应显著［J］. 环境经济，2019（01）：34-37.

［4］余作岳，周国逸，彭少麟. 小良试验站三种地表径流效应的对比研究［J］. 植物生态学报，1996（04）：355-362.

［5］刘烜，肖建武，潘国豪. 农户退耕还林生态补偿受偿意愿的影响因素分析——以四川省南部县、南江县和马边县为例［J］. 广西质量监督导报，2018（12）：23-25.

［6］王红柳，岳征文，卢欣石．林草复合系统的生态学及经济学效益评价［J］．草业科学，2010，27（02）：24-27．

［7］吴丹，邵全琴，刘纪远，等．三江源地区林草生态系统水源涵养服务评估［J］．水土保持通报，2016，36（03）：206-210．

［8］付明胜，高登宽，马小哲，等．山坡地林草植被配置模式研究［J］．水土保持研究，1998（04）：93-97．

［9］杨洁，谢颂华，喻荣岗，等．红壤侵蚀区水土保持植物配置模式［J］．中国水土保持科学，2010，8（01）：40-45，70．

［10］王文英，李晋川，卢崇恩，等．矿区废弃地植被重建技术［J］．山西农业科学，2002（03）：82-86．

［11］王友生．稀土开采对红壤生态系统的影响及其废弃地植被恢复机理研究［D］．福州：福建农林大学，2016．

［12］贾希洋，马红彬，周瑶，等．不同生态恢复措施下宁夏黄土丘陵区典型草原植物群落数量分类和演替［J］．草业学报，2018，27（02）：15-25．

［13］Fabian，Werner，Merle，et al. From deforestation to blossom – large-scale restoration of montane heathland vegetation［J］．Ecological Engineering，2017（101）：211-219．

［14］王静，万红莲，张翀．2001年以来宝鸡地区植被覆盖时空演变及驱动力分析［J］．植物科学学报，2018，36（03）：336-344．

［15］郭秀丽，李旺平，周立华．生态政策驱动下的内蒙古自治区杭锦旗植被覆盖变化［J］．草业科学，2018，35（08）：1843-1851．

［16］王改玲，白中科．安太堡露天煤矿排土场植被恢复的主要限制因子及对策［J］．水土保持研究，2002（01）：38-40．

［17］何圣嘉，谢锦升，周艳翔，等．南方红壤侵蚀区马尾松林下植被恢复限制因子与改造技术［J］．水土保持通报，2013，33（03）：118-124．

［18］张邦琨，张萍，赵云龙．喀斯特地貌不同演替阶段植被小气候特征研究［J］．贵州气象，2000（03）：17-21．

［19］俞国松，王世杰，容丽．茂兰喀斯特森林演替阶段不同小生境的小气候特征［J］．地球与环境，2011，39（04）：469-477．

［20］李宗峰，陶建平，王微，等．岷江上游退化植被不同恢复阶段群落小气候特征研究［J］．生态学杂志，2005（04）：364-367．

［21］Daily G. Nature's services：Societal dependence on natural ecosystems［M］．Washington DC：Island Press，1997．

［22］臧平．水土保持的生态服务功能分析［J］．北京农业，2015（22）：112-113．

［23］吴岚．水土保持生态服务功能及其价值研究［D］．北京：北京林业大学，2007．

［24］候勇，陈文龙，钟成．内蒙古地区植被覆盖度时空变化遥感监测［J］．东北林业大学学报，2018，46（11）：35-40．

［25］韩东，王浩舟，郑邦友，等．基于无人机和决策树算法的榆树疏林草原植被类型划分和覆盖

度生长季动态估计［J］. 生态学报，2018，38（18）：6655–6663.

［26］徐凯健，曾宏达，任婕，等. 亚热带典型红壤侵蚀区人类活动对植被覆盖度及景观格局的影响［J］. 生态学报，2016，36（21）：6960–6968.

［27］杨婷婷，郭福涛，王文辉，等. 福建长汀红壤区植被覆盖度变化趋势分析［J］. 森林与环境学报，2016，36（01）：15–21.

［28］姜佳昌. 甘肃省草原生态保护补助奖励政策生态效果评价——以甘肃省宁县为例［J］. 甘肃畜牧兽医，2017，47（03）：105–107+116.

［29］Ostrom H T. Self–organization, transformity, and information［J］. Science, 1988, 242（4882）: 1132–1139.

［30］侯彩霞，周立华，文岩，等. 生态政策下草原社会–生态系统恢复力评价——以宁夏盐池县为例［J］. 中国人口·资源与环境，2018，28（08）：117–126.

［31］刘宇晨. 草原生态补偿标准设定、优化及保障机制研究——以内蒙古为例［J］. 内蒙古农业大学，2018.

［32］潘晓瑞. 后退耕还林时期生态补偿政策问题浅析［J］. 南方农业，2019，13（04）：90–92.

［33］Cao S, Zhong B , Yue H, et al. Development and testing of a sustainable environmental restoration policy on eradicating the poverty trap in China's Changting County［J］. Proc Natl Acad Sci, 2009, 106（26）: 10395–10872.

［34］李宁. 辽西北地区防护林树种与环境关系研究［J］. 防护林科技，2017（03）：8–10.

［35］李荔. 南疆沙区防风固沙林结构与效益研究［D］. 阿拉尔：塔里木大学，2016.

［36］周杰，雷加强，孙琳，等. Image–Pro Plus 数字图像分析软件计算防护林疏透度的可行性分析［J］. 干旱区资源与环境，2015，29（12）：109–114.

［37］洪奕丰，张震，朱磊，等. 逐步宽容约束法对浙东沿海防护林空间优化配置研究［J］. 华东森林经理，2014，28（04）：51–56.

［38］朱教君，姜凤岐，范志平，等. 林带空间配置与布局优化研究［J］. 应用生态学报，2003，14（08）：1205 –212.

［39］朱乐奎. 基于流场分析的南疆农田防护林体系优化配置研究［D］. 石河子：石河子大学，2016.

［40］柏方敏，戴成栋，陈朝祖，等. 国内外防护林研究综述［J］. 湖南林业科技. 2010，37（05）：8–14.

［41］高志义. 我国防护林建设与防护林学的发展［J］. 北京林业大学学报，1997，19（S1）：67–73.

［42］姜凤岐. 林业生态工程构建与管理［M］. 沈阳：辽宁省科学技术出版社，2012.

［43］Zhu J, Matsuzaki T, Jiang F. Wind on Tree Windbreaks［M］. Beijing: China Forestry Publishing House, 2004

［44］Lee I B, Choi K H, Yun J H. Optimization of a large–sized windtunnel for aerodynamics study of agriculture［C］// ASAE Meeting, 2003.

［45］Zhou X, Brandle J, TAKLE E, et al. Estimation of the three–dimensional aerodynamic structure of a green ash shelterbelt［J］. Agricultural and Forest Meteorology, 2002, 111（2）: 93–108.

［46］姜凤岐, 周新华, 付梦华, 等. 林带疏透度模型及其应用［J］. 应用生态学报, 1994（03）: 251–255.

［47］厉静文, 刘明虎, 郭浩, 等. 防风固沙林研究进展［J］. 世界林业研究, 2019, 32（05）: 28–33.

［48］高照良. 黄土高原沙地和沙漠区的土地沙漠化研究［J］. 泥沙研究, 2012（06）: 1–10.

［49］Brandle J, Findch S. How windbreaks work［EB /OL］. 2018–09–10. http://www.unl.edu/nac/brochures/ec1763 /ec1763.

［50］Zheng X, Zhu J, Yan Q, et al. Effects of land use changes on groundwater table and the decline of Pinussylvestris var. mongolica plantations in the Horqin SandyLand, Northeast China［J］. Agricultural Water Management, 2012（109）: 94–106

［51］董莉莉, 于雷, 韩素梅. 我国农田防护林研究进展［J］. 西南林业大学学报, 2011, 31（04）: 89–93.

［52］杜鹤强, 韩致文, 颜长珍, 等. 西北防护林防风效应研究［J］. 水土保持通报, 2010, 30（01）: 117– 120.

［53］段娜, 刘芳, 徐军, 等. 乌兰布和沙漠不同结构防护林带的防风效能［J］. 科技导报, 2016, 34（18）: 125–129.

［54］Ma R, Wang J, Qu J, et al. Effectiveness ofshelterbelt with a non–uniform density distribution［J］. Journal of Wind Engineering and Industrial Aerodynamics, 2010, 98（12）: 767–771.

［55］潘迎珍. 三北防护林体系建设五期工程若干重大问题研究［M］. 北京: 中国林业出版社, 2010, 95–96.

［56］石元春. 走出治沙与退耕中的误区［J］. 草地学报, 2004（02）: 83–86.

［57］何春霞, 郑宁, 张劲松, 等. 农林复合系统水热生态特征研究进展［J］. 中国农业气象, 2016, 37（06）: 633–644.

［58］Gilberto, Luis A. Diversity of soil macro–arthropods correlates to the richness of plant species in traditional agroforestry systems in the humid tropics of Mexico［J］. Agriculture, Ecosystems and Environment, 2019（286）: 1–8.

［59］Kisito, Frédéric C., Akomian F. Morphological diversity of the agroforestry species Moringa oleifera Lam. as related to ecological conditions and farmers' management practices in Benin（West Africa）［J］. South African Journal of Botany, 2020（129）: 412–422.

［60］梁玉斯, 蒋菊生, 曹建华. 农林复合生态系统研究综述［J］. 安徽农业科学, 2007（02）: 567–569.

［61］Sonja, Carlo, Gerardo, et al. Agroforestry creates carbon sinks whilst enhancing the environment in agricultural landscapes in Europe［J］. Land Use Policy, 2019（83）: 581–593.

［62］Song C, Lee W, Choi H, et al. Spatial assessment of ecosystem functions and services for air purification of forests in South Korea［J］. Environmental Science & Policy, 2016（63）: 27–34.

［63］Kay S, Graves A, Palma J H N, et al. Agroforestry is paying off–Economic evaluation of ecosystem services in European landscapes with and without agroforestry systems [J]. Ecosystem Services, 2019（36）：1.

［64］ Liu Z, Yu X, Jia G, et al. Water consumption by an agroecosystem with shelter forests of corn and Populus in the North China Plain [J]. Agriculture Ecosystems & Environment, 2018（256）：178–189.

［65］ 郭淑凝. 复合农林系统植物种间竞争研究 [J]. 山西水土保持科技, 2014（02）：7–10.

［66］ 雷娜. 砒砂岩区农田生态系统可持续发展模式构建 [J]. 农业与技术, 2018, 38（03）：37–40+47.

［67］ 解婷婷, 苏培玺, 周紫鹃, 等. 气候变化背景下农林复合系统碳汇功能研究进展 [J]. 应用生态学报, 2014, 25（10）：3039–3046.

［68］ 莫慧珠, 沙丽清. 西双版纳不同复合农林模式橡胶林碳储量及固碳潜力 [J]. 山地学报, 2016, 34（06）：707–715.

［69］ 李勇美. 苏北沿海林农复合经营系统光能利用率研究 [D]. 南京：南京林业大学, 2012.

［70］ Teich M, Bebi P. Evaluating the benefit of avalanche protection forest with GIS–based risk analyses——A case study in Switzerland [J], Forest Ecology & Management, 2009, 257（9）：1910–1919.

［71］ 王耀, 张昌顺, 刘春兰, 等. 三北防护林体系建设工程区森林水源涵养格局变化研究 [J]. 生态学报, 2019, 39（16）：5847–5856.

［72］ 徐庆波, 王远明, 王立海, 等. 松花江干流沿岸防护林综合评价指标体系研究 [J]. 林业建设, 2018（04）：17–21.

［73］ 唐巍. 赤峰市翁牛特旗农田防护林综合效益的经济评估 [D]. 北京：北京林业大学, 2012.

［74］ 潘晓瑞. 后退耕还林时期生态补偿政策问题浅析 [J]. 南方农业, 2019, 13（04）：90–92.

［75］ 于微. 基于作物倒伏遥感监测的农田防护林防风效能评价 [D]. 哈尔滨：哈尔滨东北农业大学, 2018.

［76］ 池毓锋, 赖日文, 谢雪莉, 等. 平潭综合实验区沿海防护林综合效益模型构建与评价 [J]. 林业资源管理, 2017（03）：56–61.

［77］ 朱廷曜. 防护林体系生态效益及边界层物理特征研究 [M]. 北京：气象出版社, 1992.

［78］ 高素华. 运用 NOAA 卫星资料对综合防护林体系温度效应的研究. 见黄淮海平原综合防护林体系生态经济效应的研究 [M]. 北京：中国农业大学出版社, 1990.

撰 稿 人 马祥庆　侯晓龙

第七章　流域综合管理学

第一节　流域生态水文过程与模拟

流域是一个具有明确边界的地理单元，流域以水为纽带，将水、土、气、生物等自然要素和社会、经济等人文要素相互关联，从而构成一个复合的生态系统[1]。流域生态系统通过水文过程、地球化学过程和生物过程为人类社会提供产品和服务。随着经济社会的发展，人类强调单一经济目标的流域资源开发利用模式导致了一系列流域性水与生态等问题，如水土流失与土地退化、流域水资源恶化、森林退化、湿地破坏、生物多样性减少等问题，加之流域涉及对象众多，需要有效的手段、全面综合管理流域生态系统，从而达到可持续发展的目的。虽然各国对流域综合管理的内涵提出不同的定义[2-6]，但是总体思路是认为流域综合管理是在流域尺度上，充分认识生态系统的功能，在适应自然规律的基础之上，通过各部门、各地区的协调合作，开发、利用和保护水、土、生物等资源，实现流域人与自然的和谐发展，重点强调流域的可持续发展。

以流域生态水文过程与模拟的流域综合管理，强调了生态水文过程在流域综合管理中的重要作用，其研究生态过程与水文过程相互作用的双向调节机制，着重生态水文过程的研究，是包含生态学、水文学的综合学科。双向机制是水文过程对生态系统结构、分布、格局、生长状况的影响，同时研究生态系统中植被类型、格局、配置等变化对水文循环的影响[7]，如植被通过根系吸水改变土壤水的分布，并通过蒸散发将水分从土壤和植被输送到大气；植被覆盖度的增加，将导致冠层截留的增加，重新分配降水；此外，与裸地相比，存在植被覆盖的陆面具有更高的糙率，从而导致汇流时间的增加，起到削减洪峰流量的作用等。服务于流域综合管理的生态水文的内涵是，"以可持续发展理念、生态水文学理论和基于自然的水资源解决方案为指导，充分发挥生态水文双向调节功能，在政府、企业和公众等共同参与下，综合利用政策制度、法律法规、水权水市场、生态工程和水利工程等多种举措对流域水资源全面实行协调、可持续管理，系统解决流域水与生态环境问题，提高水资源与生态系统的服务功能，实现流域水资源–生态环境–社会经济系统协调可持续发展，促进流域公共福利最大化"[1]。

一、最新研究进展评述

（一）生态水文过程

生态水文模拟以水文与生态的相互作用以及它们的响应过程为模拟对象，研究生态水文过程是模拟的基础。不同生态系统类型抑或不同地貌具有不同的生态水文过程，因研究对象的不同，具体的模拟过程也不同。根据研究对象的不同，可分为山地、湿地、干旱区等区域。

山地生态系统在水文水功能调节方面扮演着重要的角色，为人类生存提供饮用水、农业用水、食物制备用水、水电等，全球近 50% 的人口依赖山地水生存[8]。山地往往是产汇流的源头，其生态格局和水文过程对下游景观有重大的影响。山地生态水文过程模拟主要是对林草地水文生态效应的模拟，包括森林水文效应和草地水文效应[9]。林草生态系统的水文调节功能其实质是植被减少和减缓了地表径流，增加土壤调蓄水分的作用[10]，同时使林内降水量、降水强度和降水时间发生改变，使其在减少水分渗入、减缓地表径流、有效减少地表径流泥沙含量和改善流域水质等方面具有重要作用[11]。冠层为降水调节的第一个界面层，其不仅截留雨量，还阻止降雨直接打击土壤从而避免直接的冲击，此外还影响了林内物质循环和能量转换的过程[12]。冠层截留的水量一部分通过蒸发返回大气，另一部分穿透冠层成为林内雨。目前，冠层的截留量和穿透雨量是研究热点，其主要受植被类型、林龄大小、树种组成、郁闭度及气候条件等影响[13]。当截留量饱和之后，才产生林内雨。

研究表明，针叶林和阔叶林的截留量不同，针叶林因其叶面积较大，截留量较多，可达到降水量的 20% ~ 50%[14]。截留量和降水量的测量方法有实测法与模型估算，模型估算中 Rutter 模型和 Gash 模型较为完善，在不同植被下得到了广泛的应用[15]。树干径流是指降雨沿着树干流至树木根部的过程，一般低于 5%，但其可带大量的营养物质[16]流至根际土壤，可以补充部分土壤养分，还增强了树木根部的水分下渗[17]，因此研究树干径流对大气降水化学物质的输入输出和森林水分 – 养分循环都有重要的意义，目前仍需加强研究。

对枯落物层的水文研究一直受到研究者的关注，枯落物层是森林的第二个作用层，一者持水，减少地表径流量，二者保护土壤免受雨滴溅蚀，还能改善土壤理化性质，防止土壤严重板结、增强土壤入渗性能、减少土壤的无效蒸发[18]。虽然现在对不同植被类型的枯落物持水量有较为全面的研究[19]，但是今后的研究需要加强过程机理，即枯落物的厚度、分解情况、积累状况、分层特征及组成结构等对大气降水的储蓄、截持、传输规律及元素循环过程，从而获得更加充分的认识。土壤层是对水文作用的第三层，其水源涵养能力最强，同时也是生态系统水分和养分循环的主要层[20]。土壤层不仅联系着土壤－植物－大气3个界面物质和能量的交换过程，也是联系大气降水、地表水、土壤水和地下水的纽带，直接影响着地表径流、土壤贮水、林地蒸散和流域产流等过程。这一层也是研究者最为关心的区域之一，对不同植被类型、气候条件、地貌类型等下对土壤含水量、地表径流量、壤中流、侵蚀产沙量的影响做了大量的工作[20]，并获得了一定的成果，今后的研究工作应该加强机理机制的研究，理清大气－植被－土壤之间的物理关系。

湿地是全球重要的生态系统之一，20世纪50年代起，湿地生态系统水文学逐渐发展，进入到新世纪后，湿地生态水文快速发展，并取得了阶段性的成果[21]。湿地水循环过程及其伴生的物质循环和能量流动，是湿地生态系统形成与演化的关键要素。目前，通过遥感和同位素等手段，研究者深入探讨了湿地植被对降雨的响应、植被水分来源及湿地水循环过程[22]。此外，盐渍化威胁着湿地生态系统的稳定和健康，大量研究也针对此问题，开展了大量水盐变化对湿地物种耐盐阈值及机理、生物多样性和群落结构与功能的影响以及湿地植被空间分异规律等方面的研究[23-26]。

章光新等[21]认为湿地水文学具有以下的发展趋势：①基于"多要素、多过程、多尺度"的湿地生态水文相互作用机理及耦合机制，多要素包括水文生态等要素，多过程至水文过程、水动力学过程等，注重过程规律，多尺度是指从个体、群体上升至流域，多因素影响下的生态水文作用机理是未来的发展方向。②气候变化下湿地生态水文响应机理及适应性调控。全球气候变化会影响湿地的水文过程及生态系统，揭示关键气候因子变化与湿地生态水文要素之间的相互作用过程和机理，是科学管理和预测湿地生态系统的基础。③湿地"水文－生态－社会"耦合系统的互作机理及互馈机制。人为干扰也是影响湿地生态水文的因素之一，此外湿地系统能够给人类社会提供生态、社会和经济效益，着重研究三个方面的互馈机制是实现湿地可持续发展的科学基础。④基于湿地生态需水与水文服务的流域水资源综合管控。充分发挥湿地水资源供给和水文调蓄服务功能，满足生活、工业、农业等社会经济用水的同时，优化水资源天然配置和丰枯调剂，是流域湿地水资源综合管理亟须解决的关键科学问题。

干旱半干旱地区是指年降水量低于400 mm的地区，在我国广泛分布。缺水是干旱区面临的重大问题，随着经济社会的发展，人类也加大了用水量，如何平衡各方面的用水是干旱区亟须解决的问题。研究干旱区的生态水文过程机理，是控制植被生产和制定相应政策的基础科学问题。干旱区植被具有明显的斑块状特征，不同于连续覆盖的森林和草原，斑块内植被的密度往往很大，有机质很高。目前，研究者对干旱区植被格局的生态水文效应进行了广泛的研究[27-33]，已经认识到植被周围会形成土壤条件较好的"肥岛"。斑块状植被冠层遮蔽根部，减小土壤蒸发，多数叶片处于低温高湿的环境，降低叶面蒸腾损失；树干径流增加土壤湿度；植被增加降水的直接渗透，增加地表径流；将养分保留在土壤中从而减少养分的损失。干旱区植物与水分的吸收与利用也是研究的重点，干旱区植被为适应环境表现出来许多的适应方式，研究者也对这些进行了研究，例如根据土壤水分的量植被本身来差异利用[34-35]，有些植物根系发达能够达到深层次的土壤从而增强吸收水分的能力[36-37]，甚至有些植物可以将深层土壤水通过根系提升到浅层从而供浅根系利用[38-39]。干旱区植被的水分利用方式是生态系统维持稳定的关键，目前的研究仅是少数的典型植物，干旱区其他植物是否具有特殊的水分利用方式和水分运移机理仍需加强研究。最后，在干旱地区，生态用水和经济用水的合理分配对自然和社会具有重要作用，干旱区植被主要受盐分和水分的影响，水位过低则根系不能利用水分而水分过高则会造成土壤表层盐渍化从而不利用植被的生长，因此合理的利用地下水可避免土壤盐渍化和满足植被生长，从该角度出发，研究者提出了合理地下水位、最佳水位、盐渍临界深度和生态警戒水位等[28]。但是这些都是出于概念阶段，只有定性的描述，之后应朝取得定量值的方向努力，从而为相关政策制定提供基础数据。

（二）生态水文模型

水文模型是研究区域水循环复杂过程重要的手段，它把河川径流的产生、汇集和耗散等过程用数学模型进行概括，并将气象、下垫面和地形因子等与径流过程构建函数关系，以期客观表达流域产汇流的物理过程，其是探索和认识水文循环和水文过程的重要手段和工具。近年来涌现出了诸如SWAT[40]、VIC[41]、SHE[42]、TOPMODEL[43]、PDTank、GISMOD[44]和新安江模型[45]等一系列水文模型，为解决实际水资源问题发挥了重要的作用。然而，传统的水文模型注重水文过程，缺少对生态与水文过程之间互馈机制的描述，基于生态水文过程的观测，用于定量描述植被与水文过程相互作用的生态水文模型应运得以发展，从而更加全面的管理水资源。

在传统的水文模型中，植被生态系统对水文过程的影响被不同程度地予以概化。集总式水文模型中，将整个流域视作一个均质的模拟单元，并不考虑下垫面条件的空间异质性。分布式水文模型中，考虑土地利用类型、土壤属性等的空间异质性，下垫面具有空间差异。但在两个模型中，植被往往用一个或少数的参数输入进而影响水文过程，显然对植被与水文之间的相互影响机制的模拟不清晰。从前述的内容中可见生态系统与水文过程之间相关，开发或者改进现有水文模型能够对水文过程及生态过程进行耦合模拟已成为目前的研究热点[47]。

目前，在模型建立之初就考虑生态水文过程的模型有Macaque[48]和Topog[49]等，在模型建立中就考虑了植被生长过程和流域水文循环。另一种方式是在目前现有的成熟的水文模型和模拟植被的模型相互替代相对应板块耦合模拟生态水文过程，出现了诸如RHESSys（Regional Hydro-Ecological Simulation System）模型，将FOREST-

BGC 模型与流域水文模型 TOPMODEL 进行耦合，用 TOPMODEL 的土壤水模块代替 FOREST-BGC 中简单土壤水模块，从而探讨生态过程和水文循环的相互反馈[50]；分布式水文模型 WEP，参照了 ISBA 模型，采用 Penman 公式或 Penman-Monteith 公式等进行蒸散发计算；基于物理基础的分布式水文模型 MIKE SHE 中包括了土壤作物系统仿真模型 DAISY，SWAT 模型中利用一个单一植物生长模型来模拟所有类型的植被覆盖等[51]。

目前已有的流域生态水文模型虽能够模拟生态过程与水文过程之间的关系，但是动态模拟的能力仍旧不足，自然界中生态过程与水文过程是在不断变化，具有动态模拟能力的生态水文模型能够更加准确地模拟和预测。此外，在未来生态水文模型还具有以下几个方面的发展趋势：①提高模型的多源数据利用能力是生态水文模型开发的前提条件。现今观测手段不断进步，大数据不断推进，因而获取到的流域特征信息将是几何级增长，而这些大量数据也是对生态水文模型的考验，如何利用多源数据从而改进模型精度是生态水文模型的前进方向。②更加细致地刻画生态与水文的耦合过程是生态水文模型开发的重要环节。现有的模型虽有刻画但还是粗糙，不同生态系统也具有不同的生态水文过程，如何更好地在水文模型中刻画生态过程，将继续成为生态水文模型研究的热点和难点。③更加细致地刻画人类活动对生态水文过程的影响是生态水文模型开发的必经之路。人类活动对自然有较大影响，也对生态水文过程影响较大，流域生态水文过程的复杂程度也不断提高。充分考虑人类活动影响下的流域生态水文模型是必要的。此外，流域生态水文模型的开发也将是服务于人类经济社会，能够准确模拟人类活动的水文模型也是制定流域政策，为可持续发展发挥重要作用的工具。

二、国内外对比分析

国际上，20 世纪 90 年代前后，"生态—水文"主题的研究在欧洲逐渐兴起，在这种背景下，1992 年在德国柏林举行的水与环境国际会议上，生态水文学作为一门学科被独立出来，生态水文学学科正式建立[7]。20 世纪 90 年代为生态水文学发展的初期阶段，在基础理论和方法研究中均取得一定的进展。1996—2007 年，生态水文学进入快速发展阶段，国内外有关生态水文学的研究成果及专著大量涌现。2008 年至今，生态水文学一直处于逐渐完善并发展壮大的阶段。

国内发展历程与国际发展基本一致。国内紧跟国际脚步，在生态水文学提出之际就有专家学者将其引入国内，例如，1993 年马雪华[51]撰写的《森林水文学》就对森林生态水文学的研究做了初步的探索。在生态水文学快速发展和逐渐完善之际，国内的研究业发展壮大，取得了较多的研究成果，涌现了一批知名的专家学者，例如夏军、刘昌明、武强、严登华、崔保山、杨大文等。总体而言，目前我国生态水文的研究紧接国际轨道，两者发展旗鼓相当。然而，生态水文模型的开发方面落后于国外，国内较少有自主开发的模型问世，特别是基于物理分布式生态水文模型。

三、应用前瞻

以生态水文过程为核心的流域综合管理，着重解决水文与生态之间的互馈关系，目前的研究也在增加人类活动模拟的板块，解决人类活动对生态水文过程的影响，因此以生态水文为基础以流域为单元进行的水资源综合管理是实现资源、环境与经济社会协调发展的最佳途径。基于生态水文过程的流域管理对于我国解决流域经济与自然用水问题具有重大的科学意义。中国由于经济社会用水的快速增长及其对生态用水的严重挤占，导致流域水资源短缺与生态退化问题更加严重。因此，面向生态用水的流域水资源合理配置与综合调控研究兴起，把生态需水作为水资源配置需水结构中重要的组成部分，协调和解决流域生态系统与社会经济系统之间以及流域上下游之间的竞争性用水关系和矛盾，发展流域水资源多维调控模式，以实现流域的可持续发展。

四、未来预测

关键词：人类活动，全球气候变化，循环经济。

2030 年：进一步明晰流域生态与水文的互馈关系，同时也将初步揭示人类活动、全球气候变化对流域生态水文过程之间相互影响的机制。

2050 年：开发出一套具有物理过程机制的生态水文模型，能够模拟各种类型植被与水文之间过程、人类活动、气候变化对生态水文之间的动态影响，从而科学指导流域水资源的开发与利用。从而以最小的能源消耗得到最大的物质产出，平衡流域生态价值和社会经济，引导流域向循环经济和生态友好型方向发展。

第二节 数字流域与监测

数字流域是将流域系统的要素数字化、网格化、智能化、虚拟化与可视化，用模拟模型评价、分析、预测、预报、控制流域的运行及社会经济发展。是将自然的流域变成可控制的或信息化的流域，进行数字流域实验具有重大的科学和生产意义，是"数字"地球的重要组成部分。研究数字流域将促进流域经济的发展，改变流域内人类活动，推动流域经济的可持续发展。数字流域是数字化三维显示的虚拟流域，它能利用数字化手段，将有关流域的自然、社会经济等信息与各种具体的应用模型联系起来，在计算机网络中重现和模拟真实流域。其综合利用 3S 技术（遥感、地理信息系统、全球定位系统），虚拟现实，超媒体等高新技术，对全流域的地理环境、自然资源、气候条件、社会经济状况等信息进行采集、存储、综合分析、传输。在数字流域的支持下，综合分析利用采集的流域各方面数据，应用空间分析与虚拟现实技术，模拟人类活动对生产和环境的影响，从而科学制定可持续发展对策。

一、最新研究进展评述

1998 年 1 月，美国提出了"数字地球"战略计划。由"数字地球"衍生出来的"数字中国""数字城市""数字流域"等，是对不同区域信息的描述。"数字流域"的概念由张勇传等[52]提出，进入 21 世纪后，我国先后提出来"数字海河""数字黄河""数字长江""数字黑河"等一系列数字河流的建设规划，目前正在不断地完善。

以流域整体为目标，研究数字流域在整个流域上各个方向的综合应用，庞树森等[57]综合前人的目标提出数字流域整体框架包括三方面的内容：①基础信息层，②模型模拟层，③应用决策层。三层之间自下而上实施。基础信息层是数字流域信息来源和数据基础；模型模拟层是数字流域的核心，是对数字流域系统探讨机理、实施操作的一层，是我们对流域进行控制的一部分；应用决策层是数字流域的控制管理和决策平台，是数字流域的最高层次平台。应用平台是建立在全面分析流域信息的基础上，综合考虑各方面的因素，根据所建立的决策模型和决策支持系统，制定相应的实施措施。

（一）基础信息

数据库是按照一定数据结构，进行组织、存储和管理的数据仓库。一般包含基础地理数据库、遥感影像数据库和专业数据库（例如，水文数据、工程管理、环保水土保持等专业数据信息）[53]。

遥感数据库收集全流域的不同时期的卫星遥感影像，因此其特点是海量，对海量数据的高效管理是研究者关心的问题。针对海量遥感影像数据的高效存储与管理，国内外都做了大量研究工作，也开发推出了一些具有代表性的存储管理系统。从该领域的理论研究和实践来看，国外的技术和实践较为成熟。国内所开发的系统在容量以及检索速度上，与国外还有一定的差距。国外具有代表性的海量遥感影像数据存储管理系统主要包括：NASA 开发的用于管理地球观测系统数据的 EOSDIS[54]、微软推出的在线公共地图集 Terra Server[55]、谷歌开发的用于支撑 Google Earth 的海量影像应用系统[56]及 Microsoft 推出的在线地图服务 Bing Maps[57]等。国内遥感影像数据存储管理中心有中国资源卫星应用中心、国家卫星气象中心、国家卫星海洋应用中心、国家地理信息公共服务平台天地图。总体而言，管理模式和检索效率还应进一步提升[58]。

地理数据库中包含了地图数据、数字高程模型（Digital Elevation Model，DEM）、数字正射影像。随着信息技术的发展以及 DEM 的出现和应用，其为数字流域特征提取奠定了基础。Mark 等[59] 首次明确定义并阐述了数字流域特征提取中所涉及的法地、水流方向、汇流累积量、虚拟水系以及流域等概念，并提出了基于水文学坡面径流模拟的流域分析方法[60]，被认为是目前最为有效的数字流域特征提取模型[61-63]，并被广泛应用于基于流域的各种水文特征分析与模拟（如水土流失、洪诱灾害、降雨滞留等）的研究中[64-68]。目前集中于以下 5 个方面的技术研究[69-75]：① DEM 中洼地与平地处理；②流向分析，根据地形高程差确定水流方向；③汇流分析，计算汇流累积量；④虚拟水系提取与编码；⑤流域划分。

数据可视化技术指的是运用计算机图形学和图像处理技术，将数据转换为图形或图像在屏幕上显示出来，并进行交互处理的理论、方法和技术。它是可视化技术在非空间数据领域的应用，使人们不再局限于通过关系数据表来观察和分析数据信息，还能以更直观的方式看到数据及其结构关系。早期大多采用二维地图表示现实世界的各类要素。但是由于二维系统的信息表达能力不足，以及很多专业模型对三维模拟仿真的需要，三维可视化技术得到越来越广泛的应用。当前流行的 3D 数字可视化技术主要有 open-GL、DirectX、Java3D 以及 VRML[76]，它们各具特色，从不同的程序应用接口提供给用户。三维仿真技术在国内各行业中得到了广泛的改进与应用，例如黄健熙[77]、万定生[78]、周阳[79] 等。三维可视化技术的应用增强了数字流域系统的信息表达能力，但当前的研究对流域环境细节的表达不够重视，缺少对面、体以及光源的逼真渲染，场景的真实感不足。此外，缺少多样的数据科学可视化方法，不能直观、形象地表现出数据的时空分布状况。

1.模型模拟

专业模型系统的建立是数字流域的核心和发动机。专业模型的应用提升了我们对流域的控制能力[80]。当前，各专业模型的研究和应用比较广泛，部分已经应用到流域整体或局部的管理和开发中来。我国的数字流域专业模型研究主要有以下三方面的研究趋势。

以整个流域为对象的水循环过程模拟。当前，能够反映流域空间分布变异性的分布式水文模型成为研究热点，应用较为广泛[81]。1994 年，Jeff Arnold 为美国农业部（USDA）农业研发中心（ARS）开发了 SWAT 模型（soil and water assessment tool）。该模型是一个具有物理机制的长时段的流域半分布式水文模型，可采用多种方法将流域离散化（一般基于 DEM），能够反映降水、蒸发等气候因素和下垫面因素的空间变化，以及人类活动对流域水文循环的影响。沈晓东等[82] 提出了一种在 GIS 支持下的动态分布式降雨径流流域模型，实现了基于栅格 DEM 的坡面产汇流与河道产流汇合的耦合模拟。黄平等[83]建立了描述森林坡地饱和与非饱和带水流运动规律的二维分布式水文模型，并利用有限元数值方法求解模型。任立良等[84]在数字高程模型（DEM）的基础上开发了基于分布式的新安江水文模型。夏军[85]提出了一个基于 DEM 的分布式时变增益水文模型（DTVGM）。熊立华等[86]提出了一个基于 DEM 的分布式水文模型，主要用来模拟蓄满产流机制，并通过实例来检验模拟流量过程与土壤蓄水量空间分布的能力。清华大学王光谦院士团队研发的"数字流域模型"将整个流域概化为无数个"坡面－沟道"单元，杨大文[87]和许继军[88]分别将分布式水文模型应用到黄河和长江流域中。

多专业耦合模型。传统的专业模型往往具有单一目标的特色，缺乏对其他相关要素的考虑。随着流域综合化管理进一步深入后，单纯的专业模块的研究将无法适应数字流域整体模型的要求。国内部分学者进行了不同的专业模型相互耦合的研究[89-91]，就是通过不同专业模块相互结合，建立耦合模型，发挥各专业模型的优势，提高模型模拟和预报的精度。单一的专业模型相比，耦合模型结构更为复杂，且由于引入了更多参数，模型参数率定将更为困难，研究中应该加强耦合模拟中参数的确定和模型的验证工作。

流域整体模型系统。流域整体模型系统是指结合多专业模型的，综合各模型的专业应用特点，通过不同专业模型相互作用以达到流域管理和保护目标。我国以大江大河为依托的流域整体模型研究已经开始。多专业模型结合构成流域整体模型系统的研究将是未来一段时间内专业模型的研究重点，也是我国重要流域开发的关键步骤。

2.流域应用决策平台

应用平台是数字流域的控制管理和决策平台，是数字流域的最高层次平台。应用平台是建立在全面分析流域信息的基础上，综合考虑各方面的因素，根据所建立的决策模型和决策支持系统，制定相应的实施措施。我国先后开展了数字黄河、数字长江、数字黑河等几大流域的信息化建设工作，也取得了一些成效。

"数字黄河"在治理黄河的管理和开发的整个科技治河体系中占有重要地位。从应用上讲，"数字黄河"是虚拟的物理黄河，它通过建立黄河流域及其相关的地区数字化研究环境，来模拟、分析、研究黄河的自然现象，探索其内在规律，从而对黄河治理、开发和管理上的各种方案决策提供科学技术支持。根据黄河水利委员会，"数字黄河"工程规划，"数字黄河"工程框架和主要应用系统已建设完成，截至目前，基本实现了信息资源的共享，大大提高了黄河防汛减灾、水量调度和水资源优化配置、水资源保护、水土保持生态环境监测、水利工程建设与管理等方面的现代化水平，提高了各类突发事件的应急处理能力，增强了决策的科学性和时效性。

目前，"数字长江"的研究仍处于起步阶段，还没建立统一的"数字长江"框架，但是由于工作和生产需要，"数字长江"中的部件已在不知不觉中建成或部分建成。长江流域水资源模型、长江防洪模型、长江水质模型、三维数字长江模型、长江三维仿真系统、长江流域基础地理信息平台和长江堤防管理数据库等都已经建成。"数字长江"建设是以建设"数字化、信息化、智能化"的长江为目标，因此，完全实现长江数字水利还有很多的工作要做。

"数字黑河"是为黑河流域科学研究和流域集成管理而搭建的集数据、模型和观测系统于一体的信息化平台，是"数字地球"在流域尺度上的一次实践性尝试。数字黑河由数据平台、模型平台和数字化观测系统组成，其核心是观测、数据和模型平台中的信息基础设施建设，但同时也外延而扩展为以流域综合模型为骨架的各种应用。目前，"数字黑河"处于初步建设阶段，相较于前述数字流域，仍需要加强建设。

二、国内外对比分析

国外发达国家数字流域研究与应用起步较早，数字流域与流域管理紧密结合，随着计算机等现代科学技术的发展，从数字化、建模、系统仿真到虚拟现实，历经30多年时间，现代科学技术在传统水利的应用得到充分体现，美国、加拿大、日本、澳大利亚以西欧发达国家在流域自然管理、现代工程管理上，数字流域技术都发挥了很大的作用。尽管世界各国的河流差异很大，但是实现流域的现代化管理是各国发展和追求的共同目标。我国的数字流域建设尚处于初始阶段，数字流域所涉及的关键技术尚不成熟、相关设施还不完善，数字流域的建设任重而道远，因此，加强对数字流域的研究迫在眉睫。目前许多战略计划在建设规划之中，也正在紧锣密鼓的完善建设，例如"数字海河""数字黄河""数字长江""数字黑河"等。

三、应用前瞻

建立数字流域的重要性不言而喻，通过数字流域的应用决策层能够科学管理流域资源配置，提供科学的决策支持，未来我国各流域的信息化将逐渐趋于成熟。我国降水和水资源的时空变化很大，许多流域水旱灾害频发，水资源的人均占有量并不丰富，需要利用先进技术在流域的防洪除涝、水质控制、水资源利用和水土保持规划等方面。随着计算机信息技术的高速发展，吸收和利用信息技术成果，实现流域管理的现代化，这是发展的必然趋势。借助现代科学技术手段，建立流域数字平台，以先进的软件和数学模型对流域治理开发和管理的各种有关方案进行模拟、分析和研究，并在可视化的条件下提供决策支持，达到增强决策的科学性和预见性的目的。此外，实现流域管理的信息化，才能是实现流域资源的优化配置和高效利用。治理水污染和水土流失，也要建立相应的监测与管理信息系统。为提高流域管理综合水平，以遥感技术、地理信息系统、全球定位系统及计算机和通信等高新技术手段，开发数字流域管理系统，实现信息化。

四、未来预测

关键词：数据库，可视化，综合模型，决策系统。

2030 年：进一步扩展数据库，收集各专业类型数据，着重解决连续型数据的存储和处理；可视化技术进一步发展，增强场景真实感，同时也着重解决数据的时空分布状况，特别是连续性数据；专业模型由功能单一，服务于特定行业转变为耦合型、综合型发展，服务于多目标多应用的流域管理。

2050 年：在数字流域信息层及模型模拟层趋于成熟的基础上，数字流域应用将由对历史信息的重现和管理，转变为对未来的操作，对未来流域的综合开发和利用，从而决策的预测；决策措施及时有效地满足数字流域多目标统一管理和规划的要求；网络技术的发展，将推动数据共享和处理（云处理）的进一步发展。

第三节　流域优化治理

随着人类文明的不断进步发展，流域综合优化治理方法的缺乏逐渐暴露，加之水土流失、生态破坏和面源污染加重，使得众多流域正遭受着环境恶化的威胁[96]。1980 年，水土保持小流域综合治理在我国正式实行，确立了水土保持综合治理小流域的概念，并于 1991 年制定了《水土保持小流域治理办法》的相关制度，标志着我国小流域综合治理进入新的开始，近年来小流域综合治理取得了质的飞跃。在 2006 年提出了生态清洁小流域治理方针并开展试点工程。建设生态清洁小流域是水土保持在新时期要求下的新发展，符合经济社会的可持续发展的需求。

一、最新研究进展评述

目前流域优化治理主要采取的方法有生态清洁小流域、面源污染防治和各种流域最优化管理技术等。

水利部发布的中华人民共和国水利行业标准《生态清洁小流域建设技术导则》（SL534-2013）将生态清洁小流域定义为：在传统小流域综合治理基础上，将水资源保护、面源污染防治、农村垃圾及污水处理等结合到一起的一种新型综合治理模式。其建设目标是使小流域的沟道侵蚀得到控制、坡面侵蚀强度在轻度（含轻度）以下、水体清洁且非富营养化、行洪安全，生态系统最终达到良性循环。规划布局主要以保护水源为目标，结合自然环境及人类活动的情况，通过安排布设各种措施，逐步构筑适宜小流域发展的"生态修复、生态治理、生态保护"三道防线，达到减少污染、连通水系、改善环境、促进民生、保护涵养水源的目的。目前我国在生态清洁小流域建设过程中的主要体系是水土流失生态环境和面源污染治理、河道和人居环境综合整治、生态农业建设[92]。如密云水库治理案例，通过在水库上游建设生态清洁小流域并取得了很好的效果，在治理过程中主要在人为扰动较小的山地采取封育治理修复，在水土流失易发区主抓小流域综合治理，科学严控田地化肥农药的施用量，有效减缓了农业面源污染源，通过"清污、清障、清垃圾"和"改水、改厕、改路、改环境"综合整治农村生活环境，在河道两侧通过种植植物形成保护带[93]。

在实际流域治理中，根据各个地区地理位置及实际需求，因地制宜，在不断摸索中吸取经验，得出了能够适应不同地区和发展的多种生态清洁小流域治理模式[94]。其中比较典型的模式有：

1）源自北京地区的"三道防线"治理模式，该模式最初的综合治理理念主要以"保护水源"为核心，通过分区域布设小流域试点工程，形成了"生态修复区、生态治理区、生态保护区"的"三道防线"治理模式[95]。目前其他各个地区在建设生态清洁小流域时也是以此模式为基础[96-98]。

2）源于黑龙江省延寿县国家生态清洁型小流域试点工程的"三层次、四防区"治理模式，该治理模式主要是按照"山坡、村庄、河道"三个层次进行综合规划，确定"生态修复、综合治理、生态农业、生态保护"四块防治区域[99]。

3）源于湖北省丹江口市胡家山小流域的"以水源保护为核心、面源污染控制为重点"的治理模式，该种模式的出发点主要是保护丹江口水库的水质，治理思路为"生态修复、生态治理、生态缓冲"，其中特别注重在面源污染上的控制，提出了"荒坡地径流控制、农田径流控制、村庄面源污染控制、传输途中控制、流域出口控制"的五级防护模式[100]。

4）以安全为重点的整治模式，此种模式主要适用于生态环境问题较严重的南方山区以及黄土高原地区，治理目标为"安全、生态、发展、和谐"，此外还把防治山洪与地质灾害也纳入了小流域治理的范畴。

5）考虑到生态系统整体性和流域系统性的商业模式，进行流域综合治理时运用该模式主要包含政府和社会资本合作（Public-Private Partnership，PPP）、跨区域组建流域投资公司、设计采购施工总承包（Engineering Procurement Construction，EPC）等类型的商业模式，将自然资源进行最优配置，通过引进专业的企业参与合作，导入适当的商业模式，最终实现小流域价值的最大化[101]。

近年，工农业发展迅速，污染物大量排放，大量的氮磷等营养元素、溶解的或固体的悬浮物质、有机无机物质等进入受纳水体，水体内部自身底泥等沉积物释放进入水中的氮磷都会引起水体负荷浓度升高，随着污染性物质的逐渐增加，水体自净能力明显降低，最终导致流域水体富营养化和酸化[102-104]。据调查农业面源污染在我国流域污染负荷中占 1/3[105]，也有报道称在巢湖和滇池三个流域中农业面源污染的 TN、TP 比重分别为 60% ~ 70% 和 50% ~ 60%[106]。我国面源污染形势不容乐观，目前已有很多地区小流域治理中加大了对面源污染的防治及研究，但由于我国农业面源污染的防治起步较晚，20 世纪 80 年代才开展湖泊富营养化调查，意味着我国面源污染研究正式开始。2011 年，吴永红等[107]提出了"减源 – 拦截 – 修复"理论（3R 理论）。2013 年，杨林章等[108]在此基础上，提出了"减源 – 拦截 – 再利用 – 修复"理论（4R 理论）并得到了广大学术研究者的赞同。其原理是从污染源头上削减污染物负荷达到减源，污染物在流域迁移的过程中被拦截和净化，接着对污染物资源进行再利用，最后在污染物释放后再次对污染物进行二次处理。此外，也有研究者提出了面源污染存在明显的区域差异的观点，如南方地区降雨丰富，水网系统发达，仍以农户家庭个体农业生产形式为主，水土流失问题严峻[109]。

为加大治理流域面源污染的力度，2015 年国家发改委和农业部联合启动农业环境突出问题治理专项，先后在安徽、江苏等 9 个省开展全国典型流域农业面源污染综合治理试点项目，安徽省巢湖流域被列入了第一批试点流域，并在肥东县实施该试点项目，其中共设计了牛沼饲循环利用、牧场雨污净化、"互联网 +"智能配肥、绿色防控、乡村生活污水净化和农田尾水净化 6 条农业面源污染治理技术路线[110]。

大量的小流域优化管理方式中的新技术和新方法为定量研究流域治理及其科学治理提供了保障。如流域最佳管理措施（Best Management Practices，BMP）是以保护小流域的生态环境为目标提出的，主要通过控制流域产流产沙及污染物输移等过程，使流域水土流失和面源污染减少[111]，目前被广泛应用于水土保持及非点源污染治理方面[112-113]。流域治理中多需要将不同功能的 BMP 进行优化组合应用，从而获得最大的环境效益[114]。还有在流域定量研究部分学者提取自然要素指标等信息通过 RS，再利用 GIS 软件分析小流域特征。如龚旭昇[115]以汉江上游的陕西省石泉县饶峰河小流域为研究对象，以调查该小流域自然因素和社会经济因素为基础，结合 GIS 空间分析方法，对该小流域治理区域进行精细划分，并提出分区治理模式，不同区域制定不同的治理方向和措施配置，为生态清洁小流域精准治理提供一种新的建设思路。刘川川等人[116]应用 ArcGIS 空间分析技术并通过敏感因子选取、单因子和综合评价方法将项目区的生态敏感性划分为极敏感、高度敏感、中度敏感和低敏感 4 个等级。该方法极大地简化了评价过程，使生态敏感性评价具有了可操作性，最终得出的评价结果更为真实。还有张迪等学者[117]针对云南滇池流域开发出了水环境综合管理技术，以现代流域综合管理理论为主要基础，结合水生态环境多元数据采集传输、融合共享及动态表征技术，避免了以往数据的单一化。褚俊英等[118]提出了流域综合治理系统的多维嵌套理论构架，主要体现在调控、过程、要素、空间和时间5个维度的耦合关联，并提出了流域综合治理的三大关键技术体系：机理辨识技术体、定量综合模拟技术以及优化决策技术体系，为我国流域综合优化治理提供了重要理论支撑。

为考核和完善流域治理及建设情况，许多学者在不同区域根据建设目标提出了很多监测与评价指标体系。如周萍等[119]在川南地区清溪谷典型小流域采用模糊数学法和层次分析法构建了该区域典型小流域生态清洁度的综合评价指标体系，该方法中包含生态区、生产区、生活区3个子系统，采用沟道水文形态、农业用地比例、生活污水处理率等24项作为评价指标。史晓霞等[120]运用逐次投影寻踪模型对马来西亚雪兰莪州的生态环境脆弱度进行综合评价研究。汪发勇[121]利用理论分析方法、层次分析法（AHP）和结构嫡权法确定了评价指标体系，主要包含水源维护、人居环境维护、水土流失治理、治污和生态环境维护需求。王海峰[122]基于层次分析法，从生态保护、治理与修复3个方面选取了景观类型多样性指数、土壤侵蚀模数、污水处理率、径流系数等20项典型指标，形成评价体系，为我国小流域综合治理提供了一定的理论支持。刘凌雪等[123]采用内梅罗指数法对水质进行了研究评价，并将输出系数法和源强系数法相结合，从琼江流域（安居段）21个乡镇，5种污染源、3种污染物角度综合分析流域面源污染情况，最终提出合理有效的治理措施及建议。

近年来，流域综合治理实施后，取得了显著的成效，保护了很多流域的水资源，极大地改善了人们赖以生存的环境。到2016年，我国已有700条生态清洁小流域建成，有效地维护了水源地水质量，提升了生态环境。如福建省泉州市共进行生态清洁小流域建设的有18条，监测结果表明，山美水库水质总体达到Ⅱ类标准，其中21项评价指标均达到《地表水环境质量标准》（GB 3838—2002）Ⅱ类水质要求，且流域水质呈持续变好变优的趋势发展[124]。湖南省通过水土流失综合治理、小型水利水土保持工程、面源污染防治、人居环境整治等4个方面对小流域进行综合整治，并取得了良好的环境效益，该治理区域的年保土能力增加了2675t/km²，蓄水能力增加了29802t/km²平江县通过小流域综合优化治理加速了旅游业的发展，在项目治理区引进了很多休闲旅游项目，如"亚马孙水上乐园"和"自在平江"；使当地社会经济得到了很好的发展，流域水质也得到了很好的改善[125]。丹江口库区的水源涵养能力通过综合治理后明显提高，水体中面源污染物浓度逐渐下降[126-127]，黄秋雨等[128]利用千屈菜浮床经过6个月的治理后，使景观水体的水质由Ⅳ类恢复到Ⅲ类。杭州市南应加河治理工程中水体磷指标下降了19倍[129]；陕西省水文局公布汉江、丹江年度水质基本稳定在Ⅱ类或优于Ⅰ类[130]。密云水库水质长期保持在国家地表水Ⅱ类水质标准[131]，官厅水库下游三家店引水口长期保持在Ⅱ类水质标准[132]。

在肯定我国近年来小流域综合建设过程中取得的成果时，也必须清醒地认识到我国的小流域综合建设仍处于起步阶段，很多相关方面仍需加强[133]。目前，小流域综合建设的理论研究仍需进一步加强，其中主要包括小流域优化综合治理发展规律研究、规划设计标准研究、综合效益分析研究等，只有不断协调区域小流域综合治理与其他方面水土保持规划间的关系，建立健全监测机制、效益评估体系，才能逐渐总结探索出更优化的流域管理制度。其次治理过程中必须注重因地制宜，不能照搬照套其他区域的治理模式，需以实际环境情况为起点，加大新技术在小流域综合治理中的应用力度[134-135]。

二、国内外对比分析

世界各地不同的自然环境条件和社会经济发展状况使得在治理小流域的探索研究中着重点和着手治理的程度均存在极大差异。例如日本的小流域治理的重心在1868年后开始转向山区荒废流域，并于1928年，与"治水在于治山"的思想相结合，形成了极具特色的砂防工程学。日本是个多山国家，连续性降雨较集中，土壤中火山灰含量过高，导致日本几乎所有的山区水土流失和泥石流等灾害频繁发生，危害极大[136]。目前，径流及滑坡、山崩形成机制的理论研究和泥石流的勘测、预报和防御措施是日本研究的热点，在实际治理中主要以工程措施为主，如分别在流域上下游修建谷坊，堤坝等工程措施[137]。

1884年，世界上第一部"荒溪流域治理法"由奥地利制定，并针对山洪和泥石流的防治提出了一整套的森林工程措施体系[138]。欧洲于1950年成立了小流域工作组，该工作组隶属林业委员会，开展流域管理工作[139]。1917年以后，苏联学者提出了一系列关于山区流域的治理措施，其中主要包括森林如何经营规划、森林如何改良土壤、农业及水利如何改良土壤[140]。美国于1933年成立了田纳西流域管理局，对全流域开始展开了统一的规划和综合治理工作[141]，但由于美国自然环境优异，地势平坦，侵蚀量较少，因此美国的小流域治理主要以坡耕地为主，采取的措施有等高耕作、等高缓冲带状耕作、草粮带状种植等，很少布设大面积的综合治理措施[142]。欧洲文艺复兴以后，因乱砍滥伐出现了严重的山地荒废森林资源匮乏的现象，奥地利、德国、意大利、西班牙、南斯拉夫等阿尔卑斯山区国家均开展了大量的小流域治理工作[143]。

近年来，俄罗斯学者Sobczak等[144]提出，小流域属于一个生态经济系统，而小流域治理的各项措施是各个子系统，应该把生态经济效益高的农林复合生态经济系统作为小流域综合治理的第一目标。泰国、委内瑞拉、牙买加、印度尼西亚等国家流域治理的方法主要是以政府资助农民发展混农林业为主。巴基斯坦、印度、尼泊尔、

195

伊朗、土耳其、智利等国家在林业部门设立了专门的流域治理机构，开展流域治理工作。联合国粮农组织、教科文组织，会针对小流域综合治理开展技术培训，对发展中国家开展流域治理提供经济支持[145]。

我国在小流域综合治理中主要注重治理措施技术，非常缺乏深入系统的理论研究，治理的主要措施有植物措施、农业措施、工程措施，其中以植物措施为主，治理过程中主要利用人工手段，这也是大多数发展中国家的通病。而发达国家在小流域治理中注重土壤侵蚀机制原理和水土流失预测预报方向的研究，主要采用工程措施和机械化手段等治理措施。由于对生态系统认识的局限性和生态系统自身的复杂性，目前全球在河流生态管理方面仍处于起步阶段，相应的研究案例屈指可数，且多集中于美国等西方国家的海洋和海岸生态系统[146-148]，研究内容主要集中在河流生态系统相关理论探讨、定性分析和评价方法等方面。目前中国的河流生态系统管理研究还处于学术探讨和理论研究阶段，部分河流生态管理的案例主要以生态系统的特定组分或者特定问题为对象展开研究[149-151]。

三、应用前瞻 / 热点问题

在小流域综合优化治理中应用系统科学、生态经济和可持续发展理论及 3S 技术有机结合，以实现小流域区域经济和自然资源共同可持续优化发展的最终目标，是全球开展小流域综合治理的发展方向及热点研究问题。

BMPs 情景分析具有非常强的灵活性和预测性，在未进行完全的实地观测的情况下也能针对研究区域布设的治理措施的有效性进行评价，它可以在全面的顾及环境和经济效益的前提下利用优化算法搜索得出最佳的 BMPs 空间配置方案。目前，关于BMPs 空间优化已取得了很多的研究成果。如高会然等[152]通过结合 NSGA–II 优化算法建立了一套以坡位为单元的 BMP 空间配置优化方法。王晓燕等[153]以北京市密云水库上游流域为研究区，在充分考虑面源污染及 BMPs 的费用 – 效益关系的基础上，选取最优选配置。王彤[154]以农业生产总值最大化和 COD 排放量最小化为优化目标，为辽河流域上游铁岭段提出了农业生产的科学建议。吴辉[155]提出了在发展 BMPs 空间优化的研究中需要以流域系统为中心，综合考虑多学科知识，并利用最先进的计算机技术，最终才能实现新的突破。BMPs 空间优化具有重要意义，其得出的优化结果能够为流域管理和政府决策提供科学参考依据，但目前我国由于流域基础数据的缺少及获取困难、构建流域模型知识的缺乏等限制，BMPs 空间优化的研究只能关注于某些特定的研究区，且完整的理论或方法体系尚未形成，BMPs 空间优化在未来将是小流域优化治理的主要研究发展方向。

目前小流域演化规律与预测研究主要集中在构建模型方面，其中流域水文模型应用较多，如叶芝菡等[156]采用流域模拟系统 WMS 水文模型对蛇鱼川小流域进行流域水文计算，为水源保护工程的规划设计提供了科学依据。魏伟在石羊河流域基于 CLUE-S 和 MCR 模型进行研究，以 Landsat TM/ETM/OLI 得出的影像作为主要的数据源，从里面提取出石羊河流域的土地利用相关数据[157]。杨道道[158]在研究张家嘴小流域的生态水文水质过程中使用 HSPF 水文模型模拟不同土地利用类型的生态恢复方案，选取了流域生态效益最佳的恢复方案。综上可以看出目前我国针对水文模型的研究主要是针对特定的地区，且还处于起步阶段，未来仍需进一步加大研究力度。

目前关于河流生态系统管理主要借鉴 EBM 的通用性方法，其指导性框架为综合生态系统评价（Inte-grated Ecosystem Assessment，IEA），并进行实践探索[159-160]，但未形成一套标准的、能适用于不同类型生态系统的具体方法[151]。故在河流生态系统管理方面也需进一步开展研究。

四、未来预测

关键词：流域管理，综合管理法治，一体化，3S 技术。

2030 年：着重加强建设流域综合管理法治，整体提高管理水平。以一体化治理理念为基点，不断推动流域综合管理立法的进度，坚持围绕流域共同体建设，重新建立流域综合管理体制，以司法专业化建设为中心不断提高司法保障力度，深入研究从国家到地方的系列问题。

2050 年：流域管理实现科学的动态智能管理。流域监测、预警、调控和应急响应能力明显提高。3S 技术熟练应用到小流域综合优化治理中，实现小流域地区经济的可持续发展。管理模式上的生态化以流域历史文化为依托，紧紧围绕流域生态宜居城市建设，用生态文化陶冶居民情操和修养，加强人民的生态意识和环保意识，人民生活质量和水平得到提高，人民素质和生态文明水平得到增强。

第四节 流域管理智能决策

一、最新研究进展评述

随着全球经济和工业的飞速发展，流域水土资源问题不断涌现，矛盾不断凸显，人类不合理的开发利用活动，不断对流域的生态服务功能造成破坏，降低流域生态环境给人类带去的福利。未来，为实现流域生态、经济与社会的可持续发展，流域综合管理将成为解决全球范围内水资源问题与矛盾的必然趋势。

流域生态系统服务功能包括流域的调节、支持、文化与产品提供功能。为促进生态、经济与社会的可持续发展，维护改善并提高生态系统服务功能是非常重要的途径。通过评估生态系统服务功能价值高低、生态风险大小、生态系统健康状态，人们正尝试运用一定的生态学原理，利用相关的生物、工程的技术与方法对生态进行修复和规划，努力完善生态系统结构与保护生态系统的完整功能。

流域管理智能决策主要是以流域为基本单元，结合新一代信息技术，综合考虑自然、人文、生态新型水资源管理和决策方法，因地制宜，对流域不同生态服务功能的水土资源实行的全面的综合的管理。流域综合管理以保持经济、社会可持续发展并维持健康的生态功能为主要目标，以合理配置和利用水土资源为主要途径，利用现代化技术手段与研究方法，解决流域自然资源循环与社会发展环不和谐的问题。

随着计算机技术的进步，信息技术在流域综合管理中的应用越来越广泛，流域水文模型、水动力学模型、水环境模型等大量模型涌现并不断完善。2017年，田济扬利用基于多源数据的三维变分同化改进陆面水文模型TOPX同时研究其与区域气候模式WRF的单向耦合，为研究流域基于陆气耦合模式的径流预报提供了基础[161]；原秀红、高雅玉等的研究，都是基于优化的NSGA–Ⅱ方法，通过求解模型得到流域水资源配置的最优方案[162-163]。他们的研究为流域实现生态、经济与社会效益的最大化提供了一定的理论基础，为将来流域的经济与能源等产业的快速发展提供了技术支持。2018年，Bouffard通过耦合遥感反演数据和三维水动力模型来探究浮游植物水平及垂直分异与水体表面温度之间的关系，此模型可以很好地应用于河口湿地生态系统立体监测和评估体系的建立[164]。与此同时，国内外关于流域多模型耦合以及多模型联合等研究都在不断进步和完善[165-167]。

植被是流域生态系统的重要指标，其景观管理也是流域综合管理的重要内容。2019年，任立清等利用长时间序列MODIS反射率和归一化差值植被指数（NDVI）产品及Landsat卫星遥感影像对石羊河流域植被变化进行监测，提出未来可以通过控制灌溉规模、统一调度地表与地下水、发展景观分级和配置技术、优化产业结构、强化与流域外的连通性等加强流域综合管理，这为流域综合治理和生态恢复提供科学支撑[168]。将多元尺度的科学研究应用于流域综合管理之中是未来全球发展的必然趋势，对国际社会以及国家的可持续发展具有重要的意义和价值。

另外，城镇作为流域系统中人类活动最密集的区域，在全球气候变暖和城市化步伐加快的背景下，其带来的环境问题也日益凸显，如我国城市内涝问题逐渐成为影响国家经济社会发展的重要问题。国家为了探索解决城市内涝等问题，提出"海绵城市"建设战略，目前，城市暴雨内涝模型的研究是海绵城市及智慧水务建设的重要技术保障，对城市水文、水动力学机制及其耦合模拟的研究也已经成为当今水科学研究的重点方向之一[169]。绿色屋顶、透水铺装等作为海绵城建设的重要措施，具有重要的径流调控和生态修复功能，近年来逐渐受到广泛的关注和应用[170]。

二、国内外对比分析

流域是较为全面的复合生态系统，是"资源－环境－社会－经济"的集合体，所以其管理措施是否得当，会直接影响到流域的演变和发展。国外对于流域管理工作开展较早，在1899年，德国在北莱茵－威斯特法伦州设立了鲁尔河协会，是11条河流的流域管理机构之一；1926年，西班牙成立了第一个流域管理机构，并相继对9大河流流域成立相应的流域管理机构；1933年，美国设立田纳西流域管理局；1964年，法国成立多个流域委员会；2000年，欧盟颁布了《水资源管理框架指导方针》，要求成员国均要制订流域管理计划，并提出要以流域为管理单元来实施水资源管理；2002年，加拿大在《2002年国家水法》中确立流域层面的水资源综合管理。

2008年，全球可持续发展委员会对各国家水资源综合管理情况进行了调查，发现在受调查的27个发达国家和77个发展中国家中，分别有16个发达国家和19个发展中国家制订了全部或部分水资源综合管理计划。其中很多西方国家已建立较为成熟的流域综合管理体系，并通过立法进行保障，建立了较完善和有效的流域综合管理机构、公众参与制度和宣传、监督机制。而我国在这方面的起步较晚，但发展迅速，起初主要以水利工程兴利调度为主，较少从流域水资源综合利用角度出发。2000年以后，我国的水资源调控更加重视河流自身的生态环境维护与协调，如在黄河流域进行全河水量调度，颁发了我国第一个流域性的水量调度法规—《黄河水量调度条例》，建立了黄河流域水资源演变的多维临界调控模式，在调度原则、方法和技术等方面日趋成熟[171]。

近年来，国内在流域水资源综合管理方面开展新的探索，如太湖流域建立了省际联席会议机制，出台了《太湖流域管理条例》。然而也存在一些问题，地方的流域管理局在行政执法时，需要依托地方政府，无法落实到全流域的决策，缺乏一定的行政执法权力，利益协调难度大。而国外对流域水资源管理方法研究较为成熟，常用定量模型来探寻高效的流域水资源管理方法[172]，随着国家对生态文明建设的不断重视，流域管理智能化是实现生态治理现代化的重要内容，我国仍需学习国外先进的流域水资源管理技术和经验，并建立适应我国发展的特色流域管理模式，推进流域资源科学管理体制建设[173]。

三、应用前瞻 / 热点问题

在未来气候变化趋向复杂、经济快速发展、工业化城市化加剧水污染以及世界人口增长对水资源需求增加等背景下，当前流域资源管理研究的热点主要集中在水资源适应性管理、未来水资源的安全性、水资源的可持续性、水资源的生态系统管理、流域水生态保护与修复等方面[174]。国内多位专家学者提出，未来流域管理可以通过建立科学的生态补偿机制，建立布局合理、高效运行的水资源供给体系及水资源统一管理体系，发展节水型农业，注重管理、协调与规划，实现流域的可持续发展。

习近平总书记在河南郑州主持召开黄河流域生态保护和高质量发展座谈会并发表重要讲话，"共同抓好大保护，协同推进大治理"。着眼全国发展大局，总书记明确指出黄河流域在我国经济社会发展和生态安全方面具有十分重要的地位，并作出了加强黄河治理保护、推动黄河流域高质量发展的重大部署。新时代黄河流域全面深刻转型发展的任务仍然艰巨，需转变理念，持续推进能源清洁高效利用，因地制宜重点推进产业发展，不搞粗放式大开发，搞好资源耕地保护等方面应是未来推进黄河流域综合治理及保障可持续发展的工作重点。

随着流域人口增加，经济发展，城市化进程加快，在诸多自然和人为因素影响下，长江流域的水文条件、资源与环境特征也在不断发生变化，产生了种种水环境问题，如水污染，地下水污染及咸水入侵，水土流失，泥沙淤积，洪涝灾害等。未来，在流域范围内实施统一的水资源规划和水资源保护管理并减少流域的污染负荷是长江流域治理的关键。

四、未来预测

关键词：大数据分析，物联网，云平台，多模型耦合，互馈机制。

2030 年：创新流域水资源管理与决策的关键技术与方法，提出水资源大数据分析技术体系。同时将新一代信息技术与物理机制相结合，进一步发展创新大数据驱动的流域智能管理与决策的关键技术。

2050 年：研发基于物联网多维感知与反馈的流域水资源管理大模型系统，构建流域智能管理与决策云平台，提出多模型耦合模式并形成标准流程，探明水文 – 水动力 – 水环境多过程互馈机制。

第五节　流域生态补偿

生态补偿（Eco-compensation）是以保护和可持续利用生态系统服务为目的，对生态系统的破坏者或受益者向生态系统服务提供者支付现金或提供物质、技术和优惠政策等作为奖励，是一种经济手段为主调节相关者利益关系的制度安排，包括激励和惩罚两个方面[175]。流域生态补偿是在生态补偿理论基础上进行的研究。国际上通常将流域生态补偿这一概念称为"流域生态服务付费"或"流域生态效益付费"（Payment for Watershed Ecosystem Services，PWES），是指受益主体通过资金、技术等方面对保护主体进行补偿[176]。我国对于流域生态补偿概念的研究主要分为广义和狭义两个方面。广义的流域生态补偿多指生态遭受破坏后进行的修复补偿和在流域建设中进行的补贴等。狭义的流域生态补偿与"PWES"这一概念相似，仅指生态环境遭受破坏后的修复补偿部分。流域生态补偿作为一种新型的环境管理手段，以保护和可持续利用生态系统服务为目的，很好地协调了生态环境保护中各种利益关系，缓解流域用水主体之间的矛盾，成为恢复和保护流域内生态环境的重要措施[177]。目前，我国对流域生态补偿的按照流域区域大小可划分为：小流域生态补偿机制、跨区域流域补偿机制和全流域生态补偿机制[178-179]。

　　我国对生态补偿探索始于20世纪末，1996年《国务院关于环境保护若干问题的决议》标志着我国对生态补偿机制的开始进行探索。1999年，四川、陕西、甘肃3省率先开展了退耕还林试点，由此揭开了我国生态补偿实践的序幕。随后，生态补偿逐渐扩展到流域领域。2005年，党的十六届五中全会首次明确地提出建立生态补偿机制，生态补偿机制建设成为国家层面的重要战略。2014年修订通过的《中华人民共和国环境保护法》明确阐述建设健全生态补偿制度，对生态补偿制度的广泛实践提供了法律上的支持和保障[180]。但是我国处于对流域生态补偿机制建设的探索阶段，长久以来对流域生态补偿机制以及相关的法律法规没有进行系统的建设，严重制约了生态补偿的成效，如何对生态补偿机制的高效科学地构建，以及推进流域生态补偿机制稳定长效运行，引起了学术界以及各级政府的思考。习近平总书记在党的十九大明确提出，建立市场化多元化的生态补偿机制，为我国流域生态补偿机制的发展指明了方向。2017年6月27日第十二届全国人民代表大会常务委员会第二十八次会议修正了《中华人民共和国水污染防治法》，规定水资源属于国家所有，我国对流域的综合开发及其生态环境的保护主要由政府进行投资，以政府手段为主体进行调控，同时坚持"谁受益谁补偿、谁污染谁付费"的原则，发挥市场机制作用，通过设置生态补偿基金、比较监测界面水质变化情况，对相关责任主体进行奖励或处罚，协调流域内上下游之间的利益关系，促进流域内上下游经济社会协调发展、人与自然和谐共处，这标志着我国流域生态补偿机制的构建进入了新的时期。2019年，国家发展改革委、财政部、自然资源部等九部门共同印发实施了《建立市场化、多元化生态保护补偿机制行动计划》，对我国生态补偿机制的市场化多元化建设从方式方法、推进措施等方面进行了设计安排[181]。

一、最新研究进展评述

　　近年来，学者们从不同的视角对生态补偿模式进行了研究。对流域生态补偿模式的划分展开研究，依据补偿内容、补偿层次、补偿阶段、补偿方向等视角划分了不同的补偿模式。关于流域生态补偿模式的划分方式多样，目前从实践上来看，运用财政补贴和征收环境税实现的政府补偿模式、利益相关者自愿协商通过市场交易实现的市场补偿模式以及以非政府组织为主要行动者的社会补偿模式，是我国生态补偿中比较常见的三种模式[182]。

政府补偿模式：政府补偿是国家或上一级政府对区域、下级政府或农牧民为了国家生态可持续发展、社会稳定发展及区域间协调发展，通过财政转移支付、设立生态补偿基金补偿和政策补偿等非市场型方式进行生态补偿[183]。其中地区生态补偿最直接有力的方式是财政转移支付，多是专项性的补助，是以纵向补偿为主、区域间横向补偿为辅的补偿机制，其款项实行"专款专用"，目前我国"南水北调""退耕还林"等工程都是通过财政转移支付完成的。

市场补偿模式：市场补偿是由政府制定各类生态环境标准、法律法规，市场自由主体利用经济手段，通过市场行为对生态环境进行改善。典型的市场补偿机制主要有环境产权交易、环境责任保险等方式。如排污权交易，不仅可以减少政府环境管理的费用，而且还有助于提高企业治污的积极性，使污染总量控制目标真正得以实现。

社会补偿模式：社会补偿模式介于政府补偿模式和市场补偿模式的第三方参与补偿模式，其补偿程度与规模都比较小，具体包括非政府组织（Non-Governmental Organizations，NGO）参与型补偿模式、环境责任保险等方式。通过调动全社会参与流域生态补偿的积极性，减轻政府在流域生态补偿中的工作量，实现流域生态补偿资金的社会化，如NGO参与型补偿模式中，NGO与政府合作，在政府与农民之间架起沟通的桥梁，使得补偿容易为农民所接受。

流域生态补偿从国情及环境保护实际形势出发，并应该遵循"谁开发、谁保护，谁破坏、谁恢复，谁受益、谁补偿，谁污染、谁付费"的原则建立生态补偿机制。目前我国建立生态补偿机制的重点领域有4个方面，分别为：自然保护区的生态补偿、重要生态功能区的生态补偿、矿产资源开发的生态补偿和流域水环境保护的生态补偿。如：长江流域生态补偿机制的建立，落实碳排放补偿机制，量化长江流域清洁空气供给费用补偿；加快推进南水北调工程并选择中线供水方案，让长江中上游清洁水资源更好地惠泽民生；建立下游经济发达地区反哺中上游欠发达地区机制；提高效益林补偿标准；继续实施退耕还林政策，加大退耕还林补偿力度[184]。

随着科学技术的发展，流域生态补偿的构建中也大量运用了3S技术、生态学模型、生物多样性评价及对区域环境影响评价等新型技术和研究方法，为定量制定流域生态补偿机制提供了科学参考。如通过GIS技术划分森林资源生态资产，建立数据库，经过数据处理与统计分析，按照价值系数估算流域森林生态系统服务价值[185]；蔡邦成等[186]以南水北调东线水源地保护区一期生态建设工程为例，提出了根据生态服务的效益来分担生态建设成本的生态补偿标准核算机制；采用二分式CVM调查问卷，询问上海市居民改善河流生态系统服务的支付意愿，估算了总经济价值[187]；借助SWOT工具从补偿原则、补偿范围、补偿主体和对象、补偿标准和资金来源以及补偿方式等方面对鄱阳湖流域生态补偿机制的内外部因素进行了全面的分析[188]。

为了监督流域生态补偿的构建与完善，许多地区根据自身特色情况建立了相对完整评价指标体系。王慧杰[189]基于AHP-模糊综合评价法，从而对政策效果进行了评估实证研究，对新安江流域生态补偿政策进行实证研究；刘菊在基于InVEST模型的基础上对岷江上游生态系统水源涵养量与价值评估，为揭示山区生态系统水源涵养服务的空间差异、山区水资源保护提供依据[190]。

二、国内外对比分析

国内外对于流域生态补偿的理论研究大致相同，流域生态补偿与生态补偿有着相同的理论基础。目前普遍认为生态补偿理论基础主要包括：外部性理论、生态资本理论、生态系统服务功能与价值理论等。但是流域生态补偿机制的实践具有很大差异，主要体现在以下几个方面：①补偿模式不同，国外以市场交易补偿模式为主，国内以政府的转移支付补偿模式为主；②参与群体不同，国内参与补偿的群体主要为政府及企业，而国外参与群体众多，还包括居民、社区及NGOs等；③补偿效果不同，国内主要是以政府为主导的"造血式补偿"，政府单方面对生态进行补偿，效益较低，而国外采取市场化交易模式，效益较高并且效果明显；④补偿方式不同，国内目前主要补偿方式为项目补偿，而国外补偿方式多元化，以资金补偿为主，兼有智力、政策、技术等方式进行补偿；⑤受益主体存在差异国内受益主体主要为普通民众，而国外受益主体还包括企业、社区等。

三、应用前瞻 / 热点问题

流域生态补偿的本质是对流域生态服务功能进行补偿，生态服务功能的定义是在水土保持过程中，所采用的各项措施对维持、改良和保护人类及人类社会赖以生存的自然环境条件的综合效用，包括保持和涵养水源、保持和改良土壤、维持生物多样性功能、固碳供氧、净化空气、防风固沙和维持环境景观项功能，其中前三项功能为主要功能，而我国在实践过程中，往往只追求其改良土壤和保护水源的作用，经常忽略维持生物多样性这一生态服务功能。生态服务功能价值评估就是将服务功能价值化，将服务转化为货币计量的研究，从而更好地完善流域生态补偿的机制。

从流域内各相关利益主体参与的角度出发的流域生态补偿机制设计有着现实基础与实践优势。首先，我国流域生态补偿的实践历程中已经形成的较为完善明确的政府分工、初步识别的补偿主客体和较为稳定的政府主导型的财政转移支付的补偿方式，这为流域的生态补偿机制建设提供了良好的现实基础。目前研究的热点问题主要在于生态补偿立法和制度安排，以及流域生态服务如何进行补偿等方面。我国的特色社会主义体系致使国际上以市场推动的流域生态服务补偿模式不适用于中国的国情，因此我国流域生态服务补偿仍处于初期探索阶段，生态补偿仍以政府参与为主，产权公有为通过财政转移支付形式进行生态补偿，相应机制、制度的安排、财政、价格、产权等政策的改革需要一段时间。目前我国流域生态服务补偿机制仍然以政府购买或参与为主，市场机制只能在条件成熟的中小流域起补充和辅助的作用。但是随着我国社会经济的迅速发展，人民素质的提高，生态补偿作为一种新的环境保护和流域上下游协调发展的理念逐渐被民众所接受，这对于流域生态补偿机制必将进行多元化的探索是大有裨益的。

四、未来预测

关键词：流域补偿，量化计算，多元化，可持续发展。

2030年，完善我国的流域生态补偿机制。从环境经济学、生态学、统计学等学科的角度对流域生态补偿进行理论上研究，并借助已有的经济学模型、生态系统服务功能价值核算方法等完成对生态补偿的量化计算。探索多元化的补偿方式，从单一的资金补偿、政策补偿到多样化的基金补偿、产业补偿等。

2050年，建立科学的生态补偿机制，建立布局合理、高效运行的水资源供给体系及水资源统一管理体系。设计流域生态补偿运行机制，从法律上确定补偿方及补偿接受方，对已进行生态补偿的区域进行效益评估和监督等。注重管理、协调与规划，实现流域的可持续发展。

第六节　技术路线图

	2030年	2050年
需求	需探明流域管理体系组成及技术构成	需实现构建流域综合现代化管理技术集成

续图

		2030 年	2050 年
总体目标		完善流域综合管理基础建设及数据库构成	建立智能化流域综合管理科学体系
目标	目标 1	进一步明晰流域生态与水文的互馈关系，同时也将初步揭示人类活动、全球气候变化对流域生态水文过程之间相互影响的机制	开发出一套具有物理过程机制的生态水文模型
	目标 2	进一步扩展数据库；可视化技术进一步发展；专业模型由功能单一，服务于特定行业转变为耦合型、综合型发展，服务于多目标多应用的流域管理	在数字流域信息层及模型模拟层趋于成熟的基础上，对未来流域的综合开发和利用，从而决策的预测
	目标 3	通过加强流域综合管理法治建设，提升流域管理水平	使流域管理实现科学的、动态的智能管理
	目标 4	创新流域水资源管理与决策关键技术与方法，提出水资源大数据分析技术体系	研发基于物联网多维感知与反馈的流域水资源管理大模型系统，构建流域智能管理与决策云平台
	目标 5	完善我国的流域生态补偿机制	建立科学的生态补偿机制，建立布局合理、高效运行的水资源供给体系及水资源统一管理体系
关键技术	关键技术 1	以生态水文为基础进行流域尺度水资源综合管理	能够模拟各种类型植被与水文之间过程、人类活动、气候变化对生态水文之间的动态影响，从而科学指导流域水资源的开发与利用
	关键技术 2	收集各专业类型数据；增强场景真实感	数字流域应用将由对历史信息的重现和管理，转变为对未来的操作
	关键技术 3	基于一体化治理理念推进流域综合管理立法，亦需要以流域共同体建设为中心重构综合管理体制	监测能力、预警能力、调控能力、应急响应能力明显增强，管理水平大大提高

续图

		2030 年	2050 年
关键技术	关键技术 4	不断发展并创新大数据驱动的流域智能管理与决策的关键技术	探明水文 – 水动力 – 水环境多过程互馈机制
	关键技术 5	从环境经济学、生态学、统计学等学科的角度对流域生态补偿进行理论上研究，并借助已有的经济学模型、生态系统服务功能价值核算方法等完成对生态补偿的量化计算	设计流域生态补偿运行机制，从法律上确定补偿方及补偿接受方，对已进行生态补偿的区域进行效益评估和监督等
发展重点	重点 1	以生态水文过程为核心的流域综合管理，着重解决水文与生态之间的互馈关系	以最小的能源消耗得到最大的物质产出，平衡流域生态价值和社会经济，引导流域向循环经济和生态友好型方向发展
	重点 2	着重解决连续型数据的存储和处理；同时也着重解决数据的时空分布状况，特别是连续性数据	保证决策措施及时有效的满足数字流域多目标统一管理和规划的要求
	重点 3	围绕司法专门化建设提升司法保障能力，对国家到地方的系列问题进行深入研究	把系统科学理论、生态经济理论和可持续发展理论及 3S 技术应用到小流域的治理当中，力求实现小流域经济和区域经济的可持续发展
	重点 4	将新一代信息技术与物理机制相结合	提出多模型耦合模式并形成标准流程
	重点 5	探索多元化的补偿方式，从单一的资金补偿、政策补偿到多样化的基金补偿、产业补偿等	注重管理、协调与规划，实现流域的可持续发展

图 7-1　流域综合管理技术路线图

参考文献

［1］章光新，陈月庆，吴燕锋. 基于生态水文调控的流域综合管理研究综述［J］. 地理科学，2019，

39（7）：1191–1198.

［2］Balasubramani K. Physical resources assessment in a semi–arid watershed：An integrated methodology for sustainable land use planning［J］. ISPRS Journal of Photogrammetry and Remote Sensing，2018（142）：358–379.

［3］Sabbaghian R J. Selecting Sustainable Development Criteria for Effective Watershed Governance：Study Area of Kashafrud Watershed［A］//7th International RAIS Conference on Social Sciences［C］. New York：Social Science Electronic Publishing，2018，34–50.

［4］Wang G，Mang S，Cai H，et al. Integrated watershed management：evolution，development and emerging trends［J］. Journal of Forestry Research，2016，27（5）：967–994.

［5］邓铭江. 破解内陆干旱区水资源紧缺问题的关键举措：新疆干旱区水问题发展趋势与调控策略［J］. 中国水利，2018（6）：14–17.

［6］马建华. 稳步推进长江流域综合管理的思考［J］. 中国水利，2014（6）：34–37.

［7］夏军. 生态水文学的进展与展望［J］. 中国防汛抗旱，2018，28（6）：11–19.

［8］Rafael M Navarro Cerrillo. Land cover changes and fragmentation in mountain neotropical ecosystems of Oaxaca，Mexico under community forest management［J］. Journal of Forestry Research，2019，30（1）：143–155.

［9］阳辉，曹建生，张万军. 山地生态水文过程与降水资源调控研究进展［J］. 生态科学，2019，38（6）：173–177.

［10］潘春翔，李裕元，彭亿，等. 湖南乌云界自然保护区典型生态系统的土壤持水性能［J］. 生态学报，2012，32（2）：538–547.

［11］熊婕，辛颖，赵雨森. 水源涵养林水文生态效应研究进展［J］. 安徽农业科学，2014，42（2）：463–465.

［12］Yang J，Tian H，Pan S，et.al. Amazon drought and forest response：Largely reduced forest photosynthesis but slightly increased canopy greenness during the extreme drought of 2015–2016［J］. Global Change Biology，2018，24（5）：1919–1934.

［13］孙向阳，王根绪，李伟，等. 贡嘎山亚高山演替林林冠截留特征与模拟［J］. 水科学进展，2011（1）：25–31.

［14］Carlyle–Moses D E. Throughfall，stemflow，and canopy interception loss fluxes in a semi–arid Sierra Madre Oriental matorral community［J］. Journal of Arid Environments，2004，58（2）：181–202.

［15］刘效东，龙凤玲，陈修治，等. 基于修正的 Gash 模型对南亚热带季风常绿阔叶林林冠截留的模拟［J］. 生态学杂志，2016（35）：31–25.

［16］梁文俊，魏曦，朱宝才. Gash 模型对冀北山地人工油松林树干径流特征的模拟［J］. 甘肃农业大学学报，2016，194（02）：95–99.

［17］Chang S，Matzner E. The effect of beech stemflow on spatial patterns of soil solution chemistry and seepage fluxes in a mixed beech /oak stand［J］. Hydrological Processes，2015，14：135–144.

［18］高迪，郭建斌，王彦辉，等. 宁夏六盘山不同林龄华北落叶松人工林枯落物水文效应［J］. 林业科学研究，2019（4）：112–119.

［19］韩春，陈宁，孙杉，等. 森林生态系统水文调节功能及机制研究进展［J］. 生态学杂志，2019，38（7）：2191-2199.

［20］余新晓，史宇，王贺年，等. 森林生态系统水文过程与功能［M］. 北京：科学出版社，2013.

［21］章光新，武瑶，吴燕锋，等. 湿地生态水文学研究综述［J］. 水科学进展，2018，29（5）：133-145.

［22］Oshima K, Ogata K, Park H, et al. Influence of atmospheric internal variability on the long-term Siberian water cycle during the past 2 centuries［J］. Earth System Dynamics, 2018（9）：497-506.

［23］Joanna Lemanowicz. Activity of selected enzymes as markers of ecotoxity in technogenic salinization soils［J］. Environmental Science and Pollution Research, 2019, 26（3）：13014-13024.

［24］B Guo, F Yang, Y Fan, et al. Dynamic monitoring of soil salinization in Yellow River Delta utilizing MSAVI-SI feature space models with Landsat images［J］. Environmental Earth Sciences, 2019, 78（10）：308.

［25］邓春暖，章光新，潘响亮. 莫莫格湿地芦苇生理生态特征对水深梯度的响应［J］. 生态科学，2012，31（4）：352-356.

［26］Juan M. Peragón, Francisco J. Pérez-Latorre, Antonio Delgado, et al. Best management irrigation practices assessed by a GIS-based decision tool for reducing salinization risks in olive orchards［J］. Agricultural Water Management, 2018, 202（1）：33-41.

［27］赵文智，程国栋. 干旱区生态水文过程研究若干问题评述［J］. 科学通报，2001（22）：5-11.

［28］高润梅，郭晋平. 文峪河上游河岸林的演替分析与预测［J］. 生态学报，2010，30（6）：1564-1572.

［29］Lou J, Wang X, Zhu B, et al. The potential effects of aeolian processes on the vegetation in a semiarid area: geochemical evidence from plants and soils［J］. Arabian Journal of Geosciences, 2018, 11（12）：306.

［30］Feng T, Wei W, Chen L, et al. Assessment of the impact of different vegetation patterns on soil erosion processes on semiarid loess slopes［J］. Earth Surface Processes & Landforms, 2018, 43（9）：1-37.

［31］Zhao BQ, Guo DG, Bai ZK., et al. Community dynamics of artificial vegetation in a reclaimed spoil from a semi-arid open-cast coal mine in 2010-2015［J］. Chinese Journal of Ecology, 2018, 37（6）：1636-1644.

［32］Neuenkamp L, Moora M, Öpik M, et al. The role of plant mycorrhizal type and status in modulating the relationship between plant and arbuscular mycorrhizal fungal communities［J］. New Phytologist, 2018, 220（4）：1236-1247.

［33］Liu J, Zhao W, Li F, et al. Effects of introduced sand-fixing vegetation on community structure and diversity in ground-dwelling arthropods［J］. Acta Ecologica Sinica, 2018, 38（4）：1357-1365.

［34］Pirnajmedin F, Majidi M M, Gheysari M. Survival and recovery of tall fescue genotypes: association with root characteristics and drought tolerance［J］. Grass and Forage Science, 2016, 71（4）：632-640.

［35］李晖，周宏飞. 稳定性同位素在干旱区生态水文过程中的应用特征及机理研究［J］. 干旱区地理，2006，29（6）：810-816.

［36］Niu S L, Jiang G M, Wan S Q, et al. Ecophysiological acclimation to different soil moistures in plants from a semi-arid sandland［J］. Journal of Arid Environments, 2005, 63（2）: 353-365.

［37］何兴东，高玉葆. 干旱区水力提升的生态作用［J］. 生态学报，2003（5）：996-1002.

［38］Zeng W, Lei G, Zha Y, et al. Sensitivity and uncertainty analysis of the HYDRUS-1D model for root water uptake in saline soils［J］. Crop and Pasture Science, 2018, 69（2）: 163-173.

［39］W Almeida. Effect of soil tillage and vegetal cover on soil water infiltration［J］. Soil & Tillage Research, 2018（175）: 130-138.

［40］Gautam S, Dahal V, Bhattarai R. Impacts of Dem Source, Resolution and Area Threshold Values on SWAT Generated Stream Network and Streamflow in Two Distinct Nepalese Catchments［J］. Environmental Processes, 2019, 6（3）: 597-617.

［41］Giorgio Carnevale. Fish-bearing deposits from the Upper Eocene Terminal Complex of the Plana de VIC（Catalonia, NE Spain）: Sedimentary context and taphonomy［J］. Geological Journal, 2019, 54（4）: 1638-1652.

［42］Kundu S, Burman A D, Giri S K, et al. Comparative study between different optimisation techniques for finding precise switching angle for SHE-PWM of three-phase seven-level cascaded H-bridge inverter［J］. Iet Power Electronics, 2018, 11（3）: 600-609.

［43］Asghar A, Alireza S. Development of a new method for estimating SCS curve number using TOPMODEL concept of wetness index［J］. Acta Geophysica, 2019, 68（1）: 1-20.

［44］李磊，徐宗学. 考虑地表水-地下水交换的分布式水文模型GISMOD开发与应用［J］. 北京师范大学学报（自然科学版），2014，50（5）：555-562.

［45］赵人俊，王佩兰. 新安江模型参数的分析［J］. 水文，1988（6）：4-11.

［46］徐宗学，赵捷. 生态水文模型开发和应用：回顾与展望［J］. 水利学报，2016，474（03）：100-108.

［47］Zhang S, Zhang H, Li J, et al. AGCT: a hybrid model for identifying abrupt and gradual change in hydrological time series［J］. Environmental Earth Sciences, 2019, 78（15）: 433.

［48］Qiu P, Jiang J, Liu Z, et al. BMAL1 knockout Macaque monkeys display reduced sleep and psychiatric disorders［J］. National Science Review, 2019, 6（1）: 87-100.

［49］L Yang, S Wu, X Liu, et al. The effect of characteristics of free-form surface on the machined surface Topography in milling of panel mold［J］. The International Journal of Advanced Manufacturing Technology, 2018, 98（1-4）: 151-163.

［50］贾仰文，王浩，倪广恒，等. 分布式流域水文模型原理与实践［M］. 北京：中国水利水电出版社，2005.

［51］马雪华. 森林水文学［M］. 北京：中国林业出版社，1993.

［52］张勇传，王乘. 数字流域：数字地球的一个重要区域层次［J］. 水电能源科学，2001，19（3）：1-3.

209

［53］杨桂山，于秀波，李恒鹏，等．流域综合管理导论［M］．北京：科学出版社，2004.

［54］王毅．国际新一代对地观测系统的发展［J］．地球科学进展，2005，20（9）：980-989.

［55］Nils C Hanwahr. "Mr. Database": Jim Gray and the History of Database Technologies［J］. NTM International Journal of History & Ethics of Natural Sciences Technology & Medicine, 2017, 25（7）: 519-542.

［56］唐东跃，熊助国，王金丽．Google Earth 及其应用展望［J］．地理空间信息，2008，6（4）：110-113.

［57］Zhao S, Zhao J D. A poly-superellipsoid-based approach on particle morphology for DEM modeling of granular media［J］. International Journal for Numerical and Analytical Methods in Geomechanics, 2019, 43（13）: 2147-2169.

［58］卿建飞．海量遥感影像数据高效管理方法研究［D］．长沙：湖南师范大学，2019.

［59］Mark D M, O'Callaghan J F. The extraction of drainage networks from digital elevation data［J］. Computer Vision Graphics Image Processing, 1984（28）: 328-344.

［60］刘光，李树德，张亮．基于 DEM 的沟谷系统提取算法综述［J］．地理与地理信息科学，2003（5）：11-15.

［61］宋晓猛，张建云，占车生，等．基于 DEM 的数字流域特征提取研究进展［J］．地理科学进展，2013（1）：32-41.

［62］左俊杰，蔡永立．平原河网地区汇水区的划分方法——以上海市为例［J］．水科学进展，2011，22（3）：337-343.

［63］Mohammadi S, Homaee M, Sadeghi S H. Runoff and sediment behavior from soil plots contaminated with kerosene and gasoil［J］. Soil and Tillage Research, 2018（182）: 1-9.

［64］Zhang P, Yao, Wenyi, Tang H, et al. Rill morphology change and its effect on erosion and sediment yield on loess slope［J］. Transactions of the Chinese Society of Agricultural Engineering, 2018, 332（5）: 122-127.

［65］Refik Karagül, Tarık Çitgez. Estimation of peak runoff and frequency in an ungauged stream of a forested watershed for flood hazard mapping［J］. Journal of Forestry Research, 2019, 30（2）: 555-564.

［66］Sarah P Church, Nicholas Babin, Belyna Bentlage, et al. The Beargrass Story: Utilizing Social Science to Evaluate and Learn from the "Watershed Approach"［J］. Journal of Contemporary Water Research & Education, 2019, 167（1）: 78-96.

［67］Masoud M. Rainfall-runoff modeling of ungauged Wadis in arid environments（case study Wadi Rabigh—Saudi Arabia）［J］. Arabian Journal of Geosciences, 2015, 8（5）: 2587-2606.

［68］Ayan S F, Rodrigo C D P, Walter C, et al. On river-floodplain interaction and hydrograph skewness［J］. Water Resources Research, 2016, 52（10）: 7615-7630.

［69］王雪，李精忠，余斌．基于 DEM 提取流域特征影响因子的分析［J］．测绘与空间地理信息，2019（6）：31-37.

［70］曹正响．基于 DEM 的水系特征信息提取及三维实现［J］．矿山测量，2016，44（3）：105.

［71］李蒙蒙，赵媛媛，高广磊，等. DEM 分辨率对地形因子提取精度的影响［J］. 中国水土保持科学，2016，14（5）：15–22.

［72］Christopher S. Grundlegung aus dem Du als demokratischer Gedankenstil：Die kommunikative Wissenskultur der Wiener Kreise und Der sinnhafte Aufbau der sozialen Welt［M］. Zyklos，2019.

［73］Davy P，Croissant T，Lague D. A precipiton method to calculate river hydrodynamics，with applications to flood prediction，landscape evolution models，and braiding instabilities［J］. Journal of geophysical research：earth surface，2017，122（8）：1491–1512.

［74］Zhao YB，Liang XS. Charney's Model—the renowned prototype of baroclinic instability—Is barotropically unstable As well［J］. Advances in Atmospheric Sciences，2019，36（7）：733–752.

［75］Boulton S J，Stokes M. Which DEM is best for analyzing fluvial landscape development in mountainous terrains?［J］. Geomorphology，2018（310）：168–187.

［76］张天翔. 三维数字流域平台的开发与应用［D］. 北京：华北电力大学，2017.

［77］黄健熙，毛锋，许文波，等. 基于 VegaPrime 的大型流域三维管理系统实现［J］. 系统仿真学报，2006（10）：2819–2823.

［78］万定生，徐亮. 基于 OSG 的水利工程三维可视化系统研究与应用［J］. 计算机与数字工程，2009，37（4）：135–137，150.

［79］周阳，佘江峰，唐一鸣. 基于 WebGL 的三维数字水利展示系统研究［J］. 测绘与空间地理信息，2014，37（3）：44–48.

［80］庞树森. 国内数字流域研究与问题浅析［J］. 水资源与水工程学报，2012，23（1）：164–167.

［81］Neitsch S L，Arnold J G，Kiniry J R，et al. Soil and water assessment tool's theoretical documentation：VERSION 2000［R］. Texas：Texas Water Resources Institute，College Station，2002.

［82］沈晓东. 基于栅格数据的流域降雨径流模型［J］. 地理学报，1995，（3）：264–271.

［83］黄平，赵吉国. 流域分布型水文数学模型的研究及应用前景展望［J］. 水文，1997（5）：6–11.

［84］任立良，刘新仁. 基于 DEM 的水文物理过程模拟［J］. 地理研究，2000（4）：369–376.

［85］夏军. 分布式时变增益流域水循环模拟［J］. 地理学报，2003，（5）：789–796.

［86］熊立华，郭生练，Kieran M. O'Connor. 利用 DEM 提取地貌指数的方法评述［J］. 水科学进展，2002（6）：775–780.

［87］杨大文. 分布式水文模型在黄河流域应用［J］. 地理学报，2004，（1）：143–154.

［88］许继军. 分布式水文模型在长江流域的应用研究［D］. 北京：清华大学，2007.

［89］唐莉华. 基于地貌特征的流域水–沙–污染物耦合模型及其应用［D］. 北京：清华大学，2009.

［90］凌敏华，陈喜，程勤波，等. 地表水与地下水耦合模型研究进展［J］. 水利水电科技进展，2010，30（4）：79–84.

［91］张万顺，方攀，鞠美勤，等. 流域水量水质耦合水资源配置［J］. 武汉大学学报（工学版），2009，42（5）：577–581.

［92］冯宝平，张书花，陈子平，等. 我国生态清洁小流域建设工程技术体系研究［J］. 中国水土保持，2014（1）：16–18.

［93］白鹤岭，刘慧勤，高计生. 密云水库上游生态清洁小流域建设技术体系研究［J］. 中国水土保持，2016（10）：43–45.

［94］王振华，李青云，黄苗，等. 生态清洁小流域建设研究现状及展望［J］. 人民长江，2011，42（S2）：115–118.

［95］韩富贵，卜振军，王娟，等. 密云县建设生态清洁小流域的实践［J］. 水土保持应用技术，2007（2）：37–39.

［96］张怡，闫建梅，张乾柱，等. 重庆市生态清洁小流域建设模式初步研究［J］. 中国水土保持，2017，（4）：15–17.

［97］廖瑞钊，邓桂如，刘艳，等. 推进生态清洁小流域建设助力乡村振兴战略实施［J］. 中国水土保持，2019（7）：8–10.

［98］刘富平，胡治军. 板桥河生态清洁小流域综合治理思路探讨［J］. 水土保持应用技术，2019（2）：47–49.

［99］刘培峰，巩德武，段景洪. 生态清洁型小流域治理模式在水土流失治理中的应用［J］. 黑龙江水利科技，2010，38（3）：226.

［100］贾鎏，汪永涛. 丹江口库区胡家山生态清洁小流域治理的探索和实践［J］. 中国水土保持，2010（4）：4–5.

［101］闫姗. 流域综合治理顶层设计分析［J］. 山西水利，2019，35（4）：36–38.

［102］谷孝鸿，曾庆飞，毛志刚，等. 太湖2007-2016十年水环境演变及"以渔改水"策略探讨［J］. 湖泊科学，2019，31（2）：305–318.

［103］代丹，李小菠，胡小贞，等. 白马湖水污染特征及其成因分析［J］. 长江流域资源与环境，2018，27（6）：1287–1297.

［104］朱广伟，许海，朱梦圆，等. 三十年来长江中下游湖泊富营养化状况变迁及其影响因素［J］. 湖泊科学，2019，31（6）：1510–1524.

［105］李琪，陈利顶，齐鑫，等. 妫水河流域农耕区非点源磷污染危险性评价与关键源区识别［J］. 环境科学，2008（1）：32–37.

［106］蒋鸿昆，高海鹰，张奇. 农业面源污染最佳管理措施（BMPS）在我国的应用［J］. 农业环境与发展，2006（4）：64–67.

［107］吴永红，胡正义，杨林章. 农业面源污染控制工程的"减源–拦截–修复"（3R）理论与实践［J］. 农业工程学报，2011，27（5）：1–6.

［108］杨林章，施卫明，薛利红，等. 农村面源污染治理的"4R"理论与工程实践–总体思路与"4R"治理技术［J］. 农业环境科学学报，2013，32（1）：1–8.

［109］熊丽萍，李尝君，彭华，等. 南方流域农业面源污染现状及治理对策［J］. 湖南农业科学，2019（3）：44–48.

［110］朱奎峰. 巢湖流域农业面源污染综合治理模式的探索与实践［J］. 安徽农学通报，2019，25（18）：134–135.

［111］Zhang T, Yang Y Ni J, et al. Best management practices for agricultural non–point source pollution in a small watershed based on the Ann AGNPS model［J］. Soil Use and Management, 2020, 36（1）：

45–57.

[112] Gitau M W, Veith T L, Gburek W J. Farm-level optimization of BMP placement for cost-effective pollution reduction [J]. Transactions of the ASABE, 2004, 47 (6): 1923–1931.

[113] Turpin N, Bontems P, Rotillon G, et al. AgriBMPWater: Systems approach to environmentally acceptable farming [J]. Environmental Modelling & Software, 2003, 20 (2): 187–196.

[114] 刘永波, 吴辉, 刘军志. 加拿大最佳管理措施流域评价项目评述 [J]. 生态与农村环境学报, 2012, 28 (4): 337–342.

[115] 龚旭昇, 郭葳, 周玉龙, 等. 基于 GIS 分析的生态清洁小流域治理思路——以陕西省石泉县饶峰河小流域为例 [J]. 长江流域资源与环境, 2016, 25 (S1): 78–82.

[116] 刘川川, 周连兄, 武亚南, 等. 基于 ArcGIS 空间分析技术的生态敏感性评价研究——以河北省承德市清水河生态清洁小流域为例 [J]. 中国水土保持, 2016 (8): 67–69.

[117] 张迪, 嵇晓燕, 宫正宇, 等. 滇池流域水环境综合管理技术支撑平台构建研究 [J]. 中国环境监测, 2016, 32 (6): 118–122.

[118] 褚俊英, 周祖昊, 王浩, 等. 流域综合治理的多维嵌套理论与技术体系 [J]. 水资源保护, 2019, 35 (1): 1–5.

[119] 周萍, 文安邦, 严冬春, 等. 基于模糊数学理论的川南地区典型小流域生态清洁度综合评价 [J]. 水土保持通报, 2019, 39 (1): 114–119.

[120] 史晓霞, 李京, 刘家福, 等. 马来西亚雪兰莪州生态环境脆弱度评价——基于逐次投影寻踪模型的研究 [J]. 自然灾害学报, 2008, 17 (6): 129–133.

[121] 汪发勇. 喀斯特山区生态清洁小流域建设需求评价指标体系构建及应用研究 [D]. 贵阳: 贵州师范大学, 2017.

[122] 王海峰. 基于层次分析法的清洁型小流域评价指标体系研究 [J]. 地下水, 2019, 44 (4): 182–184.

[123] 刘凌雪, 敖天其, 胡正, 等. 琼江流域 (安居段) 水质及面源污染综合评价 [J]. 水土保持研究, 2019, 26 (6): 372–376.

[124] 林道华. 福建省泉州市生态清洁小流域建设情况 [J]. 亚热带水土保持, 2019, 31 (2): 51–53.

[125] 胡学翔. 湖南省水土保持生态清洁小流域建设回顾与思考 [J]. 中国水土保持, 2019, (3): 18–19+59.

[126] 尹炜, 史志华, 施勇, 等. 南水北调中线水源地面源污染追踪模拟技术研究 [J]. 中国科技成果, 2016, 17 (9): 57–58.

[127] 潘宣, 柳诗众, 王星. 陕西省丹江口库区及上游水土保持工程建设情况概述 [J]. 中国水土保持, 2010 (4): 27–28, 62.

[128] 黄秋雨, 李秀艳, 李素娜, 等. 不同水力负荷生态浮床对水体中氮磷的净化效果 [J]. 上海化工, 2012, 37 (5): 1–4.

[129] 李翠菊. 浅水湖泊富营养化的生态影响及治理——以武汉东湖为例 [J]. 资源环境与发展, 2008, 9 (4): 22–25.

[130] 王蕾, 关建玲, 姚志鹏, 等. 汉丹江 (陕西段) 水质变化特征分析 [J]. 中国环境监测,

2015，31（5）：73-77.

［131］张敏，李令军，赵文慧，等. 密云水库上游河流水质空间异质性及其成因分析［J］. 环境科学学报，2019，39（6）：1852-1859.

［132］袁博宇，张跃武. 官厅水库流域水生态环境修复与治理效果研究［A］// 中国水利学会. 中国水利学会 2010 学术年会论文集（下册）［C］. 北京：中国水利学会，2010.

［133］杨坤. 北京市生态清洁小流域治理模式研究［J］. 中国水土保持，2009（4）：4-6.

［134］余新晓. 小流域综合治理的几个理论问题探讨［J］. 中国水土保持科学，2012，10（4）：22-29.

［135］张树华. 北京市生态清洁小流域综合治理研究［D］. 北京：北京林业大学，2007.

［136］Shen H O, Zheng F L, Lei Wang, et al. Effects of rainfall intensity and topography on rill development and rill characteristics on loessial hillslopes in China［J］. Journal of Mountain Science，2019，16（10）：2299-2307.

［137］Virto P. Soil quality under food-processing wastewater irrigation in semi-arid land, northern Spain：Aggregation and organic matter fractions［J］. Journal of Soil & Water Conservation，2006，61（6）：398-407.

［138］Oldřich Šebesta, Ivan Gelbič, Jan Minář. Mosquitoes（Diptera：Culicidae）of the Lower Dyje River Basin（Podyjí）at the Czech-Austrian border［J］. Nephron Clinical Practice，2012，7（2）：288-298.

［139］Florence M, Manuel F. Policy diffusion in the context of international river basin management：Policy diffusion in international river basins［J］. Environmental Policy & Governance，2016，26（4）：257-277.

［140］Spoor M. The Aral Sea Basin crisis：Transition and environment in former Soviet Central Asia［J］. Development and Change，2010，29（3）：409-435.

［141］徐广华. 美国田纳西流域整治计划［J］. 水土保持科技情报，1987（1）：45-46.

［142］Sophie C. Influence of land management on soil erosion, connectivity and sediment delivery in agricultural catchments：closing the sediment budget［J］. Land Degradation and Development，2019，30（18）：2257-2271.

［143］Dai L, Qin T. The Eco-Compensation mechanism in Tai Lake Watershed.［M］. Cham：Springer，2019.

［144］Sobczak W V, Crowley A, Team P P. Dissolved Organic Matter（DOM）bioavailability among aquatic ecosystems in Russia's Kolyma River watershed during summer baseflow［C］. American Geophysical Union meeting in San Francisco，2010.

［145］李仁辉，潘秀清，金家双. 国内外小流域治理研究现状［J］. 水土保持应用技术，2010（3）：32-34.

［146］Ai B, Ma CL, Zhao J, et al. The impact of rapid urban expansion on coastal mangroves：a case study in Guangdong Province, China［J］. Frontiers of Earth Science，2019（1）：1-13.

［147］Dutta D, Kumar T, Lukose L, et al. Space technology and its application in disaster management：

Case studies on ecological disturbance and landmass changes in sundarbans［M］. Cham：Springer，2019.

［148］Stojanovic M. Conceptualization of ecological management：Practice，frameworks and philosophy［J］. Journal of Agricultural and Environmental Ethics，2019（2）：431-446.

［149］Cao W，Liu L，Wu D，et al. Spatial and temporal variations and the importance of hierarchy of ecosystem functions in the Three-river-source National Park［J］. Acta Ecologica Sinica，2019，39（4）：1361-1374.

［150］Zhao Z，Zhang T. Integration of ecosystem services into ecological risk assessment for implementation in ecosystem-based river management：A case study of the Yellow River，China［J］. Hu-man and Ecological Risk Assessment：An International Journal，2012，19（1）：80-97.

［151］赵钟楠，张越，袁勇，等. 基于生态系统的河流管理进展及对流域综合规划的启示［J］. 水利规划与设计，2019，No.193（11）：4-6，26.

［152］高会然，秦承志，朱良君，等. 以坡位为空间配置单元的流域管理措施情景优化方法［J］. 地球信息科学学报，2018，20（6）：781-790.

［153］王晓燕，张雅帆，欧洋，等. 流域非点源污染控制管理措施的成本效益评价与优选［J］. 生态环境学报，2009，18（2）：540-548.

［154］王彤. 农业面源污染控制措施优化研究：以辽河流域上游铁岭段为例［J］. 安徽农业科学，2010，38（7）：3694-3696.

［155］吴辉，刘永波，朱阿兴，等. 流域最佳管理措施空间配置优化研究进展［J］. 地理科学进展，2013，32（4）：570-579.

［156］叶芝菡，段淑怀，吴敬东，等. 流域水文模型在生态清洁小流域规划中的应用［J］. 中国水土保持，2007，（9）：12-13.

［157］魏伟. 基于CLUE-S和MCR模型的石羊河流域土地利用空间优化配置研究［D］. 兰州：兰州大学，2018.

［158］杨道道. 常德津市西毛里湖张家嘴溪小流域生态恢复的水文水质模拟研究［D］. 长沙：中南林业科技大学，2018.

［159］Li P，Wang X X. What is the relationship between ecosystem services and urbanization？ A case study of the mountainous areas in Southwest China［J］. Journal of Mountain Science，2019，16（12）：2867-2881.

［160］Li B，Tjeerd J B，Wang Q C，et al. Effects of key species mud snail Bullacta exarata（Gastropoda）on oxygen and nutrient fluxes at the sediment-water interface in the Huanghe River Delta，China［J］. Acta Oceanologica Sinica，2019，38（8）：48-55.

［161］易路. 陆面水文模型TOPX的改进及其与区域气候模式WRF的耦合研究［D］. 南京：南京大学，2018.

［162］原秀红. 优化的NSGA-Ⅱ方法在辽河流域水资源综合管理中的应用研究［J］. 水利规划与设计，2017，（12）：24-27.

［163］高雅玉，田晋华，李志鹏. 改进的风险决策及NSGA-Ⅱ方法在马莲河流域水资源综合管理

中的应用 [J]. 水资源与水工程学报, 2015, 26 (6): 109-116.

[164] 吴文挺. 基于遥感和数值模拟的河口湿地演变研究 [D]. 上海: 华东师范大学, 2019.

[165] 罗文兵, 王修贵, 乔伟, 等. 基于水文水动力耦合模型的平原湖区土地利用变化对排涝模数的影响 [J]. 长江科学院院报, 2018, 35 (1): 76-81.

[166] 李云良, 张奇, 姚静, 等. 湖泊流域系统水文水动力联合模拟研究进展综述 [J]. 长江流域资源与环境, 2015, 24 (2): 263-270.

[167] 于鑫, 金建平, 蒯志敏, 等. 气象水文模型耦合研究及在西苕溪流域的模拟试验 [J]. 热带气象学报, 2014, 30 (6): 1159-1171.

[168] 任立清, 冉有华, 任立新, 等. 2001—2018 年石羊河流域植被变化及其对流域管理的启示 [J]. 冰川冻土, 2019, 41 (5): 1-10.

[169] 宋利祥, 徐宗学. 城市暴雨内涝水文水动力耦合模型研究进展 [J]. 北京师范大学学报, 2019, 55 (5): 581-587.

[170] 葛德, 张守红. 基质类型及厚度对绿色屋顶径流调控效益的影响 [J]. 2019, 17 (3): 31-38.

[171] 杨兰. 流域水资源系统调控的研究 [J]. 宜春学院学报, 2019, 41 (3): 92-96.

[172] 李晨涛. 水环境与水资源流域综合管理体制浅析 [J]. 地下水, 2017, 39 (5): 153-154.

[173] 杨朝晖, 褚俊英, 陈宁, 等. 国外典型流域水资源综合管理的经验与启示 [J]. 水资源保护, 2016, 32 (3): 33-37, 110.

[174] 李加林. 水资源管理研究进展 [J]. 浙江大学学报, 2019, 46 (2): 247-255.

[175] 马志波, 孙伟, 黄清麟. 森林生态系统服务的价值评估和补偿: 概念、原则和指标 [J]. 中国农业大学学报, 2014, 19 (5): 263-268.

[176] Neitzel K C. Paying for environmental services: Determining recognized participation under common property in a peri-urban context [J]. Forest Policy and Economics, 2014 (38): 46-55.

[177] 孙宇. 生态保护与修复视域下我国流域生态补偿制度研究 [D]. 吉林: 吉林大学, 2015.

[178] 黄宇. 小流域生态补偿机制现状分析研究 [J]. 环境科学与管理, 2018, 43 (1): 187-189.

[179] 孔德帅, 区域生态补偿机制研究: 以贵州省为例 [D]. 北京: 中国农业大学, 2017.

[180] 程滨. 我国流域生态补偿标准实践: 模式与评价 [J]. 生态经济, 2012 (4): 24-29.

[181] 郗永勤, 王景群. 市场化、多元化视角下我国流域生态补偿机制研究 [J]. 电子科技大学学报社科版, 2020, 22 (1): 54-60

[182] 高玫. 流域生态补偿模式比较与选择 [J]. 江西社会科学, 2013 (11): 44-48.

[183] 葛颜祥, 吴菲菲, 王蓓蓓, 等. 流域生态补偿政府补偿与市场补偿比较与选择 [J]. 山东农业大学学报 (社会科学版), 2007 (4): 48-53.

[184] 姚瑞华, 李赞, 孙宏亮, 等. 全流域多方位生态补偿政策为长江保护修复攻坚战提供保障 [J]. 环境保护, 2018, 46 (9): 18-21.

[185] 谢高地等. 青藏高原生态资产的价值评估 [J]. 自然资源学报, 2003 (18): 189-196.

[186] 蔡邦成, 陆根法, 宋莉娟, 等. 生态建设补偿的定量标准——以南水北调东线水源地保护区一期生态建设工程为例 [J]. 生态学报, 2008, 28 (5): 2413-2416.

[187] 张落成, 李青, 武清华. 天目湖流域生态补偿标准核算探讨 [J]. 自然资源学报, 2011, 26

（03）：412–418.

［188］冷清波. 主体功能区战略背景下构建我国流域生态补偿机制研究——以鄱阳湖流域为例［J］.
生态经济，2013（02）：151–160.

［189］王慧杰. 基于 AHP– 模糊综合评价法的流域生态补偿政策评估研究［D］. 北京：中国环境科
学研究院，2015.

［190］刘菊，傅斌，张成虎，等. 基于 InVEST 模型的岷江上游生态系统水源涵养量与价值评估［J］.
长江流域资源与环境，2019，28（3）：577–585.

撰　稿　人　王云琦　程金花　王玉杰　张会兰　王彬　杨坪坪　王震　张建聪
王淑慧　朱雨辰　聂抒真